JN011731

双葉社

はじめに

ＮＨＫのプロデューサーの方から、ラジオ番組を一緒にやりませんかと声をかけていただいた時に、お！　楽しみができた、と思いました。

それから、制作のみなさんとお会いして、どういう内容にするかという打ち合わせがあり、放送時間もたっぷりあるしＣＭも入らないので、僕がいろんなことに挑戦していく模様をドキュメンタリー調に記録できたら面白いんじゃないか、という方向に決まっていきました。ＮＨＫラジオの番組ということで、不定期的に招いたゲストの方から僕が何かを習って、少しずつ少しずつ成長していく教育系の番組にできたら、こんな実験的なこともやるんだ、と老若男女に面白がってもらえるんじゃないか、と思ったんです。

理想としては、僕にまったく興味がない人にも、とくに何かを目指しているような少年少女にもたくさん聴いてほしくて。ＮＨＫさんからは、普段できないことをやってみようということで、さまざまな企画を提案してもらいました。咀嚼音コーナーもそうで、咀嚼音を放送しようなんて自分では思いつかないですし、需要と供給の関係がまったく読めませんでしたが、まあ、流れに身を任せてみようと(笑)。いろいろと考えた上でたくさんの企画を提案してもらったので、僕は全部に乗っかってみようと思っていました。嫌とか言ってないで、全部、全部やってみようと。

また、すごく丁寧に作られた番組だったと思います。丁寧に編集していただきましたし、僕自身の宿題も多かったんですよね。番組のジングルを作るためにスタジオにこもったり、例えばライムスターの宇多丸さんとのラップ作り、斉藤和義さんや満島ひかりさんとの曲作りの時も、現場で弾いたり、歌ってもらったりして、それをまた持ち帰ってスタジオで整えて、放送に乗せられるように完成させて、と手間がかかってましたね。

今にして思えば、全部の放送を動画でも撮っておけばよかったなあ。ちょっと笑える感じもありましたし、全部面白かったので。ただ、ラジオをやってみて実感したのは、耳からの情報しか入ってこないので、想像するわけです。今、話している人たちは、どんな顔なんだろう？どんな関係性なんだろう？　スタジオはどんな雰囲気が流れているんだろう？　とかって。全部わかっちゃうのではなく想像させる。それがまた映像にはない、ラジオの醍醐味なんだな、という気がしましたね。

ＮＨＫのラジオ番組は１週間しか聴き逃し配信できないですし、繰り返し番組を聴いてもらえる方法はないかと考えていたので、この番組を書籍として残すことができることをとても嬉しく思います。

岡村靖幸のカモンエブリバディ

CONTENTS

本書は、2019年5月から2021年12月にわたって、NHK－FMおよび、NHKラジオ第一で放送された番組『岡村靖幸のカモンエブリバディ』をもとに編集し（#BONUS TRACKを除く）、著者のコメント、編集部の注釈を加えて再構成したものです。

放送日

#01	2019年5月6日	NHK-FM
#02	2019年7月15日	NHK-FM
#03	2019年9月23日	NHKラジオ第一
#04	2020年1月1日	NHKラジオ第一
#05	2020年8月11日	NHK-FM
#06	2020年9月21日	NHKラジオ第一
#07	2020年11月23日	NHKラジオ第一
#08	2021年1月2日	NHK-FM
#09	2021年2月23日	NHKラジオ第一
#10	2021年5月4日	NHKラジオ第一
#11	2021年8月16日	NHKラジオ第一
#12	2021年11月3日	NHKラジオ第一
#13	2021年12月22日・23日	NHK-FM

岡村靖幸のカモンエブリバディ

＃01

2019年5月6日放送

C'MON
EVERYBODY

久しぶりのＮＨＫ、岡村です

元気ですか。みなさん、どのように過ごしてますかね。えー、久しぶりのＮＨＫ、岡村です。この番組、『岡村靖幸のカモンエブリバディ』と題しまして、リスナーのみなさまからのご相談ご提案などに、どしどし答えていきたいと思ってます。ＮＨＫ‐ＦＭでのパーソナリティは、1990年の『ジョイフルポップ』以来で、調べてみたら、29年前。すごいですね。時は流れましたね。それでは、曲を聴いてみましょうか。

♪岡村靖幸『少年サタデー』

リスナーの方から届いた質問にお答えしていきましょうか。

「僕は、工作やお絵描き、ゲームのキャラになって一人で遊ぶお芝居が大好きで、朝から夜まで毎日どれかに夢中になり遊んでいます。夢中になりすぎて話を聞かず、よくママにも怒られています。岡村さんは、今や小さい時、夢中になっていた遊びはありますか。お母さんに叱られましたか」
――神奈川県・男性（7歳）

『仮面ライダー』ごっこみたいなものが流行ってましたかね。あと、みんなでソフトボールやったり、野球やったり。あとね、今の少年少女に理解してもらえるかはわからないですけど、牛乳や日本酒の瓶の蓋を集めるのが流行ったりとか。『仮面ライダー』カードを集めたり、野球カードを集めたり、そういうこともやってました。ポピュラリティがあるもので言えば、メンコやコマも本気でやっていましたし、凧あげもやっていましたし、オールド・スクール的な遊びは結構やってましたね。

怒られることもありましたね。僕、転校が多かった子どもだったんですけれども、転校してその土地に馴染む、また転校して次の土地に馴染むっていうことを、子どもの頃から繰り返して、若干虚勢を張ってた時期があったんですね。虚勢を張っていると、「生意気だ」とか言われて喧嘩になったり、いじめが始まったり。身長もすごく高かったので、戯れているぐらいの感じだったはずが、誰かを倒しちゃったり、怪我をさせちゃったり、みたいなことがあって。そうすると、親御さんが出てくるじゃないですか。そういうことですごく怒られたことありましたけどね。人を傷つけるな、と。小学校3年生、4年生ぐらいの頃の話ですね。

「以前、よく『さみしい』とおっしゃっていましたが、齢を重ね、かつ老若男女のみなさんから広く支持されるようになった昨今、『さみしい』から解放されましたか」――東京都・女性（48歳）

「さみしい」っていうのは言っていたかもしれないです。ただし、「さみしい」ということと、この「老若男女に広く支持されるようになったから、解放された」みたいな部分は、情報として乖離してると思いますね。つまり、「さみしい」っていうのは、人間が根源的に感じるものであって、親といようが、家族といようが、子どもができようが、恋人と楽しい時間を過ごしていようが、さみしい人はさみしいんです。それは、人間？　生きもの？　が、根源的に抱えた心理のようなものであって、人気があるからさみしさから解放される、というものの考え方は、ちょっと僕が思っていることとは乖離してる感じがしますけどね。

ただ、この質問にどういうふうに答えるかというと、誰だってさみしい瞬間はあるはずです。そのさみしさの深さやさみしさのテーマ、さみしさの対処の仕方は人それぞれ違うと思いますけど、みんな持ってるとは思いますね。別に齢を重ねたり、自分が支持されていたりするから、みたいなこととは、またちょっと違う気がしますけどね。故にさみしさというものは、永遠のテーマであり、深いものであり、かつ色気があるものだと思いますね。さみしさを感じない人なんていうのは色気がないと、僕個人は思っております。

「私は仕事がめちゃめちゃ嫌いです。仕事内容は好きなんですが、休みの日に仕事の連絡がくると、ブチ切れそうになります。オンオフの切り替えはどうやってますか」――東京都・女性（27歳）

オンオフの切り替えがね、ほとんどないんですよね。好きなことを、仕事にしてしまっているせいですかね。なんかこうクラブ活動が本格化して、それがそのまま仕事になって、楽しいことが仕事になってるような感じなので、これは大変だわー、オンオフがないとなーみたいには思ったことないですね。でも僕の周りにはいると思います。周りの方々が、そう思うことはあると思います。でも、僕はそんなことは言っちゃダメだと、バチが当たると思いますね。天職だと思ってますし、ありがたいことじゃないですか。なので、オンオフはあんまり気にしてないはずです。でもね、ここ数年お酒を飲むようになったんです。さすがに仕事をしてる時は飲んでないので（笑）、お酒を飲むとオフの感覚はありますね。もういいよ、今日はここから飲んでいい、となると、オフってるという感じはあるかもしれませんね。わりとここ数年ですかね。だから、僕なりのオンオフはお酒を飲むことですかね。

仕事内容は好きってことは、例えば、ＮＨＫに就職しました。就職できたことは、ものすごく嬉しいと思ってる。ただ、休みの日に仕事の連絡がくるとブチ切れる。それはね、偉い人じゃないと無理ですね（笑）。休みの日、仕事の連絡はきますよね。ブチ切れたいのであれば、偉い人になればいいんじゃないですかね。それか、ブチ切れを隠して生きていくか。最近、本当によく聞くのが、僕の周りで仕事をしてる人は、やはり会社に勤めていて、家族ができると、子育てもそうですし、家族との時間が必要になる。それを死守したいという方も多くて、「何時間ぐらいは必ず休みが必要」とか、「何時から何時は連絡がきても絶対（電話に）出ない」とか、まあ、会社に対する権利の主張ですよね。主張をする、という方はすごく多くて。ブチ切れることが正解かどうかはわからないですけど、海外のようにプライベートの権利の主張をする、みたいなことはあるんじゃないですかね。

「お酒が飲めるようになりたいのですが、ひと口飲んだらすぐまっ赤になって、頭がぐるぐるしちゃいます。アルコールが身体に合わない体質なのかな、と半ば諦めていますが、ロックバーやジャズバー、クラブなどへ行ってみたいのです。でもお酒が飲めないと、そういうところは行けないですよね。岡村ちゃんは、若い頃、お酒が苦手だったと聞きました。どうやって飲めるようになったのでしょうか。ぜひ聞きたいです」――神奈川県・女性（28歳）

僕も昔はまったく飲めなくて。まず飲めないっていうか、美味しいと思わなかった。お酒は不味いと思ってたから、大人の人がお酒臭いと、もう本当に臭い人たちだと思ってましたけど。まさか、自分がお酒を飲むほうの人になるとは思わなかったんですが、飲むといいものですね。

どういうふうに飲めるようになるかっていうと、例えば、もうほとんどジュースです、みたいなカクテルとか、ジュース90%のアルコール10%みたいなものから少しずつスタートして……。あ、カルアミルクでもいいかもしれませんね。最初はまっ赤っかになっても、だんだんアルコールに対する耐性がついてくるはずです、たぶんね。アルコールを分解する酵素機能みたいなものがだんだんついてくるといいですね。日本人は比較的弱いらしいですね。だから、海外の人はあんまり顔がまっ赤っかになることはないって聞きますよね。分解酵素の力が全然違うからだと。だから、お酒が苦手であれば、無理して飲むことはまったくないですけれども、少しずつならしてみてはどうでしょうか。

いいものですよ、お酒はね。人とこう打ち解け合う意味でも、コミュニケーションツールとしては、もう最強と言ってもいいぐらいかもしれないね。世の中にあるものの中で、最強と言ってもいいかもしれない。あのね、ほら何だっけ？「歴史は夜作られる」（※）って言葉もありますけど、お酒も歴史を作ると思いますね。だから、酒の場とかで、いろんな歴史が作られたような気がする。お酒ありきで、世の中が変わったことはたくさんあったでしょうし、今でもあるんじゃないですか。セレブパーティみたいなお酒の席で、僕のまったく知らない世界の中で、そういう大事なことが決まっていたりとか。だから、お酒はほどほどにしてればね。随分前、15年前ぐらいですかね、お医者さんにも言われたんです。「岡村さん、お酒飲んでください」って。「飲んだほうがいいんですか？」って聞いたら、「適量だったらお酒は薬ですよ」って言われて。「適量であれば血行もよくなるし、逆に健康になります」って言われましたけどね。まあ、本当にしっかり飲むようになったのは、7、8年ぐらい前ですかね。朝まではいかないですけど、でもまあ飲みますね。

※「歴史は夜作られる」
1937年にアメリカで公開された恋愛映画のタイト

ル。監督はフランク・ボーゼイギ。

♪Heize『And July』

わからないよね、女の人は

ここで、リスナーのみなさまから寄せられた恋愛にまつわるさまざまなお悩みにお答えしていきたいと思います。いけない恋をしてる人からもお便りが来ているみたいですが、さっそくいってみたいと思います。

「会社の先輩と微妙な不倫関係です。相手は数年前に結婚しましたが、その半年後に不倫関係になりました。私は相手と結婚したいとは思いません。ただ、漠然と相手の男性が好きで、相手の奥さんから横取りしたいという気持ちもありません。私自身、結婚願望はあります。今の状態は正しい形とは思いませんが、なんとなく彼と一緒にいると、私自身は落ち着いていられるので、私に彼氏ができるまではこの関係を続けようと思います。親しい友人には、『そんな関係やめろ』と言われます。岡村さんもそう思いますか？悪いことはやめたほうがいいのでしょうか」――大阪府・女性（32歳）

うん、そうですね、おすすめはできない。うーん、まあ人の人生なので、その人が幸せであればいいですよ。ただね、人の不幸を乗り越えてまで幸せになりたいとか、快感を求めたいと思っていいのかどうかですね。つまり、幸福を求める気持ちがあるのはしょうがないこと、人間ですからね、誰かを好きになるってことはいいでしょう。それは、いいことに決まってますけど。例えば、結婚してる人とそういうことになると、誰かが悲しむわけですね。きっとね。それを乗り越えてまで、悲しい人がいるということを凌駕してまでやりたいことなのかと。例えば、人によって人の数だけ家庭もあれば、子どももいるわけですよね。その子どものいる家庭を苦しめてまで、それを成就したいのかとなると、いいアドバイスはできないですけど。ペナルティみたいなものはあると思いますけどね。それはいいんでしょうかね。それ乗り越えてまで不倫をしたいんですかね。その覚悟があるんであればいいのかもしれませんけど。

僕はしないと思いますね。浮気もしたことないんですよ。たまたまでしょうけど、不倫も浮気もしたことないですかね。でも、人は人ですもんね。誰が人の恋路を責められるの？　っていう話もあります。今言ったのは僕の建前であって、ある人が不倫してて、それを僕が随分昔に揶揄(やゆ)したことがあったんです。そうしたら、「まあ、そう言われることもわかるんだけど、本当に好きだったし、不倫でも恋は恋なんだ」みたいなこと言っていて、難しいと思いましたけどね。まあでも本当にそこです。だから、誰かを傷つけてまでやりたいことなのか、ということですね。難しい話です。でも、今多いでしょうね。表に出てるもの、出てないものも含めて、不倫はすごく増えてる気がしますね。なんか世の中そんなの多くないですか。不倫です、みたいなの。

あと、出会うためのアプリをやってる人が多いんですってね。だから、そういうとこで出会ったりとか、例えば、地方にいて、ちょっと過疎な場所だったりしたとするじゃないですか。で、なかなか人との出会いもなくて、夜もね、お店もあんまりやってなくて。さみしいわ、みたいなところの人たちはすごく活用するみたいですね、アプリ。

逆に昭和よりも前はもうあれでしょ？　歴史としては、ほとんどがお見合い結婚なわけですよね。親が決めたり、家族の事情で嫁いでいったりとかね。多かったでしょうね。うーん、それも悪くない、悪くない。悪くないと思いますけど。

「私は去年の夏に彼にふられてから、まったく立ち直ることができません。いまだに思い出しては泣いています。周りの人からは『もっといい人がいるよ』とか、『楽しいことしよう』と言われますが、今まで出会った人の中で一番気が合うなと思っていた人なので、彼を超える人が現れるとは思えないし、何をしていても、彼といた時の楽しさを超えることはできずに、なんだか虚しくなっています。岡村さんのライブも楽しかったのですが、彼と観られたらもっと楽しかったのになと、ライブ中もメソメソしてしまいました。こんな状態ではよくないとわかっているのですが、時間は解決してくれそうもありません。どうしたら、つらい気持ちから解き放たれるのでしょうか。岡村さんのご意見をいただければ嬉しいです」――愛知県・女性（33歳）

つらい気持ちから解き放たれるのは、人それぞれ違いますけど、基本は、時間、時間が解決してくれると言いますよね。時間というものの素晴らしいことは、どんなにつらいことや、どんなに悲しいことからも、いつかは解放されるはず！　はず！　何十年も（つらい気持ちを）持ってるなんてことあるのかしら？

あと、よく言うのは次の恋をすることですかね、無理やりにでも。そうすると、また別なステージが開かれるんじゃないですかね。ただ、ユーミン（※）さんの詞じゃないけど、そのつらい気持ちも、振り返った時にはいい思い出になったりとか、宝だったりとか、いい自分の人生の一つのステージだったなと振り返れる時がきます。だから、そのつらいけれども、自分にとってそのつらさが、また冬のね、寒い風がこう肌に染みることによって肌が綺麗になり毛細血管や毛穴が引き締まり、冬の少女たちは綺麗な肌になる。そういう厳しい環境が綺麗な肌を作ったりもするので、こういうつらい経験も、本人にとっては素敵な自分のモチベーションになったりとか、健康状態を作ってくれるかも？　しれないですね。わかんないけど(笑)。どうでしょう。今、落語のオチみたいなね、どう思ってくれるかわかりませんけど。

あと、お酒もいいですよ。お酒もいい。だから時間、お酒、あとは新しい恋をする。そして、必ずこれはいい思い出となる、と暗くならずにポジティブに捉えることですかね。

※ユーミン
松任谷由実の愛称。1954年、東京都生まれ。日本

を代表するシンガーソングライターの一人。72年、旧姓の荒井由実で大学在学中にデビュー。76年、松任谷正隆との結婚を機に現在の名前で活動。2023年4月現在、39枚のオリジナルアルバムを発表。

「私はこれまで生きてきた中で、知り合いの男性から何度か、『君は隙がないから、男性が近づきにくい』みたいなことを言われたことがあります。実際、男性から告白されたことはありません。男性とお付き合いする時には、いつも自分から告白しています。私の友だちに『これが隙があるって言うんだな』という〝隙のお手本〟みたいな女性がいて、彼女はとてもモテます。岡村ちゃんは、隙についてどう思われますか。やはり、隙がない女性よりも隙がある女性のほうが魅力的なんでしょうか。そもそも、隙ってなんなんでしょうか」——大阪府・女性(43歳)

隙がある女性も隙がない女性も魅力はあると思いますね。ただ、怖気づいちゃうんじゃないですか。ビシッとしてて、なんかもうできるオフィスレディみたいな感じだと。オールバックにしてたりとか。隙がなさそうな人に、生きづらい人はいるでしょうね。宝塚歌劇団の男役みたいな。隙なさそう。実際はわからないですけど。

隙、隙がある。声をかけづらい女性とかじゃなくて、かけたくなるような感じの人が、隙があるってことなんですかね。なんでしょうね。隙がある女性って。まずわからないのは、この人は隙がある人って思われたいんですかね?

(口説きますか?)口説く? 口説かないですねー。口説かない。全然口説かないですよ。傾向があるじゃないですか、自分って今までこういう人にモテてきた、みたいな。ほとんど気が強い人ですね。結果的に気が強い人ばかりでしたね。だから、なんかこうタンポポとかれんげ、野に咲く花みたいな方と付き合ったことないです。いるでしょうね、探せばね(笑)。でも、野に咲く花みたいな人と出会ってみたいな。

わからないよね、女の人は。本当にね、わからないです。謎です。ルックスもあると思います。ルックスというか出で立ち、やっぱりシャキッとした格好をしてる人を誘いづらいですよね、たぶんね。もしもその隙があるという印象を与えたいのであれば、まずこうピチッとした服じゃなくて、ふわっとした服ですかね。ピチッとした服はやっぱり隙のなさを感じますけどね。隙を与えたくないんだな、みたいな。あと、化粧もそうですかね。眉毛を描きすぎないとか、アイラインを強調しすぎないほうがいいんですかね。ちょっとわからないですけどね。

「外国の方とお付き合いしたことがあって、お互いの生活や趣味を大事にして気持ちも自立していて楽でした。その後、日本人のメンズとお付き合いしても長続きしません。どうすればよいでしょうか。甘えたり、甘えられたりするのが苦手なのかもしれないと思っています。岡村ちゃんは、お付き合いする相手に甘えたいですか」——大阪府・女性(23歳)

思ったんだけど、女性の質問って、いろんな方向に向かってるじゃないですか。これは外国人とお付き合いして、その外国人以外長続きしないっていう一つの話がありますよね。もう一つが、甘えたり、甘えられたりするのが苦手なのかもしれないという話。最後に、岡村ちゃん、お付き合いする相手に甘えたいですか、って、どの質問のことなんですかね。

まあ、一つひとつ答えるとすると、日本人のメンズとお付き合いしても長続きしないんであれば、それはもう外国人のコミュニティになるべく行って、外国人の方々とお付き合いするといいかもしれませんね。甘えたり、甘えられたりするのは苦手なのかもしれない。ベタベタしたり、トゥーマッチな感じになりたくないってことですかね。さっぱりした人もいるので、そういう人を探してもいいと思いますし、そういう人とお付き合いすればいいと思いますね。でも、こういうのないですか？　付き合う人に共通する不思議な符合みたいなものはなかったですか？　僕さっき、今までそういうことがあった人は、みんな気が強かったって言ったじゃないですか、そういうの、なんかないですか？付き合う人はみんなこうだっていう。

僕の場合はね、僕が甘えたとしましょう。そういうことを彼女が嬉々として受け入れる人なのであれば、そういうことはするかもしれませんね。そういうのが嫌そうな人であればしないでしょうし、してほしそうな人だったらするでしょうし、僕は僕だからさ、僕らしくやらしてくれよ、みたいなことは思ったことないかもな。生まれてこの方。

合わせるというよりは、需要と供給ってことはすごく考えます。人によっては引っ張ってほしい場合もあるし。例えば需要と供給を考えすぎてる人って、「じゃあ、今日何食べる？」という時に、僕の場合は4つぐらいを挙げて、「これとこれとこれとこれの中からどれがいい？」というふうなことを言うんですけど、人によっては引っ張ってほしい人もいるわけです。「今日はカツ丼食べに行くからね」とか、そういうのを頼もしく思う人もいるはずだから。4つを挙げるようなことを野暮と思ってる女性もいるはずですね。だから、人によっては、その需要と供給みたいなことを楽しいと思わない人もいるんじゃないですかね。

どっちかって言うと、僕は、僕についてこいっていうタイプじゃない。僕らしくやらせろみたいなタイプでもないじゃないですか。つまり、自分らしく生きていけばいいと思います。だから、さっきも言ったように、需要と供給がベストとは限らないんですよ。やっぱり、人によってはもっと引っ張ってほしいみたいな人もいるはずですね。

「最近とても困ってることがあるのです。二つ年上の夫がとても嫉妬深く、何もかも疑うのです。私が『友だちと飲みに行く』と言っても『男？』とか、『社員旅行がある』って言っても『男と行くんじゃないか？』。はたまた、『俺の留守の間に男が来た形跡がある』など。もちろんそんなことは一切ないのです。妄想と喧嘩するのも疲れます。どうして疑うのか検討がつきません。揺れるお年頃なのでしょうか。何かよい対策はないでしょうか」——大阪府・女性（47歳）

これはね、いろんな推察するポイントがあります。二つ年上の夫なんですね。熟年ですよ、きっとね。付き合いが始まって、結婚し始めたばっかりで、そうなったわけじゃなくて、きっと熟年で落ち着いていかなくちゃいけないはずなのに、こういう状態だということは、いくつかのことが考えられると思います。一つは、この女性がすごく魅力的である可能性がちょっとありますね。もう旦那さんが落ち着かない、みたいな。二人で歩いていると、あれ、振り向かれちゃうみたいな。

もう一つは、熟年でありながら嫉妬深い、なんかこう雰囲気をかもし出しているんじゃないですか？　ちょっとセクシーみたいなね。ちょっと不安になるようなね。という可能性が考えられますね。あと、友だちと飲みに行く、社員旅行へ行く。夫婦で離れている時間が結構あるんでしょうね。で、不安なんでしょうね、旦那さんは。

妄想と喧嘩する。どうするのがいいんでしょうね。嫉妬深い人、旦那さんを安心させてあげたいんだったら、まめにLINEするとか、「今ここだよ」って、写真を撮ってメッセージしてあげるとかいいかもしれませんね。嫉妬深いっていうのは結構直らないと思いますね。まあ、心配性なんでしょうけど。ただ、疲れると思いますよ。ずっと奥さんに嫉妬したり、こう奥さんが浮気してるんじゃないかなって心配してる日々は落ち着かないと思います。

なんかこの女性がもしもすごく魅力的で、それが原因でそうなってるんであれば、二人の間では老化しなくていいと思いますけどね。年齢から考えても、老化防止になると思います。そうやってピリピリしたり、嫉妬したりとかっていうことは。あの夫婦倦怠、老化、あと心が摩耗していく感じを防ぐいいスパイスになってるかもしれませんね。つらいかもしれないけど。だって熟年ですよ。嫉妬するっていうことはいいんじゃないですか。いいと捉えましょう。よっぽどですよ。だって、47歳で旦那がこう心配で心配でしょうがないなんて。

♪indigo la End『はにかんでしまった夏』

枕言葉が鍵なんですかね

だんだん残り少なくなってまいりましたけどね。いただいたお便りをどんどん紹介していきますか。「悟ったこと」。みなさんが「悟ったこと」を教えてくださいっていう内容です。

「私の悟ったことを聞いてください。人の口癖ってありますが、その口癖を話の冒頭に持ってくる人ほど、そのあとの話は冒頭の言葉と真逆になることに気づきました。例えば、『要するに』と話し始める人は、そのあとの話が全然まとまってないし、『ぶっちゃけ』と話し始める人は、さほどぶっちゃけてないなと。つまり、このことで悟ったのは私の口癖が『すみません』で、『すみません』と話し始めるのに、あんまり、すみませんと思ってないからです。岡村さんはどう思われますか」――東京都・女性（35歳）

これは、さっきスタッフと話した時に、「あー」って言ってましたねえ。やっぱり、枕言葉が鍵なんですかね。「君を悪く言うつもりはないんだけど」とか、「全然怒ってないんですけどねえ」という枕詞があって、そのあとに「じつは……」みたいな感じで逆のことを言ったりとかでしょうね。だから、ちょっと強いことを言いたいとか、ふわっとしたことを言いたい時のエクスキューズとして、エフェクトとして、ちょっとソフトにしたいとそういう枕言葉を使うから、そのあとにくる内容が真逆になってる可能性があるんですかね。でも、「要するに」って言い始めて全然話がまとまってないっていうのは、ダメだと思うんですけどね。それは、話が上手じゃない人なだけのような気もしますけども。でも、さっき言ったような枕言葉として真逆のことを付けることによって、情報の強さを弱めようとするってことはあるかもしれませんね。

　あのね、僕、子どもの時にね、すごく覚えているのが、親が叱るじゃないですか。で、叱ってるんだか怒ってるんだかの違いみたいなことは、すごく感じてたことがあって。怒ってるのは、たぶん私的感情なんですよ。気に入らないとか、癇に障るとか、あと、許せないとか。で、叱るっていうのは、もっと感情は排除されていて、この子にとってよかれと思って、こうしてあげるべきなんだと教育的な側面で言っている。やっぱり、癇に障って怒ってるんだな、みたいなことはわかりますよね、子どもはね。なんかこう虫の居所が悪くて怒ってるなとか。だから、子ども心にそういうふうに感じたことはすごく残ってるので、怒る時とかは気をつけないと、子どもは結構覚えてたりすることがあるかもしれませんね。

「人生、何が起きるかわからない、ということが悟ったことです。まさか、自分がこんな経験するなんて、と思ったことはいろいろあります。例えば、まさかの海外生活とか、まさかの雑誌に掲載されるとか、平凡な人間なので、まさかでした。そして、今、芸能界やテレビに興味がなかったのに、いきなりまったく知らなかった岡村靖幸さんにどハマりし、まさかの『ベイベ』になりました。ライブ遠征、ファンクラブに入会をしたのも、人生で初めてです。音楽を聴き、ライブ映像を観る、ツアーに何箇所も参戦する。楽しくてたまらない毎日です。まさか、こんな生活をするなんて！なのです。人生何が起きるかわかりません」――熊本県・女性（23歳）

　なるほどね。なんかこうやって言っていただけるのは、ありがたいことですけどね。自分がまさかこんなことになるとは、と、そんなことはよくあるでしょうね、それが醍醐味でもあるんじゃないですか。やはり、人は興奮したいわけです。人は興奮したくて、でも生きていくうちに、だんだんだんだん慣れ合いになっていく、自分の人生に対して。そういう時に思わぬこう、ビッグな出会いがあったり、びっくりするような「何これ、面白い！」っていう体験があったりとか、映画でもいいし、音楽でもいいし、テレビの番組でもいいですし。そうやって、人は興奮したいわけですよね。やっぱり、自分の論理や思考回路から逸脱した、「なんだこれ!」みたいなものを見たい、感じたいっていうのは誰でもそうなので、人生でそういうものにたくさん出会えるといいなと思いますし、みんなそういうものを探してるんだろうな、ということは痛感します。じゃあ曲を聴いてみましょうか。これ、ちょっとなんかで聴いて気になった曲ですけども。

♪バイス&ジェイソン・デルーロ『Make Up』

こういう番組をやってきましたけども、みなさん、どう感じたでしょうかね、楽しんでいただけたでしょうか。僕はね、えっと、二十数年ぶりにこのNHKのラジオやったわけですけども、まあ感慨深いですね。あとね、この番組スタッフからのリクエストで、ジングルを作りました。それも楽しんでもらえたでしょうかね。手作りです。手作り感がすごいです。

岡村靖幸のカモンエブリバディ

#02-1

2019年7月15日放送

大貫妙子さんをゲストにお迎えします

「命が消えるまでに、これでよかった、楽しい人生だというふうに感じられれば、もうそれが成功だと思うんですよね」

COMPLEX LOVE

大貫妙子（おおぬき・たえこ）

1953年、東京都生まれ。シンガーソングライター。73年、山下達郎らとシュガー・ベイブを結成。75年にアルバム『SONGS』をリリース、76年に解散。同年にアルバム『Grey Skies』でソロデビュー。2023年4月現在、27枚のオリジナルアルバムをリリース。エッセイ集『私の暮らしかた』など、著書も多数。

大貫さんは、番組に出てもらったゲストの方の中で、ほぼ唯一、純粋な対談相手だったんじゃないでしょうか。そこから挑戦する、学んでいく方向に行ったので。大貫さんは、トリビュート・アルバムに参加させていただいたり、共作をさせていただいたりする関係でもあり、僕がもともとファンでもある方で、非常に丁寧で真摯な方なので、番組を通して、そういった魅力が伝われればいいなと思っていました。多弁な方ではないので、出演していただけたことはもちろん、僕のようなすごく後輩の番組に出ていただいたこともありがたかったです。

コンプレックスによって形成されている

岡村　今日は海の日ですね。いかがお過ごしでしたか。こんばんは、岡村靖幸です。大型連休の放送に引き続き、第2弾となります。抱負、抱負はね、頑張りたいです。今夜もリスナーのみなさんからのご相談、ご提案にどんどんお答えしていきたいと思います。今夜は素敵なゲストをお迎えして、お送りします。僕もとても尊敬しているアーティスト、大貫妙子さんです。後ほど、お楽しみに。

「岡村ちゃんにはコンプレックスなどないですよね？　コンプレックスがあり、悩んでいる女性は嫌いですか？　自分に自信を持てるようになるには、どうしたらいいと思いますか？　よろしくお願い致します」――熊本県・女性（23歳）

岡村　コンプレックスがない人なんていないんじゃないでしょうかね。僕なんて、コンプレックスがないどころか、コンプレックスによって形成されていると言っても過言ではない、とよく言ってますけどもね。コンプレックスというと、今の自分を容認できない部分があるわけですよね。それは、向上心であり、より自分がこうだったらいいなという前向きな気持ちなので、「俺いいじゃん、最高じゃん」となるよりも、「ここがもっとこうだったらな。ここをこうすると、あ、そうか、会話の時についこんなこと言っちゃうな」とか、一つひとつのことに悩んだり苦しんだりすることも、自分の血となり、肉になるはずです、絶対に。だから、コンプレックスなどは生きていくうえで、誰もが通過しなくちゃいけない通過儀礼というか、一つの大事なことなんじゃないでしょうかね。だから、世界を知る。自分の世界だけじゃなく、例えば、いろんな人に話を聞く。コンプレックスを持っているんだったら、コンプレックスについて、いろんな人に話してみるとか。そうすることで、見えてくるものもあるかもしれませんね。

「酔った時にだけ電話してくる男友だちの心理、わかりますか？　普段やりとりはなく、いきなり電話してきます。『今、何してた？』『最近どう？』みたいなことを聞かれて、『今度、飲もう』などと言われますが、酔っ払いの約束なので実現することは稀です。私の場合、酔った時に電話したくなるのは好きな人なので、彼らの心理が謎なのです。岡村さんはどうですか？」――大阪府・女性（45歳）

岡村　どうなんでしょうね。彼らも好きなんじゃないですか。お酒が入っている時に、好きじゃない人になんか連絡しないですね。やはり、ある程度好意を抱いていたりとか、知りたいとか、関心があったりはするでしょうね。でも、彼女にしたいと思ってるのか、ちょっと話してみたいっていうくらいなのか、どのぐらいの深さかはちょっとわからないですけども。少なくとも、この男性の方々も興味があって、関心があるから連絡するんだと思いますけどもね。

「テレビで放送している大家族番組が好きなんですが、3日くらい岡村さんに大家族の家でいろいろやってみてほしいです。例えば赤ちゃんに離乳食を食べさせるとか、幼児をお風呂に入れたり、晩ご飯の支度をするとか。子どもたちとスーパーへお買い物に行ったり、あと、大家族のご両親と酒飲みながら語ったり、などなど。ぜひ、お願いします」――岡山県・女性（48歳）

岡村　やってもいいですけど、どうなんでしょうね。いい画(え)が撮れるんであれば、あと編集権が僕にあるんであれば、考えますけどね。そこに対してはよく思うことがあって、自分がやってる仕事だと、自分が撮れる画というのは、大体決まってるわけです。パフォーマンスしてるところであったり、インタビューでしゃべってるところであったりね。なので、たまに全然違う画が撮れたら面白いなと思うこともあります。以前、普段どういうふうにレコーディングをしているかを織り交ぜた、『情熱大陸』（※）的な「平熱大陸」（※）という特典映像をアルバムに付けたんですけど、面白かったですね。だからその大家族に入ってなんかやるみたいなのも、なんかいい画が撮れるかもしれませんね。

※『情熱大陸』
毎日放送が制作し、毎週日曜日の23時からTBS系で放送されているテレビ番組。さまざまな分野で活躍する人たちを一人ひとり密着取材して取り上げ、紹介していくドキュメンタリー。１９９８年から放送が続く長寿番組。

※「平熱大陸」
２０１６年に発売されたアルバム『幸福』の完全受注生産限定デラックスエディションに付属していたドキュメンタリーＤＶＤ。その他に、フォトグラファーの川島小鳥が台北で3日間にわたって岡村を撮影した写真集「台北日記」も同梱された。

♪花澤香菜『ミトン』

綺麗で丁寧な織物を見ているかのよう

岡村　花澤香菜さんで『ミトン』をお送りしました。ここでゲストをお迎えしたいと思います。私が大変尊敬しているアーティストで大貫妙子さんです。

大貫　こんばんは。よろしくお願いします。

岡村　先ほどの『ミトン』は大貫さんが詞を書かれて、僕が曲を書いたコラボレーション作品になりますけども、前に大貫さんのトリビュート（アルバム）に参加させていただいたり、ちょこちょこご一緒する機会もあり、今日はゲストに来ていただいて、ありがたく思っております。

大貫　こちらこそ、ありがとうございます。

岡村　どうですか？　大貫さんが最近日常の中で楽しんでることや、新しい発見はありますか？

大貫　一人でいることが多いので、『夢と狂気の王国』（※）を観て、やっぱりそうよねって納得したりとかね。ジブリ（※）の映画なんですけど、宮﨑（駿）さん、鈴木（敏夫）プロデューサー、高畑（勲）さんがお出になっていて、女性の監督が撮ってるんだけど、典型的なドキュメンタリーじゃないんです。

※『夢と狂気の王国』
2013年11月に公開された砂田麻美監督によるスタジオジブリの制作現場に密着して撮られたドキュメンタリー映画。先に公開された映画『風立ちぬ』の制作の様子などが描かれている。

※ジブリ
スタジオジブリ。1985年に設立されたアニメ制作会社。鈴木敏夫がプロデューサーを務め、主に宮﨑駿、高畑勲（故人）が監督する作品を制作。代表作に『となりのトトロ』『火垂るの墓』など多数。

岡村　観てみます。

大貫　元気がもらえる……ともちょっと違うんだけど、ものを作る時の譲らなさとか、厳しさとかに対して、なるほど、なるほど、と思いながら観ましたね。

岡村　以前に対談した時にも言いましたが、大貫さんはものすごく丁寧にものを作られるじゃないですか。ものすごく綺麗で丁寧な織物を見ているかのような印象を僕は受けるんです。一人で作詞作曲なさっているじゃないですか。それはそれは大変なことだと思うんです。外からの刺激というか、外的な影響みたいなものはあるんでしょうか？

大貫　ある程度煮詰まってくると出会いが必ずあるので。この人とやるとすごく刺激受けて曲ができるわ、とか。1年間に1回ぐらいとかね。あるいは、海外に行くとか、いつでもそういうものはある。時に身をまかせてるようなもんですかね。

岡村　前にお話をさせていただいた時に、「出会い一つひとつも偶然じゃないのよ。全部必然なのよ」とおっしゃっていたのが、とても印象に残ってます。大貫さんが今まで出会われた方々や、10代、20代の頃をともに過ごされた人たちが後々、いろんな仕事をして活躍していったことも、全然偶然ではなくて全部必然って。ドラマチックだなと。

大貫　そうですね。今もそういうふうに思ってる。目的に向かって突進するのもいいんだけれど、礎というか、とにかく基礎なんです。家を建てる時も、土台がちゃんとしてないとすぐ揺らぐじゃないですか。何十年もやったあとに、ふと考えたら、いまだに土台を作ってるんじゃないかって思うぐらいの仕事の仕方なんですよね。いつになったら家が建つんだろう？　って思ってて。最後に、そこにはすごく大きい綺麗な樹が植わってるかもしれないし、別に家を建てなくてもいいって感じなので。

早く前のよりもいいものを作らなきゃ

岡村　ここ数年、海外で大貫さんのアルバムがたくさんの人に聴かれたり、若者が大貫さんのアナログレコードを一生懸命探して買って聴いたりしている現象みたいなものがあって、大貫さん的にも丁寧にちゃんと作ったものはそういうふうにきちんと残る、ということは再確認なさってるんじゃないですか。

大貫　そうですね。丁寧には作っていても、いいものもあるんですけど、私だけがやってることではなく、素晴らしいミュージシャンが参加してるので。40年前のものをね、今のものに関してもありますが、何この歌ひどい、と思ったりとかね。

岡村　そんなこと思います？

大貫　歌詞、まだ全然ダメ、とかすごく思いますよ。だから、やり続けてる一つの理由は、早く前のよりもいいものを作らなきゃっていう気持ち。もう隠したい。

岡村　本当ですか？

大貫　今のを聴いてくださいって、そんな感じです。やっぱり、頭の中で思い描いているものを全部そっくりそのまま自分でプレイできたらね、それはそれでいいんだろうけど、つまらないんです。でも、なんて言うのか、センスというか、ものの見方が全然違う人とはできないけれど、同じような感覚の人と一緒にやることで、そっちですかっていう道が開けたり……。

岡村　なるほど。

大貫　そういう経験はものすごく勉強になるので、それの積み重ねですかね。他に何があるんですかね？　人前に出る、テレビに出るとかも嫌だし、ただ音楽やる限りはステージもやらなきゃならないと思って、ステージを積み重ねることで、実際歌もうまくなるので、そういうことが自分に返ってくることはあるんですけど。売れるための何か、芸能活動みたいなものをできればやりたくないっていう。でも、岡村さんはやってらっしゃいますよね。

岡村　僕は、いろんな意味でやってます。いろんな理由で。

大貫　羨ましくて、そういうの。どう見られてもいいとか、どんなこと言われても平気って。逆に自意識過剰なのかな、私って、と思ったりとか。

岡村　わかります。僕もある程度、そのあたりはタフでいようと思ってます。

大貫　私は、そのへんが閉じているのか、ずるいのかわかんないけど。

岡村　今日は、大貫さんが出るということで、いろんな方が質問を寄せてくれたんです。

「私は、大貫さんの『横顔』がとくに好きです。短編映画のように景色が見える、とても素敵な曲だと思っています。

ずばり、大貫さん、岡村さんと坂本龍一（※）さんの『都会』（※）を初めて聴かれた時の感想をひと言で表すと、どんな言葉でしたか?」——東京都

※坂本龍一
1952年東京都生まれ、2023年没。ミュージシャン。1978年、ソロアルバム『千のナイフ』を発表。同年、細野晴臣、高橋幸宏とともにイエロー・マジック・オーケストラ（YMO）を結成しキーボードを担当。83年の散開（解散）以降、映画のサウンドトラックなど、さまざまなジャンルで活躍。

※『都会』
大貫妙子の2ndアルバム『SUNSHOWER』に収録されている楽曲。岡村靖幸と同アルバムの全曲をアレンジした坂本龍一がカバーし、『大貫妙子トリビュート・アルバム～Tribute to Taeko Onuki～』（2013）に収録された。

岡村　という質問なんですけど。

大貫　あ、岡村ちゃんだ、と思った（笑）。

岡村　らしい、って感じですか?（笑）

大貫　らしい、ですね。すごいですよね、それって。自分のものにしちゃうという。

岡村　自分のものなんですかね。すごく難しかったです。最初、坂本さんからは、『都会』は素晴らしい曲だから、そのままにしてほしい。音源を君に渡すから、君が現代風にリミックスしてくれ」と言われて、「わかりました、坂本さん。ありがたい」って言って、そうする予定だったんですけど、マルチ音源がもうないとわかって、「うーん、どうしよう」となった時に、「じゃあゼロから作りましょう」と決めて、坂本さんに聴いていただいて、できたんですけどね。アメリカと日本で、往復書簡みたいに「ここどうでしょう?」「ここはこうして」「ここはこうだね」というやりとりをしながら作りましたけど。ここで1曲お届けしたいと思います。

♪岡村靖幸＋坂本龍一『都会』

綺麗な日本語をきちんと歌いたい

大貫　岡村さん、この都会って、どこの街をイメージしました?

岡村　東京ですね。

大貫　東京のどこ?

岡村　華やかな場所って印象でした。新宿……?

大貫　そうだよね、やっぱり。私も新宿なんです、最初書いた時のイメージは。華やかだけど、なんか下世話な感じ。ネオンが多い（笑）。

岡村　この主人公はちょっと都会が嫌になってるわけですから、新宿かなあと思って。

大貫　ナイス。ありがとうございます。

岡村　いえ、とんでもないです。それがお聞きできただけで。次の質問にいっていいですか？

「大貫さんのように格好よく歳を重ねたいです。その格好よさの秘密を少し教えていただけると嬉しいです」――東京都

大貫　すごく難しい質問ですね。

岡村　凛となさってますよね。だからその、凛とすればいい、みたいなことではないですか？

大貫　「怖い」って言われますけどね。

岡村　共存していると思います。その怖さと凛となさってる感じが。

大貫　あんまり仕事から離れたことじゃないですが、話し言葉というよりは綺麗な日本語をきちんと歌いたいということを意識して書いています。それを綺麗な日本語で歌う。日本語って、音楽に乗りにくいんですよ。すごく長い間それが嫌だなという感情を持っていたんですが、海外でレコーディングするようになって、日本語で歌うじゃないですか。そうすると、「綺麗だ」って言われるんです。いろんなところで。それから、ちょっとだけ救われた気持ちになって。意味がわからなくても、全体として聴いてらっしゃると思うんで。音楽ってそういうもんだなって思うようになりました。

岡村　大貫さんの声との相性もあって、すごく日本語が美しく聴こえる。歌われ方に、そう感じますけども。

「うかがいたいことは、ズバリ『成功』ってなんだと思いますか？　私は幼い頃から、成功したい、人より先に行きたいといった思いを胸に生きてきました。ですが、大人になって、ふと立ち止まりました。成功とはなんなんだろうと。ノーベル賞を取ったから、金メダルを取ったから成功なのかというと、必ずしもそうでもない人もいるようで、何をもって成功というのかは、人それぞれだなと思っています。大貫さんにとって成功とはなんですか？　今どんな時に幸せを感じますか？」――東京都

大貫　意外ともうこのぐらいの歳になると、一生ってこんなに短いんだって思いません？　岡村さんはまだ若いから思わないか。私なんかはすごく思うんですよ。あっという間にこの歳っていう。これからあと20年ぐらい生きても、あっという間でしょう、10年間が。何ができるかってことはなくて、意外と短いっていうのは、ものすごく実感としてあって。だから、命が消えるまでに、これでよかった、楽しい人生だというふうに感じられれば、もうそれが成功だと思うんですよね。その日々を自分で納得できるかどうか、それだけじゃないですかね。今のイメージは、そんな感じ。

岡村　なるほど。次の質問いってみますか。

「大貫妙子さま、はじめまして。もし、岡村靖幸さんとデートすることになったら、どこに行って、何をしたいですか？」――熊本県

岡村　ということですけど。
大貫　「下町に行きましょう」と前に誘われたままになっていますね。
岡村　はい、はい。行かれることありますか？
大貫　最近は行ってないけど。30代の頃はよく行ってましたね。あそこの……。
岡村　浅草寺ですか？
大貫　浅草寺で必ずおみくじ引くんですけど、4回引いて、3回凶だったんですよね。凶なんてなかなか出ないけど、別に悪いことなんにも起きないし（笑）、そういう相性なんだなと思う、浅草寺とは（笑）。
岡村　なるほど（笑）。僕は、おみくじ引かない派です。凶や大凶が出るような可能性があることにはベットしないんですよ。
大貫　え？　なんで？
岡村　だって、可能性があるわけですよね。凶や大凶が出る可能性が。
大貫　出たら嫌なんだね（笑）。
岡村　出たら、ちょっと嫌な気持ちになるタイプなんです（笑）。そこは、なるほどなと思えなくて、結構気に病むタイプなので。なんかこう、不穏とか不気味と思っちゃって、凶とか出ちゃうと。
大貫　でも、私は大吉のほうが嫌ですね。
岡村　なんでですか？　そこで運を使っちゃう、みたいなことですか。
大貫　あんまり嬉しくないですね、なんか。嫌だ（笑）。みんなに聞いてみたいけど。
岡村　アンケートとってみたいですね。
大貫　小吉も嫌ですね。小吉根性みたいな。
岡村　小吉根性！
大貫　養老孟司（※）さんが、この前おっしゃってたんですけど、印刷物とかと比べると、「音というのはあとくされなくていいですよね」と。「悪口を言われたら、空気が振動しただけって思えばいいんだ」って。
岡村　なるほど、なるほど。
大貫　よくないですか？
岡村　いいですね。勉強になります。

※養老孟司
１９３７年、神奈川県生まれ。解剖学者。東京大学医学部卒。東京大学名誉教授。89年『からだの見方』でサントリー学芸賞受賞。著書に『唯脳論』『バカの壁』など多数。

岡村靖幸は〇〇な人

「岡村靖幸は〇〇な人っていう場合、〇〇に入る言葉は何ですか」――神奈川県・女性

岡村　……という質問なんですけど。
大貫　自己愛な人。
岡村　自己愛、アーティストはみんなそうなんじゃないですか。それを露呈してるってことですか。

大貫 それを表に出す……という感じがしますよね、健全にね。難しいですもん、そういうの。

岡村 そうですよね。

大貫 それが、セクシーなんじゃないですかね？

岡村 本当ですか？ ありがとうございます。頑張ります（笑）。

大貫 （笑）。歌詞とか、読ませていただくとそう思います。普通そういうのって、なかなか出せない。何言ってんのって感じになっちゃう。でも、それができるところがすごいなと思いますね。それは、さらに表現した時にいやらしくない声があるからじゃないですか。やっぱり才能ですよ。

岡村 いえいえ。

大貫 私はね、答えのないものを音楽にしたいんですよね。どっちが悪いではないんだよっていうことを、永遠にやりたいだけなんですよ。不条理って言えば、そうなんだけど。男女の恋愛だって、どっちが悪いじゃない。それを永遠に、歌っている感じですかね。

岡村 私小説を読んでいるような歌詞だなって思うことが多いですもん、大貫さんのは。では、このコーナーの最後にお越しいただきました大貫さんの作品をお届けします。どうもありがとうございました。

大貫 ありがとうございます。

♪大貫妙子『Happy-go-Lucky』

岡村 素敵でしたね、大貫さんね。やはり素敵で、凛となさってて、厳しくて、尊敬する先輩として、お慕い申し上げております。

大貫さんは、丁寧に誠実に、仕事や生活をして、女性として生きてらっしゃるという印象があって、こういう方が先輩としていてくださると背筋が伸びますね。

大貫さんがおすすめしてくれたジブリのドキュメンタリーもあのあとすぐに観て、面白かったですし、海外の方に日本語の響きを「綺麗」と褒められたことで救われたという話も印象的でした。大貫さんと浅草寺、いつか行きたいですけどね。でも、おみくじは絶対引かないです。なんで大凶が出る可能性があるものを引くんだか、そのリスクを取る意味がわからない。ドキドキしたいんですかね？ 大凶が出たら不吉だ！ とか思わないんですかね？ 僕は無理です。もう500歩譲ってどうしてもおみくじを引かなきゃいけないんだったら、大吉が出るまでずっと引き続けます。大凶を受け止められないので（笑）。

岡村靖幸のカモンエブリバディ

02-2

2019年7月15日放送

神野紗希さんに俳句を学びます

「短いこともあって、説明するほどの時間がないので、
『ちょっとこっちにおいで』と
詠み手のいるところに読者を立たせると、
17音の短さでも『こっちの方向を見てね』とは言えるので、
そうしたら、あとは気持ちを感じてくださいね、と」

神野紗希（こうの・さき）

1983年、愛媛県生まれ。俳人。高校時代、俳句甲子園をきっかけに俳句を始める。2001年、第4回俳句甲子園にて団体優勝し、「カンバスの余白八月十五日」が最優秀句に選ばれる。句集に『すみれそよぐ』、エッセイ集に『もう泣かない電気毛布は裏切らない』『俳句部、はじめました』など、多数の著書がある。現在は現代俳句協会副幹事長。聖心女子大学で講師を務める。

もともと、俳句はすごく興味はあったんです。僕は（ザ・）ビートルズの熱狂的なファンだったので、ジョン・レノンが一時期すごく凝っていたという俳句や禅に。ただ、これまでやろうっていう気持ちにはならなかったんですね。でも、本当に俳句や短歌がブームになっていて、テレビ番組にもなっている中、プロデューサーの方から「岡村さんは日本語のチョイスが特徴的で面白いから、言葉に関連したものがいいのでは」とまず俳句を提案していただいて、ぜひ、と。ここぐらいから挑戦シリーズになっていきます。

「夏の海」をテーマに俳句を詠む

岡村　番組のホームページにお寄せいただきました、「僕に挑戦してほしいこと」の中から今夜は俳句作りに挑戦したいと思います。先生として俳人の神野紗希さんにお越しいただきました。

神野　こんばんは。神野紗希です。よろしくお願いします。今夜は岡村さんが俳句を作ってくださるということで、海の日にちなんで、「夏の海」をテーマに俳句を詠んでいただきました。

岡村　ちょっと難しかったですね。まず、俳句の決まり、季語を入れるということ以外、いまいちちょっとわかってない。あと、短歌と俳句の違いもはっきりとわかってないので教えてもらいながら。

神野　今までに岡村さんは俳句詠んだこと……？

岡村　ないです。

神野　じゃあ、今回初めてですか。貴重な体験。

岡村　そうですね。五七五は少し漏れてもいいんですか？

神野　漏れてもいいです。「字余り」という一つの技法があるんですね。ただ、あんまりダラダラした感じになってもいけない。なので、まん中の七音と最後の五音をちゃんと守りさえすれば、一番初めの五音は少し余っちゃってもいいんです。上の五音は長くなってもいいけど、最後のほうでとんとんとんとリズムを整えればＯＫ。

岡村　なるほど。逆はあんまりよくないんですね。

神野　ダラダラしてくると、いつ終わるんだろうと思わせてしまうので、意図的なダラダラでなければ、俳句はここで切れます、というお尻のところが大切ですね。

岡村　明確な決まりみたいなものはありますか？

神野　それもじつはあやふやなところがあって、一般的には季語と呼ばれる季節の言葉が入って、五七五のリズムに乗せるのが基本です、と言われています。

岡村　五七五ですか？　五七五七七ですか？

神野　七七がつくと、短歌になります。

岡村　七七がつくと短歌なんですか！　なるほど。

神野　五七五七七、合計で31音になるのが、〝みそひとじ（三十一文字）〟の短歌で、俳句は17音なんですよ。

岡村　俳句と短歌の違いはそこですか？

神野　それが一番大きいですね。もう少し内容的な違いについて触れるのであれば、短歌で一番大事なのは私性（わたくしせい）と言われています。

岡村 “わたくしせい”？

神野 そう。私の中から湧いてくるものを詠む。

岡村 小説で言うと、私小説みたいな。

神野 そうなんです。俳句の一番中心にある季語は、季節なので、私の外にあるものですよね。そうやって、私の外にあるいろいろなものとの対話でできあがるのが俳句なのかなあと。そういう違いはありますね。

岡村 『サラダ記念日』（※）とか。

※『サラダ記念日』
1987年に出版された俵万智の歌集。280万部を売り上げ、歌集としては異例のベストセラーとなり、現代短歌の先駆け的存在に。同年のユーキャン新語・流行語大賞新語部門・表現賞にも選出された。

神野 あれが短歌です。

岡村 あれが、短歌なんですね。ご自身のことを詠まれてますもんね。

神野 そうなんです。まさに若い女性の現代生活が詠まれている。短歌の文脈なんですね。岡村さん、作ってみて感じられたことはありましたか？

岡村 自分が知ってる有名な俳句はどんなんだったっけなあ、と思い返してみたりとか。

神野 例えば、どんな。

岡村 あれ、俳句ですかね？ 「そこのけそこのけお馬が通る」。

神野 そうです、そうです。「雀の子そこのけそこのけお馬が通る」。小林一茶（※）の俳句ですね。

岡村 あと、「岩にしみ入る？ 蝉の声……？」

神野 松尾芭蕉（※）の「閑さや岩にしみ入る蝉の声」。

岡村 それが印象に残ってますね。だから、思わず絵が浮かぶような俳句が見事なのかなと思いました。

神野 おっしゃる通り。俳句はちょっとVR的ですね。例えば、「柿くへば鐘が鳴るなり法隆寺」という正岡子規（※）の句も、柿を食べて、鐘がゴーンと鳴ったという状況を、もう一度読者も一緒に体験してる、みたいな共時性がある。

※小林一茶
1763年、現在の長野県生まれ、1828年没。俳人。15歳の時に奉公のために江戸へ出て俳諧と出会い、独自の作風を確立して江戸時代を代表する俳諧師の一人となった。

※松尾芭蕉
1644年、現在の三重県生まれ、94年没。江戸時代前期の俳諧師。弟子を伴い江戸を発ち、東北から北陸を経て大垣までを巡った旅を記した紀行文『おくのほそ道』が有名。後世では「俳聖」として世界的にも知られる。

※正岡子規
1867年、現在の愛媛県生まれ、1902年没。俳人、歌人、国語学研究家。俳句、短歌、小説、随筆など多方面にわたり創作活動を行い、日本の近代文学に多大な影響を及ぼした、明治を代表する文学者の一人。

岡村　疑似体験する。

神野　例えば、「閑さや岩にしみ入る蝉の声」の句でも、こちらも山寺に行って、本当にその空間で蝉の声を聞いているような気がしてくる。そういう臨場感がある俳句は見事ですね。

岡村　そうですね。「岩にしみ入る」ってすごい表現ですもんね。それを編み出したとすると、発見ですね。昔はよくそう言われていたのかもしれないんですけど、どうなんですかね。

神野　確かに、昔の人の言語感覚って、もう何百年も経っているのでわからないですよね。だから、今私たちが流行っている言葉を使って俳句を詠んだとしたら、何百年か後の人たちに、「この言葉遣いマジすげー」みたいに思われるかもしれない。

岡村　そうですよね。テレビさえもなかったわけですからね。その文化、ネットだろうがなんだろうが、雑誌さえもないし、文化も言葉の雰囲気も違ったでしょうね。

神野　たぶん、例えば私たちの知ってる静けさと、芭蕉が言ってる閑さも、ちょっと違ったかもしれないですね。

岡村　それはまったく違うでしょうね。車も走ってないし（笑）。

神野　普段、歌を作る時に、七五調って意識されることありますか？

岡村　しないですけど、結果的に七五調になってしまうこともあります。でも、七五調で書こうって思ったことはないですね。昔、ジョン・レノン（※）がオノ・ヨーコと交際して、日本文化に触れた時に、いくつかの俳句にすごく影響を受けて詞を書いていましたけどね。それは五七五じゃなかったかもしれないけど。『アクロス・ザ・ユニバース』（※）が有名ですね。

※ジョン・レノン
1940年イギリス・リヴァプール生まれ、80年没。シンガーソングライター。ザ・ビートルズを立ち上げ、リーダーでボーカル、ギターなどを担当するとともに、ポール・マッカートニーと「レノン＝マッカートニー」として、多くの楽曲を作曲した。解散後は、妻のオノ・ヨーコとも創作活動を行った。

※『アクロス・ザ・ユニバース』
1969年にイギリスで発売されたザ・ビートルズのチャリティアルバム『ノー・ワンズ・ゴナ・チェンジ・アワ・ワールド』に収録され、70年に発売された『レット・イット・ビー』には、別アレンジの音源で収録された。オノ・ヨーコがジョン・レノンに紹介した松尾芭蕉の俳句に影響を受けたものとの説がある。

脚本を書くように俳句が詠めれば素晴らしい

岡村 今回、神野先生からいただいたお題をもとに、実際にいくつか俳句を作ってみました。それではさっそく、僕が作った句を先生にジャッジしていただきたいと思います。

日傘ゆれ海坂越えゆく母の声

神野 いいじゃないですか。本当に俳句、初めてですか？海の青と日傘。書いてはいないけど、なんとなく白い日傘を持っているイメージで、ゆらゆらとスカートが風に吹かれながら母が歩いていく。そういう映像がとっても見えてくる句ですね。これ、どういうイメージで詠まれたんでしょうか。

岡村 なんかね、やっぱり情景が浮かぶといいかなと思って、やっぱり、テーマが海でしたっけ？

神野 「夏の海」。

岡村 ですよね。ちょっと暑い海、みたいなことで考えると、海の近くに住んでる方々、坂が結構ある道とかで、お母さんみたいな方が日傘を差しながら、坂を越えて行くんですね。海が近いから例えばここに（絵を描いて説明しようする……）。

神野 ラジオだけど（笑）。

岡村 ここに坂があったとしましょう。ここに海があったとしましょう。海の乱反射が、坂にこうあたる、みたいな。そこを、乱反射のゆらゆらした感じと、母の日傘のゆらゆらした感じと。声っていうことですからね、たぶん僕か、僕らしき人か、青年とか少年がいるんですかね、坂のどこか下か上かに。母はその坂の景色にゆられながら、声がするという情景ですかね。その状況が浮かべば、しめたものという感じで作ってみましたけど。

神野 浮かびました、浮かびました。脚本を書くように俳句が詠めれば素晴らしいなと思うんですが、これはちゃんとワンシーンとしてできあがってますね。強いて言うならば、その映像を見ている時に声が入ってくると、少しずれちゃうような気もするので。

岡村 なんであれば、もっといいですか？

神野 音は蝉の声だけしてる、みたいな、波音と蝉の声だけにしておいて、なんだろうな……。

日傘ゆれ海坂越えてゆく母か

岡村 母か、ね。

神野 お話をうかがっていると、ちょっと客観的な、海の近くに住んでいる家族のお母さんではないか、ということだったので、きっと誰かの母だろうという人が歩いてるというほうが距離感があって新しいかなと思いました。

岡村 母か、いいですね。

神野 「か」とすると、乱反射で表情が見えない感じも出そうですね。シンプルに映像だけに絞ったほうが、より印象的になりそうな句でした。

岡村 情報量が多いですもんね。

神野　そうなんです。情報がたっぷり入ってて、しっかり描き込まれてるんですけど、俳句はちょっと抜け感もあるといいんですね。

岡村　なるほど、なるほど。じゃあ、次いってみますか。

ビリビリとシビれさせるぜクラゲより

岡村　これは、「クラゲ」がたぶん季語、という気持ちで作ってます。

神野　また一気に毛色が変わりましたね。

岡村　ユーモアですかね。ちょっと笑える感じです。

神野　でも、さっきの「そこのけそこのけお馬が通る」のような命の親しみが出てきました。クラゲは夏の季語です。

岡村　そうですか。あー、よかった。

神野　当たってました。ちなみにもう説明はしなくても大体わかるような感じはするんですけど、なぜこの句を？

岡村　なんででしょうね。あんまり深く考えてない（笑）。

神野　誰に向かって言ってるってわけでもないんですか？

岡村　ないです、ないです。

神野　これ、文字を見ると、ビリビリ、シビ、クラゲは全部カタカナで、あとはひらがななんですよね。漢字が入ってこない記号的な字面がちょっと面白いなと思いました。「クラゲより」というのは、比較してクラゲよりもってことですか？

岡村　「from クラゲ」じゃないですよ。

神野　「from クラゲ」だったらいいなと思いながら読んでたんですよ。

岡村　それも面白いですね。

神野　クラゲよりも自分がということになると、人間の話になってクラゲがおいてけぼりになっちゃうなと思ったので、それよりは自分がもうクラゲになってしまって、「拝啓、クラゲより」みたいなほうが面白いかな。

岡村　ユーモアがある。

神野　そうなんです。俳句は、人間を詠むこともあるんですが、人間よりも周りのものたちが立ってくるほうが、より独特で面白い。人間に寄せてくるというよりは、人間がクラゲになっていく……。

岡村　擬人化、みたいなことですか？

神野　そうですね。人間が周りに重なって、主役を立てていくほうが面白いかなと思います。

岡村　「させるぜ」とか、乱暴で現代用語じゃないですか、こういうのも入れる人はいるんですか？

神野　います、います。江戸時代は「俗言」とか「俗語」と言われていましたが、いわゆる口語ですよね。むしろ、私たちが普段使ってるような身近な言葉を取り入れるのが俳句だと考えられていたんです。和歌はちゃんとした綺麗な言葉を使わなきゃいけなかったんですが。だから、口語、俗語が入ってるほうが勢いがあるし、伝統的な作り方は、本当はこっちなんです。今の俳句って、なんとなく雅（みやび）な、ロハスな、みたいな印象があると思うんですけど、むしろ、ラップとかね、そういうものに近かったんだと思います。

普段の言葉と俳句のリズム、ビートが合っている

岡村 続いていきますか。

漆黒の海の心をはかりえぬ

神野 これはまた、ずっしりとした質感の句ですね。
岡村 これもやっぱり、風景、情景ですね。海ってお昼に行くと、人もいて、声とか、歩いてる音とか、犬の声とか、生きてる人たちの音がする。でも、真夜中に行くと、当然街灯も何もないから、まっ暗で波の音以外なんの音もしないわけですよね。まっ暗だから、ちょっと遠近もよくわからない。どのぐらい遠くて、どのぐらい近いか、人がいるんだか、いないんだかもわからない。魚たちがどんな感じで生息してるかもはかりえない。そうすると、すごくはかりえぬ、不気味だったり、不思議だったり、怖かったり、生命とは？　とか、地球とは？　とか、海とは？　とか、考えざるをえない雰囲気になったりする。そのなんともいえない雰囲気のことを詠んでみましたけどね。
神野 いやこれはね、「漆黒の海」っていう言葉にまず驚きました。だって普通、海って青ですよね。それをいきなり漆黒の海と言われて、あっ、でも、ということは夜かなと想像させる。
岡村 なるほどね。確かにそうですね。
神野 夜とはひと言も書いてないので、言葉から読み取っていく。私は、もしかしたら震災のあとの津波を起こした海のイメージもあるのかなということを思いました。海は、私たちに恵みを与えてくれるものでもあるんだけど、でもやっぱり……。
岡村 すごく危ない海もありますもんね。
神野 そう。海の危ないところとか、いろんな側面を全部「漆黒の海の心」という、この詩のある言葉で掴み上げている。海の違う顔が描かれていて、すごく惹かれた句でした。これは、季語は入っていないんですけど、「無季俳句」と言って、季語のない俳句というのもあるんです。
岡村 そうか。海じゃ夏に限定できないですもんね。一年中、海はありますもんね。
神野 そう、海だけじゃダメで。「春の海」「夏の海」と入れないといけないんです。
岡村 季語がなかったですね。
神野 でも、ちゃんと海という自然があって、人間である他者がこの中に描かれているから、季語がなくてもあまり小さい句にならずに、大きく広がっていく、開かれたテーマがあるのがいいなと思いました。
岡村 じゃあ、続いての句を読んでみます。

幻の夏がくるよな雨が降る

神野 いいんじゃないですか。これが一番、岡村さんの普段の言葉と俳句のリズム、ビートが合っている感じがしました。「幻の夏」っていう時点で、もうすでに幻なのに、さらに「よな」だから夏がくるのかこないのかわからない、

でもただいま雨が降っている。結局は、雨が降ってるだけなんですけど、その向こう側にあるかないかわからない夏の匂いを嗅いでるという、これはなんかね、そう心に刺さる感覚でしたね。

岡村　いいですね。ありがたいですね。

神野　これはでもね、夏の句なのかというと微妙な句で、もしかしたら季節に振り分けないほうがいいかもしれない句ですね。夏とか春とか言わないで、ある永遠みたいなものに手をかけてるような気がします。

岡村　でもね、確かにそうで、わからないですよね。幻の夏がくるような、ですからね。

神野　幻で、さらに、ような、だから。

岡村　夏がきてるわけでもなくて、幻の夏がきてるわけでもなくて、雨が降るしか言ってないわけですからね。

神野　そうなんですよ。だから、結局は雨が降る。それしかないんですよ。

岡村　でも、さっきおっしゃった、その匂い。雨が降ったりすると、雨の匂いがするし、あと夏がくると夏っぽい匂いがし始める。で、そのたぶん、ここで言わんとしてることは、その雨の匂いが、もう普段の匂いと変わってきてると、夏の訪れがくるのかな、ちょっとそんな感じなのかな。かつ、「幻の夏」と言ってるから、少年の頃、虫を捕った時のような、ちょっと友だちと川に遊びに行った時のような、子どもの時の夏の匂いってこんなんだっけなと、雨の音を聞きながら感じてるのかなとは思いますけど。

神野　確かに5月の初めぐらいって、グッと冷え込む日ありますよね。なんかひんやりした空気の中で、昔もこんなふうに雨を見ていた気がする、みたいなそういう感じですよね。結局、人間たちはこうやって雨を見つめながら生きている、みたいな感じがします。これ、いい句ですね。

岡村　本当ですか？　ありがとうございます。

俳句の余白をちゃんと生かしている

岡村　次、いってみましょうか。次の句は笑える系なんですけど（笑）。読みます。

元町のプールより冷たい汗クレイジーケン

岡村　これはね、全然意味はないです。

神野　だいぶ長いですね。

岡村　長いし、クレイジーケンバンド（※）、クレイジーケンさんが、「元町プールの水より冷たい汗」と歌ってるんですけど、それをただ言ってるだけなんです。

神野　そういう歌があるんですか。

岡村　なんの深みもない、あれなんですけどね。ただただ、この曲の歌詞を知っていると笑えるっていう。ちなみに、この曲は『昼下がり』って曲です。

※クレイジーケンバンド
1997年、横山剣をリーダーに結成された〝東洋一のサウンド・マシーン〟。翌年、アルバム

『PUNCH！ PUNCH！ PUNCH！』でデビュー。代表曲に『タイガー&ドラゴン』がある。『昼下がり』は2ndアルバム『goldfish bowl』（99）に収録。

神野　なるほど。じゃあ、クレイジーケンはむしろ作者名ぐらいな感じなんですか。
岡村　詠み人、クレイジーケンみたいな、そんな感じです。
神野　センスがいいな、と思ったら、クレイジーケンさんのセンスなんですね、これは。
岡村　そうなんです、完全に。僕の言葉は一つも入ってないんです。
神野　でも、俳句は「挨拶句」という文化があって、相手に対して挨拶の気持ちを込めて詠むものだというふうに言われていたんですね。俳句って、もともと「連句」という遊びからスタートしてるんですよ。何人かで集まって、例えば、岡村さんが五七五を詠みます。私がそれに七七をつけます。今度はそこに誰かが五七五をつけて、というふうに、みんなで五七五と七七を交互につなげていく。その一番はじめの五七五が独立して、俳句になったんですね。みんなで巻くから、その日、その季節、夏なら夏にぴったりな季語を入れて、みんなに挨拶するつもりで詠みましょうっていうふうに決まっていて、今でもそれが季語という形で残っていたりするんです。とすると、これはクレイジーケンさんに対して、この詞、自分は好きだなっていう気持ちを込めた俳句ということですよね。クレイジーケンさんに対する挨拶句として、ケンさんが喜ぶ句だと思います。みんなに届ける句もあれば、この人に届けたい句というのもあって、たぶん宛先はその句によって違うのかなと。
岡村　俳句って、もともとなんで流行したんですか？　その、俳句が流行った時代は？
神野　一番流行った時代は、江戸時代。
岡村　江戸時代ですか。それは、庶民の間で流行ったんですか？
神野　そうなんです。もともと、五七五と七七で並べていく「連歌」は、貴族の遊びの極みとしてできて、外来語はダメで日本の言葉しか使っちゃいけません、とにかく形も内容も綺麗なものだけを詠みましょうといって、決まりがたくさんあったんです。そういう「連歌」を巻いたあとに、二次会的にもう少しルールを緩めて、ちょっと下ネタとか俗っぽい普段の言葉、食べ物といった日常のものも入れながら余興でやろうよ、と同じような五七五七七でやったのが「俳諧連歌」。ルールもかなり緩やかだったので、町人たちも入ってくるようになって、江戸時代になって、貴族や武家に限らずたくさんの人が文化の担い手になっていく中で、日常生活的な感性も汲み取ってくれる俳句、俳諧連歌にすごく人気が出たんですね。
岡村　根本的な質問ですけど、例えば小林一茶さんとか、有名な俳人の方は、何で生活していたんですか。
神野　俳句を教えることで生活してたんですよ。ただ、小林一茶は、ちょっとうまくいかなかったんですね。東京に出て頑張って、西日本を回って修行の旅をしたのですが、いまいち東京では花開かず、実家に帰って長野で俳諧師をやるんです。でも当時は、連句、つまり俳諧連歌をさばく人が必要で、俳諧師と言われてたんです。「あなた、これを五七五で詠んでください」、「次はこんな七七がいいですね」とか、「みんなが選んだ中からこれを採用しましょう」とレクチャーする人。指南していく人が、当時、俳諧師という職業として一応成り立っていて、松尾芭蕉なんかはまさにそれをやっていたんです。

岡村　俳人としていろんな句を作るだけじゃなくて、先生っぽく、やり方を教えてあげたり、アドバイスしてあげたりとか。

神野　地方のお金を持ってる庄屋さんとかが呼んでくれて、「東京の偉い松尾先生が来るよ」と話題になって、『おくの細道』の旅で各地のいろんな人のところに寄ったりしてるんですね。

岡村　そういうことなんですか。わかりました。

神野　そういう生活をしてた人が結構いて。ただ芭蕉や一茶といった俳人の句が、一句単体でも評価を受けて、現代の文学的な価値観と一致して残っているっていう。

岡村　世界中で評価されてるというのがすごいですよね。日本独特の文化として、廃れずに。

神野　そうですね。むしろ20世紀になってから、これだけ短い詩っていうのは世界にも他にないということで、西洋などでは注目されるようになったみたいですね。

岡村　やってみて思いましたけど、縛りがあるじゃないですか、決まりが。故の面白さっていうのがあるんだなと思いました。つまり、クロスワードパズルじゃないけど、マスの目は決まってるから。きっと当時の娯楽で考えると、そこにいかに見事にはめていくか、みたいなことは、ゲーム的な楽しさもあったんだろうし。あと、なんか発明ですよね。これにこの言葉をはめるんだ、みたいな。だから、その当時のことを考えると、そういう新鮮さもあって楽しかったのかなって思います。

神野　例えば、「古池や蛙飛びこむ水の音」という芭蕉の有名な句がありますけど、あれも発明の一種で。

岡村　何が発明なんですか？

神野　一つ目は、従来は「蛙」って鳴き声を詠むものだったんです。だから、飛び込んだ水の音を詠むということが、まずイノベーションだったんです。さらに、「蛙飛びこむ水の音」ってフレーズができて、「じゃあ上の句を何にしますか？」と弟子と話をした時に、蛙とセットになるのは通例としては「山吹」だったんですね。「梅」に「鶯」とか、「紅葉」に「鹿」みたいに、和歌の世界でセットになってるものってあるんです。「蛙」と「山吹」もセットなので、弟子が「じゃあ、『山吹や蛙飛びこむ水の音』にしましょうぜ」、みたいなことを言ったら、「ぴったりはまるけど、それじゃあ面白くない」と芭蕉先生が「古池や」と置いたという話が残ってるんですね。だから、たぶんルールにのっとっていくならば、「山吹や蛙飛びこむ水の音」になるところ、「山吹」はやめて、「じゃあ何を入れようか」というところで、芭蕉は「古池」を見つけたから、たぶんこうやって今も残っているんでしょうね。

岡村　なるほど。深いなあ。

神野 だから、自分の中にどれだけ語彙が、言葉の引き出しがあるかによって、どれだけ面白い俳句として自分の言いたいことが言えるかが決まってきますね。

岡村 なるほど、わかりました。次、じゃあ最後の句いきます。読みますね。

満ち足りた生活の中に蚊が一匹

神野 おーっ。ここまできましたか。

岡村 ここまできましたかね（笑）。

神野 ザ・俳句という感じで。もう私が伝授することは何もない、みたいな。

岡村 えーっ。本当ですか。

神野 6句作って、ちゃんと着地が決まってるっていうのはすごいですね。尾崎放哉（※）という、五七五に縛られず自由に詠むという自由律俳人に、「すばらしい乳房だ蚊が居る」っていう俳句があるんですよ。

※尾崎放哉
1885年鳥取県生まれ、1926年没俳人。種田山頭火らと並び、自由律俳句において著名な俳人の一人。代表的な句に「咳をしても一人」などがある。

岡村 へー、すごいですね、それ。

神野 蚊って、確かに生活を思わせながら、なんだかちょっと気持ちが読めないところがある。そういう不思議さを出してくれる夏の生きものだと思うんですけど。

岡村 これは、一応夏でいいんですね。

神野 そうそう。蚊も夏です。季語もちゃんと入ってますね。「満ち足りた生活の中に」って、満足しないものがあるわけでもないし、かと言って満足してますと断言しているわけでもない。最後に答えが宙ぶらりんになってるんですよね。そして、蚊が1匹飛んでるというただのリアリティがくる。だから何なんだ？　と聞かれると、別になんでもないんだけど、でもこれが生きるということか、みたいな。なんかその意味をどちらかにハッキリ決めてしまわないで、「さぁ、あなたはこれをどう受け取る？」と読者に差し出してるところが、まさに俳句の余白をちゃんと生かしてるなと思います。ちなみに何でこんな句ができたんですか？

岡村 これはですね、よくほらタクシーに乗ってても思うし、普段の生活の中でも思うんですけど、みんな生活を豊かにしたいわけじゃないですか。部屋を自分の好きなようにモデリングしたりとか、自分の好きなコーディネートをしたりとか、「これが今流行ってるらしいから」とか言って、そういったものを置いたりとか、「空気清浄機とってもいいらしいよ、体に」とか言って空気清浄機を置いたりとか。自分で自分の部屋を築き上げていくんですけど、自分なりにね。でも、予断は許さないわけですよね。蚊もいるし、ハエもいるし。いくら自分が部屋のクオリティを上げようと、自分がハイライフを送ろうと思おうが、そんなことお構いなしで、蚊やハエは入ってくるんですよね。その奇妙でうまくいかない感じ。どんなに頑張ってもハエや蚊たちが来る、みたいなおかしみが、面白いだろうなと思って作ったんです。ハエにするか蚊にするか、悩みましたが、ハエだとうるさすぎるかと思って、蚊にしましたね。

神野　確かに、ハエだと嫌なものだっていう感じがさらに強くなりそうなので。

岡村　蚊ぐらいにしといたほうがいいのかなと思いました。

神野　確かに、蚊も生きてるし、自分も生きてる、という感じがしますね。知らない間に血が吸われるみたいなことも、自分の気づかないうちに何かが忍び寄ってる感じがある。ハエはもうブーンって音を立ててくれますからね。

岡村　そうですよね。あと、「満ち足りた生活」っていうこのワードですね。やっぱりいろんな人が、いろんな気持ちになる、想起させる言葉だと思うんですよね。なんだ？　満ち足りた生活ってとか、満ち足りた生活はこれだとか、いろいろ思い浮かぶんじゃないかと思って詠みましたね。

神野　普遍性がありますよね。いや、これはもう素晴らしいと思いました。

岡村　本当ですか。ありがとうございます。いろいろ、勉強になりましたね。これからも、勉強します。

神野　ぜひぜひ。私も岡村さんが、まさか俳句を詠んでくださるとは。とっても感激しております。

自分にも、聞いている人にも問いかける

岡村　ではですね、いろいろとアドバイスしていただきました先生から、今夜、私が詠んだ句の中で、最優秀賞はズバリどの句だったかを教えていただけますでしょうか？

神野　「幻の夏」も捨てがたいんですが、最後の「満ち足りた生活の中に蚊が一匹」。これはもう、揺るぎない一句ではないでしょうか。ちゃんと現代に生きる人たちに向けて詠まれていて、満ち足りた生活ってなんなんだ、人生ってなんだろうということを詠んでいる自分にも、聞いている人にも問いかけてるというところに重みがあると思いました。ちゃんとテーマがあるというのが、岡村さんの句のいいところだと思います。

岡村　ありがとうございます。

神野　あんまり、俳句らしい句を作ろうって思わなかったでしょう。

岡村　そう思いすぎないように……、教えてもらいながら、やればいいかなと思ってましたね。俳句はちょっとわからなかったので。さっき言ってたみたいな、この言葉とこの言葉は連なってますとか、この言葉が出るとこの言葉を出す、みたいなことも知らなかった。

神野　たぶん、俳句らしいものを作ろうと思うと、つまらない句になってしまうんですよね。そうじゃなく、基本的な最低限のラインだけ、なんとなく五七五なのかなとか、季節感があればいいかなっていうぐらいのつもりでよくて。例えば、岡村さんなら岡村さんが今まで積み上げてきた言語感覚や世界観を詠んでくださったら、きっと岡村さんにしか詠めない句ができるんだろうなと思っていたのですが、今日まさにそういう句にいくつも出会えたので、とても嬉しかったです。

岡村　やっぱり、教えてらっしゃるから、言葉が入ってきますよね。初心者の人にもわかりやすいように、言っていただいて。

神野　ちゃんと映像が浮かんできたので、初心者とは思えなかったです。私も俳句を始めてから、誰か先生に就いて学んだわけじゃないので、一個一個よくわからないからいろいろ自分で勉強して。

岡村　自己流なんですか。

神野　そうなんですよ。いろいろなものを読んだり、聞いたりしながらだったので、昔の私が聞いてわかるようにと思って、いつもやってます。よかった、そう言っていただけたら。

岡村　学校とかで俳句をやらせてみて、お見事だ、みたいな人もいます？

神野　います、います。センスのある人とない人というのはいて、必ずしも文学ができる人や国語ができる人が、俳句のセンスがあるというわけでもないんですよね。なんとなく、教室があったとしたら、斜めうしろから教室を眺めているようなタイプの人が、たぶん俳句を書くのに向いてるのかなと。

岡村　ちょっと俯瞰(ふかん)の絵が思い浮かべられるような。

神野　優等生だと、やっぱり、蛙は鳴き声でしょと言ってしまうと思うんですよ。飛び込む音なんてダメだよって言っちゃう人だと、たぶんあんまり面白い俳句は作れなくて。作者と読者が別物として存在しているというよりも、作者も読者も同じ立場に立って、同じ景色を見られるのが俳句の面白いところなんです。短いこともあって、説明するほどの時間がないので、「ちょっとこっちにおいで」と詠み手のいるところに読者を立たせると、17音の短さでも「こっちの方向を見てね」とは言えるので、そうしたら、あとは気持ちを感じてくださいね、と。短歌の場合は、五七五プラス七七なので、気持ちまで伝えられるんですよね。俳句はその七七がないので、気持ちをストレートに言うような句はね、なかなかないですね。

岡村　そうなんですね。

神野　今日は素晴らしい句を6句も作っていただいて、しかもバリエーションがこれだけあるっていうのはさすがと思いました。また、夏以外でも、俳句をどんどん詠んでくださったら、俳人としてこんなに嬉しいことはありません。

岡村　頑張ります。今日は、ありがとうございました。俳人の神野紗希さんに来ていただきました。

神野　ありがとうございました。

岡村　俳句、楽しかったですね。たくさん作品を出せてよかったなと思うし、神野紗希さん、ジャッジしてくれて、よかったですね。「こういうふうに感じてください」とか、「こういうふうに書くといいですよ」とか、いろいろアドバイスしてくれて、よりわかりやすく楽しかったです。またね、この挑戦シリーズ、別なものにも挑戦していこうと思ってます。あ、ラジオドラマね、ラップなど、いろんなことに挑戦してみたいですね。

この回も手が込んでいて、前もって俳句を詠んできてくれ、という宿題があったんです。俳句は1日くらいかけて詠んだものですが、歌詞を作る時とも違って、五七五にこだわりましたから、難しかったですね。それと、「けり」とか「けれ」とか、いわゆるつなげる古い言葉がまったくわからないから、そこはもう捨てました（笑）。ただ、それを神野さんに審査してもらうのは、すごく面白かったです。この句はこんなに評価してもらえるんだ、この句はもうちょっと手を加えると見え方が変わってくるんだ、という視点を教えていただけたなと思います。

岡村靖幸のカモンエブリバディ

#03

2019年9月23日放送

ライムスター・宇多丸さんにラップを学びます

「深いようで簡単なんです。
要は音として聴いた時に、
そう聴こえるかどうかであって。
音をパズル的に合わせていく、っていうことが目的で。
音楽的にそのほうがスムーズに聴こえるので」

宇多丸（うたまる）

1969年、東京都生まれ。ヒップホップ・グループ「ライムスター」のラッパー。TBSラジオ『アフター6ジャンクション』を担当するラジオパーソナリティ。89年、大学在学中にMummy-Dと出会い「ライムスター」を結成。日本のヒップホップ・シーンを黎明期から開拓／牽引してきた立役者の一人。2009年には第46回ギャラクシー賞「DJパーソナリティ賞」を受賞。ラジオパーソナリティとしてもブレイクを果たす。

宇多丸さんはもともとてもインテリな方で、今やラッパーだけじゃなく、屈指のラジオスターでもあるから、すごく真面目ですよね。ほぼ毎日ラジオ放送をやってるんですよ。真面目じゃないとできないですよ。

放送の時には、ライムスターとのコラボ楽曲『マクガフィン』は完成していたんですが、まだ発表はしてなかったんですよね。曲は僕が作りましたけど、たくさんやりとりをしましたし、彼らの意見もものすごく入っていて、本当の意味で共作でした。

その際にも宇多丸さんの真面目さは感じましたね。彼はあるタイミングで、ゴリゴリのラッパーではなく、エンターテイナーとしてのマルチな活躍をしようと決めたんだろうな、と。3人いるメンバーの中での役割分担的にも。アメリカで昔からあるような、『サタデー・ナイト・ライブ』とか『レイト・ショー・ウィズ・デイヴィッド・レターマン』とかを彼がやったら絶対面白いと思います。

人っていうのは多面体

岡村　みなさま、いかがお過ごしですか。岡村靖幸です。海の日からおよそ2ヵ月ぶりですね。最近思っていることが……。あっ、ハガキがあるみたいなんで、それをちょっと読んでみましょうか。

「第1回の放送の『人はいつたりとて孤独を感じて生きている』、第2回の『コンプレックスは誰でもあり、それを克服するように日々精進すること』と岡村さんがおっしゃっていたこと、とても心に沁みました。あと、初めて作られた俳句の数々がとても深く、そして素敵で聴き入ってしまいました。岡村さんの素敵な言葉の数々をまた聴きたいので、ぜひ第3回の放送もお願いします」——海外在住

岡村　もしかしたら、海外から聴いてくれてるのかもしれませんね。ありがとうございます。引き続き精進して頑張っていけたらな、と思っております。今回もみなさんのご質問、ご相談を、わたくし岡村靖幸なりにお答えしていきたいと思います。

「好きな人の嫌だなと思う面を見てしまった時、岡村さんならどうしますか？　見なかったことにしますか？　それとも、そういう面があるんだなと受け入れますか？　また、正してあげようと思いますか？」——大阪府・女性（24歳）

岡村　これは難しい問題で、正してあげようっていうモチベーションでいると、なかなか難しいですね。やっぱり……人っていうのは多面体で、この人と接する時はこういう人、自分が心を許してる、もしかしたらボーイフレンド、ガールフレンドと接している時はこういう人、っていうふうに多面性があるので、嫌な感じだなと思うような面も、もしかしたらすごく好きな人だからとか、気を許してそういうふうになってるのかもしれませんね。だから、その嫌だなと思う面も、程度によるんじゃないでしょうか。もう、どうしても許せない、と。もう何がなんでも許せない！　と思うのならば言えばいいでしょうし、まあまあ、と思うんであれば、泣いてあげてもいいんじゃないでしょうかね。また時間が経つといろいろ変わってきますし、程度によると思いますけどね、うん。

「岡村さんは忙しい中、いろいろお勉強されてるように思います。私は子育てや仕事に追われて忙しいとちっとも集中できなくて、いろいろ学びたいと思っているのですが、どうもうまくいきません。だらだらと無駄に時間を過ごしてしまったりします。どうしたら新しい知識を学ぶ集中力が生まれると思いますか？」――大阪府・女性

岡村　確かに子育てしてると大変ですよね。子育てのタイミング、どのぐらいの年齢なのかにもよりますけど。いろんな状況がありますよね。子育てをして忙殺されてる中で、何かを学びたいとか、ちょっとした知識を得たいって思う場合、僕のおすすめは、例えば、子育てしながらも、携帯（電話）の中にKindle（※）とかありますよね。あれに自分が知りたいものとか入れておいて、ちょっとした時間にそれを見たりすると、学びたいことがある本があれば、そこから学べるような気はしますけどね。僕の場合はね、いろんな人と会って対談したりとかして、いろんなことを教えてもらったりとか、へーそうなんだって学ぶようなことも多くて、だから人に会うことですね。そこから学ぶことがたくさんあります。あとね、Eテレをよく見てて。又吉さん（※）のとか、『プロフェッショナル 仕事の流儀』（※）とかも。よくこれだけの時間をかけて、労力かけて撮ったなあと思うようなNHKのドキュメンタリーとか、すごく学ぶことが多いです。

※Kindle
2007年11月にアメリカで販売がスタートしたAmazonが提供する電子書籍、電子書籍リーダーデバイスや、閲覧用のアプリなどの総称。日本では12年10月からサービスが開始された。

※又吉さん
又吉直樹。1980年、大阪府生まれ。お笑いコンビ・ピースのボケ担当。小説家。2003年に前の相方とのコンビを解消し、綾部祐二とピースを結成。15年、小説デビュー作『火花』で第153回芥川龍之介賞受賞。18年4月から21年3月まで、Eテレにて『又吉直樹のヘウレーカ！』が放送された。

※『プロフェッショナル 仕事の流儀』
2006年からNHK総合にて放送されているドキュメンタリー番組。さまざまな分野の第一線で活躍中の一流のプロに密着し、その「仕事」を徹底的に掘り下げる。

「私は健康オタクがやめられません。朝起きて、水素水を1杯飲み、NHKの『筋肉体操』をし、食後は19粒のサプリメントを摂り、水素水で青汁プロテインを飲む。就寝時は電位治療器の上で寝ます。そのおかげかとても元気です。しかし健康法が多すぎて、どれが効いてるのか、はたまた元から健康なのか、全部やめても変わらないのか、もうわかりません。岡村さん、これだけ続けてるってことはありますか？」――長崎県・女性（23歳）

岡村　水素水ね、僕も飲んでますよ。マメにじゃないんですけどね……。あと、酵素！　酵素を摂ったりもしますけどね。食事でこれは体にいいんじゃないかと思われるようなもの？　納豆とか、お味噌汁とか、発酵系のものってことなんですかね。そういうものを摂ったりもしてますね。この方もそうすることによって気持ちも整うんであれば、心理的な効果もあるので、それによって健康であるとか、あと気分がいいっていうんであれば、おやりになればいいと思いますね。健康……まあどのくらいの健康かにもよりますけどね。この人、全然健康なわけじゃないですか（笑）。健康オタクって言ってるぐらいだから、調子が悪くてこうしてらっしゃるんじゃなくて、上昇志向な方なんじゃないですか。僕は、うん、ある程度。ある程度ですね。やりすぎでもないし、やらなすぎでもないですし。

一番の近道は、いっぱいラップを聴くこと

岡村　さあ、今日はゲストをお迎えしてます。ラッパーとして、ラジオＤＪとしても大活躍。ライムスター・宇多丸さんです。

宇多丸　よろしくお願いします。おじゃま致します。ご無沙汰しております。ご無沙汰でもないか。

岡村　たまに会ってます。

宇多丸　みなさん、岡村さんのファンの方だったらご存知だと思いますが、岡村さんが某局で僕のやってるラジオのほうに来てくださって、その時に帰り際に、僕にラップを教えてくれ、と。ラップできるようにさせてくれ、なんておっしゃって帰られた、と。そのつながり……というかその流れで今度はこちらに呼ばれて、早くもラップ講座をすることになった、と。

岡村　ありがたいです。すいません。

宇多丸　いやでもね、僕ね、やっぱり岡村さんにすごく影響を受けていて。ラッパーとしてもすごい影響を受けてるんですよ。すごく聴いてきてますし。なので、岡村さんに歌詞の指導をするって、こんなことがあっていいのかっていうね。

岡村　いやいや、やりましょ、やりましょう。面白いじゃないですか。

宇多丸　あの清志郎さん（※）に、指導した時以来ですよ。

岡村　ぜひ（笑）。

宇多丸　ライムスターで『雨あがりの夜空に』（※）のね、

ラップバージョンをやって。

※清志郎さん
忌野清志郎。ロックミュージシャン。1951年東京都生まれ、2009年没。1968年、高校在学中にRCサクセション結成。70年『宝くじは買わない』でデビュー。『スローバラード』などさまざまなヒット曲を世に送り出し、〝キング・オブ・ロック〟の異名を持つ。

※『雨あがりの夜空に』
1980年に発売されたRCサクセションの9枚目のシングル曲。2005年に『雨あがりの夜空に 35』を忌野清志郎 featuring ライムスターでリリース。

岡村　共演してましたもんね。

宇多丸　その時やっぱね、スタジオで、「清志郎さん、違います」って（笑）。「余計なこと言わないでください」って（笑）。ああいうのをやった時にね、あー、俺何やってんだろう、っていう。あの感じ、思い出しましたよね。

岡村　面白いですよ。うん。

宇多丸　まあでも、岡村さん、歌詞はもともとラップみたいなもんだから。

岡村　でも、なんかちょっと習いたかったんですよ。

宇多丸　なんでそう思われたんですか？

岡村　自分の曲とかでも、ぱぱっとなんか入れられたらいいなーと思って。その、バース（※）とかで。

※バース
ヒップホップの曲における、ラップ部分。例えば、1バース→フック（サビ）→2バース→フック（サビ）といったように、交互に構成されることが多い。

宇多丸　でも、今までもほら、例えば韻を踏まれたりとか、しゃべり言葉調に近くて、要するにメロディっぽくないというか、リズム重視のパートだってあるじゃないですか。まあ、ラップっちゃラップですよ。

岡村　っちゃ、じゃないんですけど……（笑）。

宇多丸　っちゃ、じゃなくて、本式を（笑）。

岡村　ちょっと習ってみたいなあと思って、はい。

宇多丸　わかりました。とは言うものの、先に言っときますよ。この短い放送時間内では無理ですから。ラップを書けるようになるための一番の近道は、いっぱいラップを聴くことなんですよ、やっぱり。とくにアメリカのラップをいっぱい聴いて、例えばそれを自分なりに日本語に置き換えてみるという作業の中から、自分なりのラップが出てくる。その人、その人の生理なんで。それぞれのラッパーも、じつは決まったやり方で書いてないんですよ。だから、他の楽器とか歌唱と違うのは、メソッドがないんですよ。一人一流派っていうか。だから、お互いにね、話してると意外とびっくりしたりして。「え、そんなやり方で書いてるの!?　よく書けるね」みたいなこともあったりするので。

なかなか人に教えるのが難しいものではあるんですが。今日は短時間で、ある程度までサクッと仕上げる、ということを目指しまして、僕が実際に、例えばフィーチャリングとかで「8小節だけやってくれ」とか、まさにこういうラジオ番組で「8小節だけジングルとか、サウンドステッカーを作ってくれ」といった依頼を受けたりね。そういう時とかに、僕自身がやってるやり方を一つのゴールとして設けていこうと思います。

岡村　はい。

宇多丸　なので、先ほども言ったように、最終的にはこの番組の8小節のラップジングルを作れるように。ただ、今日……いきなりできるところまで持ってくのは無理だと思うんで、宿題にはなると思うんですけど。いいですか？岡村さん。

岡村　わかりました。

宇多丸　宿題、お酒を飲みに行かずにやる日がくるかもしれませんけども（笑）。

岡村　はい、頑張ります（笑）。

宇多丸　というわけで、まずはですね、課題ビートとして、ライムスターのですね、『待ってろ今から本気出す』という曲があるんですけど、このベースになってるビートがありますので、これをループしたものをいったんお聴きください。どうぞ。どん。

♪ライムスター『待ってろ今から本気出す』

宇多丸　流れだしましたね。これ、もともとThe Bar-Kays（※）ってね、有名なグループのビートなんですけど、ちゃんとクリアランスとってます。

岡村　はいはい。

※The Bar-Kays
1960年代半ばに結成された、アメリカのファンク、R&B、ソウルバンド。最古のファンク・バンドとも呼ばれる。70～80年代にかけて『ヒット&ラン』『フリーク・ショウ・オン・ザ・ダンスフロア』など、ソウル・チャートで多くのヒットを放った。

「俺の名前は岡村靖幸」

宇多丸　いち、に、さん、し、で1小節ですね。これ岡村さんには釈迦に説法でございますが。

岡村　いえいえ、とんでもないです。

宇多丸　で、8小節を作るとして、最初に（音に合わせて）「俺の名前は岡村靖幸」から入りまして、「なんとかなんとか、なんとかかんとか…」これで4小節！（音に合わせて）「なんとかかんとか、なんとかかんとか、なんとかかんとかかんとか…」6小節！（音に合わせて）「なんとかかんとか、最後は—…なんとかかんとか、カモンエブリバーディ、フーッ！」

岡村　はあ、なるほど。

宇多丸　ということで。はい、オッケーでございます。入り口は「俺の名前は岡村靖幸」で、出口は「なんとかかんとか、カモンエブリバーディ」っていう感じで、この番組に着地する、という8小節。ということは、その入り口と出口の間の6小節分、言ってみれば、6個のライム（韻）できる言葉をまず、選ぶわけですよ。僕は、こういう時はですね。「岡村靖幸」と「カモンエブリバディ」、この両方で、韻が踏めそうな言葉をいっぱい書き出していくんですね、ぶわーっと。あるいは、単語じゃなくてもいいんですよ。こういう言い回しだったら、このリズムと合わせられるな、ライムっぽく聴こえるなっていう言葉をまず書き出して、それを見ながら、これとこれをこの順番で並べれば、こういう意味になる、みたいなつながりを見出していく、というか。

岡村　なるほど、なるほど。

宇多丸　パズル的なと言いますか。さっきから言ってるように、短時間で作るにはいいんですけど、ちゃんとクリエイティブなラップにするためにはちょっとよくない面もあって。非常に予定調和的になりやすいという、欠点もございますが。

岡村　いえいえ、でも入門編としてですから。

宇多丸　入門編としてはいいかなと思いまして。前半4小節はできれば「岡村靖幸」からくるライムにしたいので、岡村さん、何か思いつきますか？

岡村　（手でリズムをとりながら）「俺の名前は岡村靖幸…」

宇多丸　これ、できればね、「岡村」のところは1拍に収めたいですね。

岡村&宇多丸　（手拍子でリズムをとりながら）ワン、ツー、スリー、フォー、「俺の名前は岡村靖幸」。

宇多丸　そうそう、それです。

岡村　（手拍子に合わせながら）「俺の名前は岡村靖幸」。なるほど。

宇多丸　そうすると、韻として収まりがよくなります。それ、あまり強調してやりすぎると、ちょっとやらしくなりますんで。そこはね、平たくやると。さあ、これで思いつくライムを書き出してください。

岡村　（紙に書きながら）「どこにいたって」。

宇多丸　お、すごいですね、いきなり。

岡村　いたって……。

宇多丸　あの、全部文章にしなくていいですからね。単語だけでもいいんですよ。

岡村　はい。（手拍子しながら）「俺の名前は岡村、岡村靖幸…どこにいたってほながりゃほな、ほらりらほら……」

宇多丸　これ、要するにね、トニー谷（※）的な『あんたのおなまえ何アンてエの』と。

岡村　そうなっちゃう？（笑）

宇多丸　そうそう、まあいいんですよ。これ日本人の生理で、五七五だったり、オンビート（※）っていうのは、日本語とやっぱり相性がいいので。

※トニー谷
ボードビリアン。1917年東京生まれ、87年没。「さいざんす」「おコンバンワ」などの流行語を生み、そ

ろばんを楽器のように使いながら、日本語と英語を交ぜたギャグで一世を風靡した。

※オンビート
1小節中の1拍目と3拍目を強調したビートのこと。逆に、2拍目と4拍目を強調するとオフビートとなる。

宇多丸　僕ね、これを一概に否定したくないんですよ。オンビートをうまく使うと、効果的になることはあるんですが。一応、日本語ラップの歴史というのはですね、その日本語のオン（ビートになりやすい構造）の誘惑に逆らって、裏ノリを醸し出す……。さらにそれを、自然な日本語としても成り立たせられればベストですが。なので最初は、日本語のリズムの生理に、意識的に抗うといいと思います。さっきの「岡村靖幸」も裏（オフビート）に乗せるための導入なわけです。だから、（リズムに乗りながら）「俺の名前は岡村靖幸、どこにいたって完璧な自由人」とか。

岡村　あー、いいですね。

宇多丸　いきなり、なんで「どこにいたって」がきたんですか？

岡村　わからないです（笑）。

宇多丸　あのね（笑）、僕がさっき言ったのは、単語を並べて、「どこにいたって」とかはあとで考えりゃいいという考え方なんです。でもまあ、いいですよ。

岡村＆宇多丸　「俺の名前は岡村靖幸、どこにいたって完璧な自由人」

宇多丸　いいですね。わりとサクサクいきますね。じゃあこれ、続けてみましょうよ。でも、なかなかね、これは高度なライミングですよ。

岡村　本当ですか。

宇多丸　これは僕の持論ですけど、母音の響きを合わせるのがライムだっていうふうに思われがちなんですが、じつは日本語って子音の数がすごく少ないんですよね。音素が少ない分ですね、本当は子音も合わせたい。とくに「靖幸」って、この「きっ」はすごくビート的に、音的に強いので、この「やすゆきっ」っていう感じを生かすとより綺麗なライムになる。

岡村　なるほど。

宇多丸　だから例えば、「ゆうきっ」とかがすごくいいわけです。なので、「届けたい一歩踏み出す勇気」とかですね。

岡村　うんうん。「元気」とか？

宇多丸　「元気」だと、「げん」の音が強すぎるので。そこは母音の「ううい」という響きを生かしたい。

岡村　なるほど、なるほど（笑）。

宇多丸　「岡村靖幸、なんとか元気」だと「き」しか合ってない感じするじゃないですか。

岡村　深いなあ。なるほど！

宇多丸　いやでもね、これ、深いようで簡単なんです。要は音として聴いた時に、そう聴こえるかどうかであって。音をパズル的に合わせていく、っていうことが目的で。音楽的にそのほうがスムーズに聴こえるので。なので、できるだけ多くの言葉を思い浮かべて、口に出してみてトライしてみて、合う言葉を探していくというのがいいですね。だから、僕のおすすめは、「俺の名前は岡村靖幸、なんとかかんとか踏み出す勇気、どこにいたって完璧な自由人。ほにゃららほにゃらら…なんとかミュージック」とかに落とすとかいいんじゃないですか。

岡村　おー。いいね。

宇多丸　「自由人」と「ミュージック」は相当いいと思う。この4小節は綺麗だなー！　こんな短時間で。俺がうるさく言ってるっていうのもありますけど。よくしゃべる先生だよね。

岡村　「俺の名前は岡村靖幸……」で、「どこにいたって完璧な自由人」は3行目にするってことですね。

宇多丸　そうですね。これ、聴いてる人、楽しい？（笑）

岡村　完璧な……（紙に書く音）自由……人。

宇多丸　でもこれ、本当に岡村さんですもんね。自由人ですよ。

告白する勇気ありすぎな人

岡村　2行目どうしましょうかね。さっきなんて言ったんでしたっけ。

宇多丸　「勇気」とか。とくに「岡村靖幸」で、さっき「踏み出す勇気」って言ったじゃないですか。これでかなり長く韻を踏めてるわけですよ。なので、非常に高度である……わたくしが高度だなんてね、おこがましい限りでございますがね。「空気」とかでもいいですよ。例えば、「かき乱す空気」とか。

岡村　……うーん、いつか……見せたいぜ。

宇多丸　やはり（教えに反して）頭から書き出す（笑）。まあいいでしょう、やってみましょう。

岡村　えー……、告白する勇気。

宇多丸　あー、なるほどね。

岡村　「いつか見せたいぜ告白する勇気」

宇多丸　ただこれ、1小節に入りますかね。（手拍子しながら）ワン、ツー……

岡村&宇多丸　スリー、フォー、「俺の名前は岡村……（声が小さくなっていく）」。

宇多丸　……あんまりその「おれのぉ」とか言うと、すごい昔の日本語ラップっぽくなっちゃう。

岡村　そうですね（笑）。なんかあれみたいになりますね。俺、田舎のプレスリー、みたいになってきましたね。

宇多丸　まあ、それはいいでしょう。その癖はちょっと直してください。ワン、ツー……

岡村&宇多丸　（手拍子しながら）スリー、フォー、「俺の名前は岡村靖幸」

岡村　「（早口で）いつか見せたいぜ告白する勇気」

宇多丸　なるほど。ナシじゃない。「（早口で）いつか見せたいぜ告白する勇気」

岡村　Ｙｅａｈ！

宇多丸　あまり綺麗とは言い難いが……。すみません。「プレバト!!」（※）みたいになってますけど。もうちょっと整理すると聴き取りやすくもなりますし。ちょっと待ってくださいね。「俺の名前は岡村靖幸。ほにゃららら告白する勇気」、だから「ほにゃららら」ぐらいに収まる言葉が、手前にくると一番綺麗に収まるんですね。こうやって、「ほにゃららら」とか、ラッパーによってはもう、ふぉう、ふぇいふぇーん、ふぉうふぇいふぇーん、みたいに、最初は音だけで全体を構成しておく人も多い。

※プレバト!!
2012年から毎週木曜日19時～TBS系列で放送されている、毎日放送制作のバラエティ番組。浜田雅功（ダウンタウン）の司会で、芸能人の隠れた才能を専門家が査定し、ランキング形式で発表する。

岡村　グルーヴが入ってるんですね。
宇多丸　普通の歌でも、仮歌では雰囲気英語で歌っておく、みたいな習慣が日本ではありますよね。そういう手法でやってるラッパーも、もちろんいっぱいいます。ということで、「告白する勇気」でいきたいならば、この「ほにゃららら」に収めたい。誰に告白するんですか？
岡村　えー……。
宇多丸　今さら（笑）。「いつか発揮したい告白する勇気」。とか、はまりますね……。でもね、岡村さん、告白する勇気ありすぎな人なんじゃないんですか？
岡村　そうなんですか？
宇多丸　すっとぼけますね（笑）。「与えてくれ告白する勇気」とか。
岡村　「与えてくれ」
宇多丸　誰に言ってるんだかわかりませんけど、まあ、歌ですから。ただ、ちょっと気になるのは、うるさいこと言いますけど、すいません。
岡村　いいですよ。
宇多丸　「与えてくれ告白する勇気」これはいいんですが、そうすると、次の「どこにいたって完璧な自由人」っていうのが、告白する勇気を与えてほしがってる人が、「完璧な自由人」って、ちょっと矛盾する気がするので……。もしできれば、意味を通すなら、完璧な自由人に憧れてる、みたいな内容だったら、与えてくれとの整合性が取れますよね。しかしこれ、番組のサウンドステッカー作ってるんで、だんだん岡村さんの歌の内容に寄ってくるのがやっぱり面白いですね。まあ、いっか！　細かいとこはいっか。
岡村&宇多丸　「俺の名前は……岡村靖幸。与えてくれ告白する勇気。どこにいたって完璧な自由人……」
宇多丸　これね、「どこに」を前の小節にクッと入れたほうがいいですね。そうしないと、ブレスできない。
岡村　おー、なるほどなあー、深い。
宇多丸　「俺の名前は岡村靖幸、与えてくれ告白する勇気、どこにいたって完璧な自由人、ほならほならら、なんとかミュージック」。これは綺麗だと思いますね。
岡村　「ほならほならら、なんとかミュージック」
宇多丸　まあ、最悪「ほならほならら」という手も（笑）。ちなみに、YOU THE ROCK★（※）というラッパーは「なんとかかんとかなんとかだー」ですね。僕らがよくやる、みたいなのが入ってさー、っていうのを、本当に曲の中で「なんとかかんとかかんとかだーっ！」って、堂々とやった方ですね。あん時のYOU THE ROCK★、すごかった、本当に。

岡村 なるほど（笑）。

※YOU THE ROCK★
１９７１年、長野県生まれ。ヒップホップミュージシャン、MC、タレント。92年に『Never Die』（YOU THE ROCK & DJ BEN 名義）をリリース、近作にはフルアルバム『WILL NEVER DIE』（２０２１）がある。

「オン」でフロウを強調すると古臭くなる

宇多丸 「完璧な自由人………目指してなんとかほにゃららミュージック」とかどうですか。まあ「ほにゃらほにゃらら」に囚われなくてもいいですけど。「どこにいたって完璧な自由人……」

岡村 「君も……そうだろう……明らかな……」

宇多丸 お！ 僕、今「明らかなミュージック」って、斬新だなと思って聞いてたんですけど。

岡村 いや、ちょっと待ってください。えー、どこにいたって完璧な自由人……。

宇多丸 もしミュージックに着地するなら「ほにゃらら」ぐらいしか入んないんですよ。「君もそうだろ」の間に。

岡村 じゃあ、これちょっと置かしてください。

宇多丸 ちなみにこれ、もちろん岡村さんが普段歌詞を書く手順とはまったく違いますよね？

岡村 まったく違います。

宇多丸 僕、岡村さんの歌詞を書く手順のほうが知りたいですけどね。みんなだってそうじゃないかい？ 君もそうだろ？（笑） これ、茶化し入れられながら書くのがすごいですね。できました？

岡村 えー、「我を忘れるようなセクシーなミュージック」。

宇多丸 やっぱり岡村さんですねーっ。

岡村 （リズムをとりながら）「どこにいたって完璧な自由人、我を忘れるようなセクシーなミュージック」

宇多丸 やっぱり字余り傾向がありますね。

岡村 あー。どこが……我を忘れるようなセクシー……？

宇多丸 もちろん岡村さんの曲自体がそうなんだけど、1拍にいっぱい言葉を詰めるのがお好きなんですよね。

岡村 もっと1拍に入る言葉に関して、クリアにするとどんな感じですか？ 僕だと（手拍子しながら）、「我を忘れるようなセクシーなミュージック」ってやりましたけど。

宇多丸 でも乗ってますよね、全然。

岡村 乗ってはいるんですけど、クリアな感じにすると？

宇多丸 僕、今は基本のキを教える先生として来てますので、あくまでその立場からの意見として聞いてくださいね。今やっていただいたような「我を忘れるような」みたいな、イレギュラーな言葉の置き方の快感も確かにあるんですけど、この場合はあんまり有効ではないのかな、と。というのは、最後のやっぱり4行目っていうのは、一番インパクトをバシッと残したいラインでもありますので。ここはもう少しグルーヴに自然に乗る言葉のほうが聴き取りやすいかなと。でも「我を忘れるような」って非常に岡村さん的なワードではありますよね。今はうるさく言ってますけど、ここから先、岡村さんが自由に書く時は、もちろん岡村さんのメソッドで、その字余りだのなんだの気にせずにガンガンやればいいんだと思いますけどね。

岡村　はい。

宇多丸　「我を忘れる…我を忘れるセクシーなミュージック」でどうですか？　普通に。

岡村　そうしてみましょうか。

宇多丸　ちょっとね、行ごとの意味が若干乖離しているような気もしますけど、よしとしましょう。ちょっと、やってみましょうか。ワン、

岡村&宇多丸　ツー、スリー、フォー、「俺の名前は岡村靖幸、与えてくれ告白する勇気、どこにいたって完璧な自由人、我を忘れるセクシーなミュージック」

宇多丸　うん。悪くない。ただ、これちょっとうるさいことを言えば、フロウが単調になりがちだけど、どうなんだろうな。僕だけでやってみていい？

（リズムに乗りながら）「俺の名前は岡村靖幸、与えてくれ告白する勇気、どこにいたって完璧な自由人、我を忘れるセクシーなミュージック」

岡村　さすが！

宇多丸　別にいいのか。

岡村　じゃんじゃー、じゃん、じゃじゃん、ってグルーヴが入るんですねー。

宇多丸　要は、そうです。フロウと言うかですね、そういうのが入って、要するに「俺の」ってオンのリズムでフロウの強調をしちゃうと古臭くなるけど、たぶん僕は無意識にグルーヴを言葉の上下とか強調によって作り出しているんですよね。ここまでをビートに乗せてみましょうか。ビート出してください。

（音楽が再生される）

岡村　「俺の名前は岡村靖幸、与えてくれ告白する勇気、どこにいたって完璧な自由人、我を忘れるセクシーなミュージック」。楽しいなー（笑）。

宇多丸　楽しいですか？（笑）俺、「どこにいたって」をちょっと食い気味にやってくださいって言ったけど、これ、ちょっとうしろ目にやっても大丈夫でしたね。要するにこれはですね、「どこにいたって」の「に」、は、「N・I」じゃないですか。だから次の「い」と、「I」同士でリエゾンできちゃうので、実際には「どこにたって完璧な自由人」と発音してても、言葉としては「どこにいたって」と聴こえる。これ、あまり多用しすぎるとまたちょっと、聴き取りづらさが増してきたりするんですが。

岡村　なるほどー。面白いなあ、先生！

宇多丸　面白いですか？　本当ですか？

岡村　勉強になってます。

宇多丸　でも、いいですね。感じ出てきましたね。これ早いですよ。今、何分ですか？　始まって。20分？　残りでいける！　いけるいける！　じゃあ、後半いきましょうか。

後半が今までよりもちょっと難しくなるのが、着地に向けていく、っていうことなんですね。

岡村　なるほど。

宇多丸　最後、一応「カモンエブリバーディ」だけ書いといてください。しかもね、この「カモンエブリバーディ」を置くには「ほにゃららら、ほにゃららら、カモンエブリバーディ」としなくちゃいけない。この「ほにゃららら…」は裏もあるんでね、なかなか難しいかもしれませんね。これに向けていきましょう。

岡村　はい。

宇多丸　できれば、やっぱり「エブリバーディ」に向けていった韻にしていきたい。ちなみに、このライムっていうのは、基本2小節単位で進んでいくんで、最小だと2小節だけ踏んでればいい。で、その次は全然違う韻になっても全然いいんですけど。ただ、できるだけ同じ韻でずっと続けられたりすると、綺麗っていうか、おおー、スゲーって感じに技的にはなったりする。なので「岡村靖幸」からの4小節を大体同じ韻で通してるのは、もう立派にライマーという感じですね。あとはもうちょっと、意味が通ったりするといいんですけどね。

岡村　そうですよね。

宇多丸　では行ってみましょう、「カモンエブリバーディ」。

岡村　Ｙｅａｈ！

宇多丸　ちなみにここ最後、僕のイメージだと、「ほにゃららら、ほにゃらららカモンエブリバーディ、フーッ！」という感じで締めようかなと。Run-D.M.C（※）風なんですけど。「フゥー！」ってやるとなんでも締まるっていう。

岡村　なるほど（笑）。

※Run-D.M.C.
アメリカ・ニューヨーク州出身のヒップホップ・グループ。ＤＪのジャム・マスター・ジェイ（ジェイソン・ミゼル）、ＭＣのＲｕｎ（ジョセフ・シモンズ）とＤ.Ｍ.Ｃ.（ダリル・マクダニエルズ）の３人組。ラップとロックを融合した先駆け的存在として知られている。２００２年、ジェイの死去により活動休止。

宇多丸　要するに、現状このビート自体の着地がないじゃないですか。トラックがずっと流れてるんで。なんか終わった感じを出す時に、「フゥー！」は便利なんですよね。昔のスタイルなんで、あんまり若い人にはおすすめしませんが。マッチョな感じでね。とにかく、「エブリバーディ」につながるライムが3つ思いつくといいですね。

岡村　はい。

宇多丸　これはでもね、「エブリバーディ」って英語ですけど、もちろん日本語で踏んでもいい。横文字だったら簡単ですよね。「なんとかパーリィ」。「パーリィ」入れてもいいかもしれませんね。

岡村　「パーティ」入れますか。

宇多丸　例えばね、これすごく初期ライムスターっぽいんですけど、「なんとかしてばかーりぃ」。

岡村　あ、「ばかーりぃ」。

宇多丸　その日本語を引き伸ばして、ちょっと独特なフロウにするっていうのも手ですよね。難しいですか？

岡村　「（小声で）……パーリィ……」

宇多丸　「ガーリー」とかね、「月あかーりー」とかでもいいですし、「みぎひだーりー」でもいいです。

選ぶ単語がもう頑(かたく)ななまでに岡村靖幸

岡村　なるほど……。「ダーリン」

宇多丸　「ダーリン」、なるほどね。「エブリバーディ」「ダーリン」、まあいけるな。もし「ダーリン」を置くなら、手前のところは、できれば母音は「I」で、「ダーリン」に持ってきたいですね。しかし!!　やっぱり選ぶ単語がもう頑ななまでに岡村靖幸さんですねー。

岡村　えー、そんな。「ダーウィン」とかもありますよ。

宇多丸　あー！　ダーウィン！　「エブリバーディ」「ダーウィン」と「ダーリン」、天才!!

岡村　いやいやいやいやいや……。

宇多丸　天才！　ちょっと待ってください、やっぱ岡村さんだな、すげーなー……。

岡村　いやいや……（笑）。

宇多丸　「ダーリン」と「ダーウィン」、いいかもしれないですね。つまりその、「ダーウィンもびっくり」じゃないけど、生きものの、僕もすごい好きなタイプの話ですけど、そういう「生命の樹」的なところの先に僕たちはいるんだぜダーリン、みたいな。そういう歌詞、僕好きですよ。要するに、すごい大仰なこと言いながら、テメエ、口説いてんじゃねーか、みたいな。

岡村　なるほど……やってみましょうか。

宇多丸　ちょっとまず、「ダーウィン」「ダーリン」のライムを1セットいけたらすげーかっこいいんで。「ダーウィン」の手前も、できればね、うるさいこと言えば、母音を「I」にできると、より綺麗になりますね。「エヴィバーディ」に合わせて、要は「たりらーりん」にしたいんですよ。

岡村　なるほどー。

宇多丸　「エヴィバーディ」、「たりらーりん」……母音「I」＋「ダーウィン」にしたいんですよね、ノリとしてはね。ただ、「ダーウィン」に着地させるにはどうすればいいのかなー。「ダーウィンもびっくり」みたいな感じですかね？

岡村　うーん……。「太古の……昔も……」

宇多丸　いいですね。

岡村　「恋してたんでしょ？」

宇多丸　すごいですね。もう200％岡村靖幸ですね。本当にね。

岡村　ねぇー。

宇多丸　（笑）。

岡村　「ねぇー、ダーウィン」（笑）

宇多丸　岡村さん、これ、1小節に入ると思います？（笑）

岡村　「（早口で）太古の昔から恋してたんでしょ？　ねぇダーウィン」

岡村＆宇多丸　（笑）。

岡村　1小節ね。

宇多丸　はい（笑）。1小節にどれくらいの言葉を詰めるかって、じつはなんでもアリで、僕がすごい好きな、亡くなっちゃった方なんですけど、マキ・ザ・マジック（※）さんっていう、DJにしてプロデューサーにしてラッパーがいまして。「田宮二郎（※）、タイムショック」っていう、これをですね、2拍に入れるんですよ。これどうやって入んの？　って思ったら、事実上「タムショー！　タムショー！」って言ってましたからね（笑）。

※マキ・ザ・マジック
ヒップホップユニット「キエるマキュウ」のMC。DJ、トラックメイカー、プロデューサーとしても活躍。2013年没。

※田宮二郎
1935年大阪府生まれ、78年没。俳優、司会者。俳優としての代表作は映画『悪名』シリーズ、テレビドラマ『白い巨塔』など。他にクイズ番組『クイズタイムショック』の司会としても長らく親しまれた。

岡村　何を言ってるかわかんない（笑）。で、これは何小節に入れればいいんですか？

宇多丸　だから、「ほにゃら、ほにゃらら、ほにゃらら、ダーウィン」ですか。

岡村　「太古の昔も恋してたんじゃ……ね、ダーウィン」

宇多丸　あ、いいですね。それはすごい岡村さんぽくて、「ね、ダーウィン」はいいなあ。それ生かしたいなー。

岡村　太古とか歴史とか、そういうの入れたいですね。

宇多丸　そうですね。あとは例えば「恐竜たちも」とか。そんなことを入れれば、昔だなっていうことはわかるんで。要するに、「ダーウィン」ぽいワードがくればいいわけですよね。「なんとかも恋してたんだ」とか。

岡村　あ……恋してた……。たまに思うことあるじゃないですか。何千年前とかでも人は恋してたりとか、営みがあったりとか。あーそうか、ずーっと同じことが続いてるんだな、みたいなことを。

宇多丸　まさに、KIRINJI（※）とね、ライムスターで作った、『The Great Journey』っていう曲がわりとそういうテーマでした。

※KIRINJI
1996年に兄の堀込高樹と弟の堀込泰行の二人でキリンジを結成。2013年に泰行が脱退、新メンバーを迎えKIRINJIとして再始動。16年に『The Great Journey feat. RHYMESTER』をリリース。21年からは高樹のソロプロジェクトとして活動中。

岡村　ありましたね。

宇多丸　僕は、そういう歌詞、もともと多いんですよよ。いろんな生物が長年かけて少しずつ、しかし確実に直接バトンを渡してきて……今ここにいる俺も、もとをたどったら、アンモナイトとかなんだよね、みたいな。

岡村　そう考えると、わーってなりますよね。
宇多丸　国立科学博物館に、「ここが生命の誕生したと考えられているところです」って、太古の超深海でボコボコお湯が沸いてる模型があって。あそことか、ジーッと見ちゃいますよね。俺ら全員の故郷、これかー！　みたいな。
岡村　ここかー、って（笑）。
宇多丸　お父さん、お母さーん‼（笑）　本当に、そういう発想ですよ。たぶん、ビジョンは同じですね。

何を歌うべきかっていうのが一番難しい

岡村　……。
宇多丸　ちょっとね、沈黙が。沈思黙考タイムが。ラジオにあるまじき（笑）。
岡村　「ねえダーウィン」って入れたのは、まあユーモアもあるんですけど、さっきほら、「（気持ち声高めに）ふぇんダーリン」のほうがいいよっておっしゃってたので。
宇多丸　なるほどね、リズム感もそうですね。でも、それも生きてるし、岡村さんらしさもあるし、すごくいいと思います。ただ、僕はなんとなく、その「太古」って言っちゃうよりは、「恐竜」とか、「なんとかも恋してたんでしょ、ね、ダーウィン」のほうがスマートかな、っていう気もするんですよねー。
岡村　うんうん、そうしますか。
宇多丸　「恐竜」って名前が無駄に長いんだよなぁ。
岡村　ティラノサウルス……、プテラノ……。
宇多丸　Tレックス……うーん……。本当にね、冗談抜きで、こうやって口に出しながら、これ合わねえなとか、これ入らねえなとやっていくんで。まさにこれ、ラップを書く作業です。
岡村　（紙に書いている）……。
宇多丸　「たち」とかも入れると、すごくラップ映えするんで入れがちなんですよねー。「なんとかたち」、入れがち〜。
岡村　うーん（笑）。
宇多丸　「Tレックスたちも」
岡村　「人間たちも」
宇多丸　ただね、ちょっと長くなるなー。Tレックスって一番短いかなと思って。「レックス」って言うとまたね、「恐竜物語」（※）みたいになっちゃうんで。

※「恐竜物語」
『REX 恐竜物語』。1993年に公開された安達祐実の映画デビュー作。キャッチコピーは「それは、地球からの贈りもの。レックス。ともだちは、レックス。」。絵本やコミックなども発売され話題に。

岡村　うん、確かに。今、いろんなワードが頭に浮かんで、全部消したけど（笑）。
宇多丸　ノイズが多いのがね（笑）。
岡村　全部出して、全部消しといたけど。
宇多丸　（消え入るような声で）すいません……。これ、ちょーやりづらい流れになってるからね。

岡村　……恐竜、は？

宇多丸　恐竜っていう言葉はなんかね、リズム的に締まりが悪いんで、やっぱ「恐竜たち」とかやりたくなるんですよね。Tレックスと恐竜は2音節で、ほとんど同じなんでね。だから、「Tレックスも恋してた？」っていう、そこはもう疑問系にしちゃうって手も。「Tレックスも恋してた？　ね、ダーウィン」っていう感じで。

岡村　「Tレックスも恋してた、ね、ダーウィン」

宇多丸　いや、「恋してた」にクエスチョンマーク付けてください。これはフロウで、歌い方で、疑問形なんだってことを示す。

岡村　はい。

宇多丸　「恋してたね」って感じに聴こえちゃう可能性もあるけれど、そこをよしとするかですね。こういうことは、すごく考えます。聴覚上、そう聴こえてしまうので。

岡村　わかるわかる。あるよね。

宇多丸　通常の歌でも直面しますよね。でも「Tレックスも恋してた？　ね、ダーウィン」いいですねえ。しかもかっこいいと思いますよ。「恋してたね」って仮に聴こえちゃっても、意味は別に変わんないですし、そのチャーミングさも、全然変わんないんで。僕はこの聴覚上そう聴こえちゃうのはアリかな、というふうに思いますがね。これ、商品とかにするんだったらまたちょっと、さらに一段上のブラッシュアップが必要ですが。

岡村　はい。

宇多丸　とりあえず、「Tレックスも恋してた？　ね、ダーウィン」を置いときましょう。それを「ダーリン」につなげましょう。ちょっと難航しちゃいましたね。ただ、非常に捻（ひね）ったラインなので、これだけ苦労するのは当然かと思います。で、「ダーリン」。「ダーリン」は得意じゃないですか。

岡村　得意なんですかね。

宇多丸　ええええ。だってね、ダーリンでしょ、もう、ほぼほぼ。

岡村　なんですか、そのほぼほぼダーリンって（笑）。

宇多丸　岡村さんの曲は、ほぼほぼダーリンじゃないですか？

岡村　ほぼほぼダーリンなんですか。

宇多丸　さあ、ということで……「ほにゃららほにゃら、ほにゃららダーリン」ですね。まあ、ダーリン周りはもうお任せします。ダーウィンきた。そして次、ダーリン。

岡村　最後、「カモンエブリバディ」になるようにするってことですね。

宇多丸　そうですね。ここまでくれば、だいぶ楽になってきてますよ。要するに、方程式で言うと、XやYがどんどん埋まってきている状況なんですよ。正解がどんどん狭まってる。選択肢があんまり大きすぎると、何やっていいかわかんないですけど、だんだんやれること、書けること、はまる言葉が絞られてくるんで、そうすると、あとは早いです。だから、じつは歌詞を書くスピードって一定じゃなくて、やっぱり最初が一番難しいですね。

岡村　苦しいですねー。

宇多丸　はい。ただ今回の場合、「俺の名前は岡村靖幸」ですって僕が強制的に決めちゃったんで、なのでこれだけ早いっていうのはありますね。平たく言えば何を書くべきか、何を歌うべきかっていうのが一番難しいんで。これ当然、普通の歌でもそうですけど。逆に、これはジングルですとか、フィーチャリングでテーマはこれでこの小節数です、っていうふうにある程度の条件が決まってるっていうことは、比較的書きやすいっていうことですね。だから、いつもの岡村さんみたいに、やっぱりゼロからすべてをやってらっしゃる方の苦しみとはまったく違う……。

岡村　いえいえ、全然そんなことないですよ。

宇多丸　さあ、「Tレックスも恋してた？　ね、ダーウィン」で、まあ次は「ダーリン」に、やっぱり甘く囁くんでしょうね。「ダーウィン」からつなげるためには、その先に僕たちがいるんだよ、っていうことを示せればいいわけですよね。

岡村　なるほど。

宇多丸　その先に僕たちの、今のこのダーリンとの関係があるんだよ、みたいなことが、この一行で示せるといいわけです。

岡村　あの……言葉のアレはいいんですか？　「たらんたたった」とか自由ですか？

宇多丸　うん。あの……なんか今やってて、岡村さんにはまず字余りでもいいから書いてもらって、それを整えていくほうがいいなっていうふうに感じたんで。そっちでいきましょう。やっぱいいですね。僕自身もこう、やりながら、あ、この人にはこっちのほうが向いてるな、みたいなのが見えてくるのが面白い。

岡村　なるほど。

宇多丸　面白いなー。岡村さんの詞に対する方向性が、思いつきでも見えるのが面白いですね。

ライムしていくうちに、どんどん話が違う方向に

岡村　また字余りですけど（笑）。「流浪の民のような砂漠でキスした感じぃ」

宇多丸　……え（笑）。「感じぃ」ですか。確かにそれを、強引にラップ調にもっていくことも、全然できるはできる。

岡村　「ダーリン……（だんだん小さくなっていく声）」

宇多丸　で、それでうまく聴かせるラッパーもいるんですけど。

岡村　「ダーリン……」

宇多丸　ただ、ここはちょっと基本に従ってください。やっぱり「ダーリン」に着地させてください。

岡村　はい。「果てない…漆黒…に、何を…見たの…ガガーリン」

宇多丸　おお。ちょっ、それいいんですけど！　世界の偉人集みたいになってる（笑）。

岡村　面白い（笑）。これ、聴いてる人、面白いと思う。

宇多丸　あのね、とってもいいです。もっとバースに余裕があれば、こういう感じで、遊びを重ねて、もっと伸ばす手もありますよね。「ダーウィン」「ガガーリン」。で、「な

んとかかんとかスターリン」とかつなげた先に、「なんとかなんとかさダーリン」ってきたら超かっこいい。

岡村 なるほど、なるほど。

宇多丸 ただね、一つ懸念として、どうしてもこの4小節を収めるにあたって、それができない理由がありまして、「ダーウィン」「ダーリン」と、「カモンエブリバーディ」には、ライムフロウ的に、ちょっとだけ距離があるんです。だから、「ダーリン」の次がいきなり「エヴィバーディ」というのは、僕的には避けたいなという感じで。「エヴィバーディ」の前は、やっぱり「パーティ」とか、ハマりがいい、簡素な言葉でいきたいんですよ。なので、ちょっとこのアイディアはいったん置いておきましょうか。ダーウィン、ガガーリン、スターリン、ダーリン……。すごくいいんですけどね。

岡村 そうね、時間かけて作りたいですね。

宇多丸 これ超いいし、普通にこのライム、歌詞で使ってくださいよ。

岡村 本当ですね(笑)。

宇多丸 「Tレックスも恋してた? ね、ダーウィン」で、なんだっけ?

岡村 「果てない漆黒に何を見たの、ガガーリン…」(笑)

宇多丸 (笑)。それを受けて、例えば「何人粛清したのスターリン」……不謹慎ですけどね。で、「それを知るには僕は脳がたーりん」なんつって。

岡村 なるほどね(笑)。

宇多丸 でもね、これってもうラップあるあるで、ライムしていくうちに、どんどん話が違う方向にいっちゃって楽しくなってきちゃって。思わぬ方向に話が転んで面白い、ということも当然あるし、思わぬことを思いついちゃって、面白いフロウになっちゃったな、とかも全然あるし。こういうクリエイティブな事故っていいことだから。普通の歌詞でもそうでしょうけど。

岡村 うんうん、そうですね。

宇多丸 僕は今すごくうるさくルールの中に押し込めようとしてますけど、それはサウンドステッカーを作るっていう目的がはっきりしているからであって、純粋に創作という可能性がもっと開けている時は、もちろんこんなことに囚われる必要はなくて。思いつくままにガンガン、ガガーリンつながりで、うひょうひょやっていただいて(笑)。どこに向かってるんだっけ? というところから、無理矢理「ダーリン」とかに着地するのがまた面白かったりするので。それはそれでいいんです。

岡村 なるほど、なるほど。

宇多丸 「なんとかかんとかならららパーリィ、ほにゃらほにゃらカモンエヴィバーディ」のこの2行。要するに、昔からみんな恋してたんだよね? ダーウィン、と。その先に僕たちがいるんだよね、ダーリン。で、そんな僕たちが、今開くパーティつって、なんとか、さあ始めようぜ、カモンエブリバーディ、みたいな感じは、どうですか?

岡村 そうしましょう。

宇多丸 論旨としては、すごく面白いライムなだけに、「ダーウィン」ってきてるんだから、その歴史の先に僕たちがいるんだよね、っていうのを簡潔に言いたいですよね。例えば、その先に一緒に行こうよ、ダーリン、みたいなことでも全然伝わるとは思うんですけどね。

岡村　うんうん。

宇多丸　その先に……旅しよう、みたいなことでもいいですし……未来に向けてね。今だけじゃなくて未来、っていう言い方もできますね。「その先」って言葉はすごい便利だし、指示語もね、大変便利。「その」「この」「あの」とか言って、どのなんだ、っていうね。

岡村　（笑）。

宇多丸　「あの」って言われてみんな思い浮かべるものが一緒とは限らないのに、「あの」って言うじゃないですか。「あの夏」とか言っちゃってさ。ずるい言葉だと思いますけどね。日本語の歌の歌詞は、そういうのが多いんですよね。それが、良くも悪くも日本語的な歌詞表現というか。いろんなJ－POPの歌詞を見て、みなさん考えてみてくださいね。あー、ここごまかしたなー、っていうところがいっぱいあると思います。

岡村　うーん……。（紙に書く音）

宇多丸　……何を書き出してるんですか。え「ジュラ紀」って？　ジュラ紀に戻りますか？

岡村　ここのパーティにもっていかせるために……なんか、歴史的なものをね。

宇多丸　いや、いいかも！　ジュラ紀って、結構いいです。「ジュラーキー」って発音も可能だから。ちょっと待ってください。ということは……「ジュラ紀から恋してた？　ね、ダーウィン」ってやったら、ライムが重なるぞ。

岡村　なるほど。

宇多丸　「ジュラ紀から恋してた？　ね、ダーウィン」はどうですか？

岡村　そうしましょう。

宇多丸　これいいな。思いついた韻を、こう重ねていく。これかなりライムの乗せ方としてもかっこいいですし、「あーいーあーいー」が重なってて、なかなかいいですよ。すみません。じゃあ、「ジュラ紀」というワードはそっちに回しますんで、前の場所に置いてたやつは、捨ててください。

岡村　ジュラ紀、捨てる（笑）。

宇多丸　はい。だから昔の話じゃなくて、未来の話にもってかないと、話が終わんないですから。ジュラ紀は1行目に使います。ノリがいいんで。

岡村　はい。（線を引く音）

宇多丸　すいませんね。ちょっとね、あの……ランニングタイムを心配しだしました。

岡村　「ジュラーキーから恋してた？　ね、ダーウィン」

宇多丸　ジュラ紀……ジュラーキー。アラーキー（※）の感じですね。

※アラーキー
写真家・荒木経惟（あらきのぶよし）の愛称。1940年、東京生まれ。大学卒業後、電通を経てフリー。以降、数々の作品を発表。主な著作に『さっちん』『センチメンタルな旅』『愛しのチロ』などがある。

岡村　なるほど。「ジュラーキーから恋してた…」

宇多丸　ただ、あんまりそれを「ジュラーキー」って強調しすぎるのもダメ（笑）。

岡村　（笑）。

宇多丸　あくまで言葉本来の響きからは離れすぎずに、「ジュラーキーから恋してたねダーウィン」寄りにフロウさせる。

一緒に未来に行こうぜ、その先に行っちまおうぜ

宇多丸　さあ、「ダーリン」。できれば今、もしくはその先の話でお願いします。目の前のダーリンを口説いてるわけですから。一番得意なやつでしょ！

岡村　「…ロマンチックで…あけすけ…ない…ような…パーティー…」

宇多丸　ああ（笑）、それは3行目のほうですね。パーティはその、次の行ですから。

岡村　あっ、違うんですね。ごめんなさい。

宇多丸　ここにダーリンがくるんですよ。

岡村　あ、ダーリンですね。

宇多丸　そうそう、「ダーウィン」と対なのは「ダーリン」なんで。もう1回整理しますね。昔からつながって恋をしてたんだよね、ダーウィン、って聞いてるわけですよね。でその先に、ダーリン。

岡村　うん。そこにロマンと、なんか、わーって、人間とは、とかつながっていくわけですね。

宇多丸　そもそも「ダーウィン」は、「ダーリン」からきてますから。一番、岡村さんらしいワードですから。「ダーリン」を忘れて、「ダーウィン」に気を取られてるから、「ガーリン」とか出てくるんですよね、きっと。

岡村　「ロマンチックで……」。

宇多丸　でも、ロマンティック、みたいなのが入るのも悪くないですよね。

岡村　「ロマン…チックで…我を…失い…そう、な……（文字を消す音）、うーん、ロマンチックで……（文字を消す音）。ここと、ここを意味的に関連させて、えー……「ジャンヌ・ダルクとか、まあ歴史上の美女のようだね」みたいな……。

宇多丸　あー。

岡村　「何々を思わせるよ…えー、香りが…なんとかなダーリン」とか。

宇多丸　うんうん。なるほどね。まあそれも面白いですけどね。ただ、なんちゅうかですかね。僕のイメージですけど、ダーウィンとジャンヌ・ダルクって、同じ歴史上の線にないっていうか。もうちょっと生物ちっくなほうが、いいんじゃないですかね。

岡村　なるほど、進化論だから。

宇多丸　さっきから言ってるように、バースにもっと長さがあって、いろんな歴史上の偉人が出てくる中で、ジャンヌ・ダルクのようななんとか、となったら、すごく粋なんですけど、ここで急にジャンヌ・ダルクだけ出てくると、ちょっと……。

岡村　なるほど、なるほど。なしね。

宇多丸　僕はさっき言ってた、歴史がつながってるんだよねダーリン、っていうのが、意味的にはすごく、綺麗につながってますけど、別にここで普通にラブソング的なラインに行っちゃっても、意味的にはおかしくないので、そこはむしろ、岡村さん、自由にやっていただいたほうがいいかもしれません。あまり囚われないで、やってもいいかもしれないっす。

岡村　え……「タナトス…超えて…超えて…何度…何度あえ…会ったの…ダーリン…」

宇多丸　うーん、なるほどね。えー、「ダーウィン…」をどう乗せるかですね。「タナトス超え……」。

岡村　「タナトス」ってまず言いにくいですか?

宇多丸　いや、そんなことないっす。「タナトス」ってすごくリズムはいいですね。こういう場合は「タナトス超えて」の「て」を取ってもいけるわけなので。ただね、「何度」が。

岡村　ここはもっといい言い方、あるでしょうね。

宇多丸　そうですね。……でもさ、いいですね。タナトス超え、生物たちのね、性衝動みたいなものを超えてってことですもんね。

岡村　はい、つなげてます。

宇多丸　意味も通ってて、とってもいいと思います。「タナトス超え、ほにゃららららダーリン」、その「ほにゃららら」ですね。さすがですね。

岡村　なんか、画は見えてきてるんです。だから、DNAのこんなのが見えて、歴史がこう、このあたりに原始時代の牛を描いた、なんかそんな画……は見えてるんですよ。

宇多丸　ラスコーの壁画が（笑）。

岡村　うん。人とは、みたいな感じにしたいんですけど。

宇多丸　まあ、厳密に言うとタナトスは……非常に人間的な性衝動のあり方でしょうけどね。まあいいでしょう、いいでしょう。よしとしましょう!　この先生うるせえな、ってね（笑）。でも、すごくいいと思います。「タナトス超え、ほにゃららららダーリン」

岡村　うん（笑）。「（小声で）タナトス超えほにゃらら…」

宇多丸　なんかその、今ここにいるね、でもいいですし、僕がさっきから言ってるように、一緒に未来に行こうぜ、みたいな、その先に行っちまおうぜ、みたいなのも、結構いいんじゃないですか。

岡村　あー、確かに……。

宇多丸　一気にここで、「タナトス超え、空に飛ぼうぜダーリン」みたいな。

岡村　ああ、空にしますか。

宇多丸　そうすると、宇宙に飛び出す、みたいな。空に飛ぶっていうのは、エクスタシーでもあり、人類の進歩でもあり。すいませんね、僕がちょっとサジェスチョンしすぎな気もしますけど。

岡村　いやいや、全然。じゃあ、「タナトス超え」

岡村&宇多丸　「空に飛ぼうぜ」

宇多丸　ぜ、とかありですか?

岡村　ありです、もちろん。

宇多丸　言葉遣いのこだわりとかも、ありますから。空にと……空へ？　空に？

岡村　空に。

宇多丸　あれですね、「めぐりあい宇宙」（※）の、宇宙と書いて「そら」にしたいですね。「タナトス超え、宇宙に飛ぼうぜダーリン」。いいですねー。

岡村　そうしましょう（笑）。

宇多丸　おー、これはいいんじゃないか。

※「めぐりあい宇宙」
1982年に公開されたアニメ映画『機動戦士ガンダムⅢ めぐりあい宇宙編』。TV版『機動戦士ガンダム』の第31話から最終話までのエピソードを再編集した、劇場用3部作の最終章。TV版とは構成も演出も異なっていて劇場用新作に近い。

歌詞も日本語としておかしくないようにしないと

岡村　書き直しますか。

宇多丸　はい。いいですね、清書してくってていうの。僕は今、パソコンで歌詞を書くようになっちゃってますけど、昔ノートに書いてた頃、今まさに岡村さんがやってるように、歌詞がきっちり仕上がるたびに、別のページに清書して別のアイディアを書き、っていう感じで書き足していってたんで、たった8小節書くのにも何ページも使いましたね。非常に基本に忠実にやっていただいております。ちょっと、ここまでやってみましょうか。ワン、ツー、

岡村&宇多丸　スリー、フォー、（手拍子に合わせながら）「ジュラ紀から恋してた？　ね、ダーウィン、タナトス超え、宇宙に飛ぼうぜダーリン」

宇多丸　いいですね。もう、もうほとんどゴール手前です。あとは「ほにゃららほにゃらら、ほにゃららパーリィ」と「ほにゃららら、カモンエヴィバーディ」ですね。「パーリィ」じゃなくてもいいんですけど、「エヴィバーディ」に、できれば綺麗につながりたい。

岡村　はい。

宇多丸　例えばね、「ダーリン」って話してるんで、「君のバディ」的なことでもいいんですけど、ただ、「エブリバーディ」の「バディ」とね、「ボディ（ｂｏｄｙ）」は同じ言葉なんで、なんかあんまり面白くねえなっていうことで、ちょっと避けたいなという。

岡村　なるほど。

宇多丸　こういうふうに、言葉の被りにこだわるタイプと、こだわらないタイプのラッパー、それぞれいますので、非常にライムスター的、かつとくに僕的な作り方という感じかな。うるさいですね、僕はね。

岡村　いやいや。すごく勉強になります。

宇多丸　どうしても、文字で見た時も日本語としておかしくないようにしないと気が済まないんですね。どうしましょうかね。「パーリィ」なんで、非常にバカっぽい歌詞でも全然構わないし、もう宇宙に飛んじゃってるんで。あとは野となれ山となれ、といった感じでございます。

岡村　パーティねえ。

宇多丸　さあもう、今ベイベちゃんたちは宇宙にふぁーってなってますよ。岡村さんが考えるこの番組を中心とした、パーティ感とか。
岡村　ＮＨＫ入れますか？　「ＮＨＫから届けたいです……最高のパーティ」とか。
宇多丸　ＮＨＫ入れるのも面白いと思います！
岡村　「…ＮＨＫからＫＨＮ…まで」（笑）
宇多丸　なんですかそれは（笑）。
岡村　わからないです（笑）。
宇多丸　例えばその、「宇宙」っていうところにいったんイメージがいってるので、宇宙からこうメッセージを……
岡村　発信してる……。
宇多丸　発信してパーティするぜ、みたいなイメージからの、「なんとかはＮＨＫ、カモンエブリバーディ」みたいなことでもいいですけどね。
岡村　うんうん、うんうん。
宇多丸　ラジオ的なイメージに最終的には落としていく、というか。だからダーリンと宇宙に飛んで、パーティだ、そこで、なんかできた結晶物が地球に降ってきて、そこで、なんかできた結晶物が地球に降ってきて、っていうようなイメージはどうですか？
岡村　降り注ぐイメージですよね、宇宙から。放送を……各家庭に聴いてほしい、降りそそいで……。
宇多丸　「なんとかなメッセージ降り注ぐパーリィ」みたいなことでも、メッセージは限られるんですけど。何が降り注ぐのか。八丁味噌とかだったら嫌ですよね。「八丁味噌が降り注ぐパーティ」ってね（笑）。嫌ですねー。なんで思いついたかは、ちょっと僕よくわかりませんけども。たぶん、お腹が空いてるからじゃないかと思います（笑）。「ダーリン……君と僕の声が降り注ぐパーリィ」とかね。
岡村　ＮＨＫ、入れてみたいすけどね。
宇多丸　ＮＨＫは最後の行でもいいんじゃないですか。
岡村　最後の行、こっちね。
宇多丸　ちなみに、今思いつきましたけど、「ダーリン」は、「ふたーりー」、みたいなことでも、韻踏めますね。いずれ応用していただいて。
岡村　そうですね。えっと、放送が、こう、各家庭に降り注ぐ、と。で、こう……それはＮＨＫからっていうことで……。えー……『ピーター・パン』の天使の粉、みたいな感じで。
宇多丸　ティンカー・ベルのね。
岡村　はい。「エンジェルの…鱗粉(りんぷん)の…ような…」。「鱗粉のようなものが降り注ぐパーティ」
宇多丸　ティンカー・ベルって言えばいいですけど（笑）、り、鱗粉って……。
岡村　鱗粉、聞いたことないなと思って。
宇多丸　いや（笑）、モスラの印象がね、やっぱね。
岡村　あー！　蛾、バッサー、バッサー（笑）。
宇多丸　バッサーって、金色の鱗粉みたいなの、ありますけど。でも、いいな、鱗粉は面白いから。
岡村　うん。エンジェルやめますか、じゃあ。
宇多丸　愛の鱗粉、降り注ぐ……。
岡村　愛の鱗粉。

宇多丸　「愛の鱗粉降り注ぐパーティ」
岡村　おおー。いいですね。愛の鱗粉……。
宇多丸　しかもね、鱗粉がいいのは、これ韻とまで言えないんですけど、「り」が続くんで、語感的にいい、っていうのもありますね。愛の鱗粉って何なんだ、っていう……。
岡村　本当ですね。
宇多丸　でもさ、やっぱモスラとか天使のイメージじゃないけど、空に飛び立った二人がいて、そこから愛の鱗粉が降り注ぐっていうと、二人のなんかの結晶なんだな、ってイメージはなんとなくつながってますし。鱗粉って！　って感じも僕は面白いと思うから。
岡村　はい。
宇多丸　ちょっと待ってくださいね。「ジュラ紀から恋してた？　ね、ダーウィン。タナトス超え、宇宙に飛ぼうぜダーリン。愛の鱗粉降り注ぐパーリィ」
岡村　はい。（紙に書く音）鱗粉、難しい、ひらがなでいいですか？　りん、ぷん……あ、ぷん書けるな。
宇多丸　愛の鱗粉……（笑）。「愛の鱗粉降り注ぐパーリィ……エヌ！エイチ！ケー！」。デストロイヤー（※）ばりに、急に大声でＮＨＫ。
岡村　ＮＨＫラブ！

※デストロイヤー
ザ・デストロイヤー。プロレスラー。１９３０年アメリカ・ニューヨーク州バッファロー生まれ、２０１９年没。日本では「白覆面の魔王」の異名を持つマスクマンとして、足４の字固めを武器に力道山やジャイアント馬場らと対戦。テレビタレントとしても活躍した。

宇多丸　「愛の鱗粉降り注ぐパーリィ……」「ＮＨＫにカモンエブリバーディ」でもいいですけどね。普通に、シンプルに。
岡村　あー、そうしますか。エヌ、エイチ、ケーに。
宇多丸　要するに、ＮＨＫにこいよ！　っていう。
岡村　なるほど。
宇多丸　物理的な意味じゃないよ！　っていう。イメージ、イメージ（笑）。
「ジュラ紀から恋してた？　ね、ダーウィン。タナトス超え、宇宙に飛ぼうぜダーリン。愛の鱗粉降り注ぐパーリィ。ＮＨＫにカモンエヴィバーディ」
岡村　なるほど。
宇多丸　フゥー。
岡村　かっこいいなあ、やっぱり。プロがやるとやっぱりかっこいい。
宇多丸　今までやってきたのは作詞の部分であって、確かに歌唱テクとしてのラップっていうのは、またもう1個別の次元の件としてあるんですよね。例えば、同じラインでも、変なフロウをして変なところを強調しちゃうとかっこ悪いっていうのは、あるんですけどね。ビートの前にさっきのやり方で1度整理して、僕ももう1回思い出したいんで。

岡村　これ、清書してないんでしたっけ。しましょうか。

宇多丸　清書タイムにメッセージを読むとか、そういうのにしますか？　すごいね。なんですか、この自由な感じ（笑）。

岡村　僕が読みましょうか。

かっこよきゃいいんだ、っていう原理がある

「宇多丸さん、結成30周年おめでとうございます。宇多丸さんの声や言葉にはパワーがあって、聴いていると元気になります。私もラップやってみたくて、放送を楽しみにしていました。ラップはなんとなく不良のイメージがあって遠ざけていましたが、言いたいことが言いにくい今の時代にこそマッチした表現方法のような気がしています。宇多丸さんがラップする時の衝動や、モチベーションはどこからきていますか？」――東京都・女性（38歳）

宇多丸　ありがとうございます。ラップ始めた時からあんまり変わってないのは、ラップ、ヒップホップっていうのは、基本的には英語圏由来というか、ずばりアメリカの、都市部でも本当に限られた地域が由来の文化だったわけですけど、すごいかっこいいと思って、それを日本語に置き換える、もしくは日本的な土壌に置き換える、という「難しさ」が、やっぱり衝動の根源ですね。だから、ひょっとしたら非常に不可能性が高いというか、ハナから無理なことやってんのかもしれない、これが面白くて。だから、すごくラップするのが自然な環境にいたら、感じられない面白み、っていうのかな。僕がさっき言ってたような、「日本語だったらこれが当てはまる」とか、「こういうリズムなら言葉をはめられる」っていう、そういう実験を繰り返してる感じが根本ですね。それで、いまだにやり切れたっていう気持ちになれてないし、人のを聴いても、かっこいいんだけど、俺が思うここの部分が足りてないとか、こういうことじゃねんだよなとか、満足し切ってない。自分にも人の表現にも満足してないし、っていうところですかね。だから、果てない夢が見られるという部分が、いいのかなと思ってますね。

岡村　うーん。なるほどね。

宇多丸　でも、今日やっててすごく、なんか自分もあらためて面白かったですね。

岡村　本当ですか。

宇多丸　岡村さんの言葉とか思考みたいなものが、浮かび上がってくるのが、本当に面白いなと思いましたね。否応なく、という感じで。

岡村　またやりましょうよ。ぜひ（笑）。もう1個読みましょうか。

「私はラッパーになりたくて詞を書き溜めていますが、まだステージに上がる勇気が出ません。ラッパーは男子のイメージが強くて、女子はまだまだな気がします。女子もラップの世界に生きていくには、何が大切ですか？　ぜひ、アド

バイスお願いします」――女性（25歳）

宇多丸　男も女も関係ねえ、というマインドだと思いますけど、それはもちろんね。ただ、前と比べると今は女性のラッパーが、ここ日本でも本当に増えてきてて、Awich（※）っていうすごいラッパーがいて、めちゃめちゃ人気ですし。僕らが仲いいとこだと、COMA-CHI（※）っていう歌もうまいしラップもうまい人がいますし。いわゆる「強い」ラップをするタイプじゃなくても、chelmico（※）とかもいるじゃないですか。Charisma.com（※）とか、ああいうスタイルでもいいし。アイドルラップシーンみたいなのもあって、lyrical school（※）とか、hy4_4yh（※）ちゃんとかがいて。むしろ女性のほうがバリエーションがあるんじゃないのかな、っていう気がする。かわいくやってもいいし、ハードにやってもいいし、キャッチーにもいけるし。女の人がハードにうまくやったら、もう男はどうにもなんないですよ、それは。男のほうがどう考えても突かれて困る部分が多いですし。だってねえ、社会的不正義みたいなものをさ、否応なく背負っちゃってるわけだから。非常に性差別がまだまだ残ってて、不公平なこの社会において、言われて都合悪いことがいっぱいあるのは男のほうだから。

岡村　なるほど。

宇多丸　歌うべきことというか、社会に対するフラストレーションが説得力を持つという意味でも、女性は言いたいことがめちゃめちゃいっぱいあるはずだから、可能性がすごくあると思います。で、ラップ、ヒップホップの僕が美点だと思っているところは、男だろうが女だろうが、へなちょこだろうが、ちょっと道を外れた人だろうが、かっこよきゃいいんだ！　っていう、そういう原理があるので。昔から、ちっちゃい女の子のラッパーが、並み居るマッチョな男たちをラップでぶっ倒していくとか、初期からある話なんですよ。ロクサーヌ・シャンテ（※）っていうラッパーとかもそう。なので、全然、女の子のラップ、いいと思いますよ。頑張ってください。

※Awich
1986年、沖縄生まれのラッパー、歌手。ヒップホップクルー、YENTOWN所属。19歳で渡米し、大学を卒業。アメリカ人男性と結婚し、娘を出産するも夫と死別。その後、日本に帰国し、本格的な音楽活動を再開。2020年ユニバーサルミュージックよりメジャーデビュー。

※COMA-CHI
東京都出身のラッパー、歌手。2006年にインディーズアルバム『DAY BEFORE BLUE』を発表したのち、09年にはアルバム『RED NAKED』をメジャーリリース。11年、自身のレーベル「Queen's Room」を設立。

※chelmico
Rachel（レイチェル）とMamiko（マミコ）によるラッ

プ・デュオ。２０１４年から活動を開始し、18年にアルバム『POWER』でメジャーデビュー。

※Charisma.com
２０１１年、いつか（ＭＣ）とゴンチ（ＤＪ）の二人で結成。18年、ゴンチの脱退による無期限活動休止を経て、いつかによるソロプロジェクトとして再始動。

※lyrical school
通称リリスク。男女8人からなるラップユニット。２０１０年、オーディションで選ばれた女性6人でtengal6として結成。12年から現在のグループ名に変更。以降、メンバーの加入、脱退・卒業を繰り返し、22年7月には４人のメンバーが卒業し、23年から男女8名体制に。

※hy4_4yh
通称ハイパヨ。yukarin（ゆかりん）とChanchala（ちゃんちゃら）の2MCで構成されるライムスターを師匠に持つガールズ・ラッパー・ユニット。２０１４年から現メンバーで本格的に活動開始、16年にアルバム『YAVAY』でメジャーデビュー。

※ロクサーヌ・シャンテ
１９６９年、アメリカ・ニューヨーク州クイーンズ生まれ。女性ラッパー。84年にリリースしたデビューシングル『ロクサーヌ・リベンジ』がニューヨーク周辺だけでも25万枚を超えるヒットを記録し、それをきっかけとして「ソロ」の女性ラッパーの草分け的存在となった。

宇多丸　さあ、きた。ということで清書が仕上がりましたので、まず素の状態で1回思い出してみましょうかね。最初のほう忘れちゃったからね。

（リズムに乗りながら）「俺の名前は岡村靖幸、与えてくれ告白する勇気、どこにいたって完璧な自由人、我を忘れるセクスィーなミュージック」。……あ、ちょっと待って、で、ジュラ紀……なんだっけ。これどういうフロウでしたっけ？　自分でフロウ忘れちゃった……。

岡村　「ジュラ紀……」

宇多丸　俺ね、今一つ問題を発見しました。「我を忘れるセクシーなミュージック」の「ミュージック」と「ジュラ紀」が重なっちゃってましたね。これはまずい。でもね、こういうことが起こるんですね。別パーツから作っていると……。（ラップの仕方を若干変えて）「ミュージック。ジュラ紀から恋してた？　ね、ダーウィン」にするしかないすね。ちょっと裏から入る。「俺の名前は岡村靖幸、与えてくれ告白する勇気」

岡村&宇多丸　「どこにいたって完璧な自由人。我を忘れるセクスィーなミュージック。ジュラ紀から恋してた？　ね、ダーウィン」

宇多丸　「タナトス超え、宇宙に飛ぼうぜダーリン。愛の鱗粉降り注ぐパーティ。NHKにカモンエヴィバーディ」
岡村　おー！
宇多丸　フゥー！
岡村　へーイ！　さすが。（拍手）
宇多丸　いやいやいや、さすがじゃないすよ、これ、岡村さんがね、基本的には書いたリリックですから。ちょっとビート流しながら、やってみましょうか。僕も歌ってみますけど、岡村さんもいけるところついてきてもらって、一緒に歌う感じでやってみましょうか。

基本のキはおわかりいただけましたか？

（ビートが流れる）
岡村　イエイイエイイエーイ。
宇多丸　イエーイ。岡村靖幸インザビルディーング！
岡村　NHK！
宇多丸　NHK！
岡村　へイ！
宇多丸　リスペクト、デストロイヤー。
岡村　インダハーウス！
宇多丸　宇多丸インダビルディーング！
岡村　インダプレイストゥビー。
宇多丸　じゃあいってみましょう。
岡村　はい。
宇多丸　レッツゴー！

俺の名前は岡村靖幸
与えてくれ告白する勇気
どこにいたって完璧な自由人
我を忘れるセクスィーなミュージック
ジュラ紀から恋してた？　ね、ダーウィン
タナトス超え、宇宙に飛ぼうぜダーリン
愛の鱗粉降り注ぐパーティ
NHKにカモンエブリバーディ！

宇多丸　フゥー！
岡村　イエー！
（拍手）
宇多丸　ということで、一応できたんですけど、岡村さんはなんでそんな変なフロウを入れてくるんですか？（笑）気が散ってしょうがない。
岡村　セッションぽくしたくなっちゃった。
宇多丸　僕が1本ね、まん中でやってますからね。確かにそういう意味で、今のもよかったですね。
岡村　いや素晴らしかったです。
宇多丸　どうですか？
岡村　最高に楽しかったですよー。
宇多丸　オリジナルなのかはわかんないですけど、ちゃんとバックトラックを、このBPMぐらいの感じで合わせて作って、「カモンエヴィバーディ、バーン」ってちゃんと終わる尺のものを作れば、もうこの番組で使えますから。いかがでしょうか。

岡村　ぜひ！　ありがとうございます。
宇多丸　なので、その制作の際はまた連絡取り合って（笑）。岡村さん、また作っちゃうでしょ。
岡村　（小声で）はい。
宇多丸　また過剰に凝るから……。
岡村　やりましょう（笑）。
宇多丸　じゃあスタジオ行って、やりましょう。ずっとスタジオにいるんですもんね。
岡村　います。サクッとやりましょう、二人でね。
宇多丸　「ダーリン」の発想とか、同じこと言うにしても「タナトス超え」とか、「鱗粉」は絶対出てこないし……。あと「ダーウィン」からの「ガガーリン」、これはなかなかいい。なかなかいいってのも失礼な話ですけど。
岡村　頑張ります（笑）。
宇多丸　さすがですよ。でもなんとなく、基本のキはおわかりいただけましたか？
岡村　はい！　わかりました。あのー……入門させてもらいました。ここからね、グルーヴの細かいところとか、上げ下げとかいろいろあると思うんですけど、とりあえず、ダイナミズムは学ばせてもらいました。
宇多丸　ありがとうございます。これ本当に、基本のキ、もうビートも一番日本語ラップが乗りやすいスピード感ですし、すっごくやりやすいやり方でやったんで、こっから先、例えばもう、今流行りのね、トラップ（※）とかだと、また全然違う話になってきますし。

※トラップ
トラップ・ミュージックとも言われる。ハードコア・ヒップホップから派生したヒップホップの一つ、もしくはそのビートにイギリス発祥のダブステップの要素を取り込んだダンスミュージックの一つ。アメリカ南部が起源で、近年その人気を急速に拡大している。

宇多丸　なので、いろんな方法があるんですけど、このあとも続けていただければと。またね、岡村さんといろいろね。
岡村　やりましょう。
宇多丸　飲んだりとかね。まずこれ録って。モニョモニョもありますしね。大変なんですから……。
岡村　モニョモニョ（笑）。
宇多丸　鱗粉、降り注ぎましょう。
岡村　いやー、楽しかったです。本当に勉強になりました。今日は、ありがとうございました。
宇多丸　いやー、こちらこそでございます。本当に楽しかったです。ありがとうございました。

教えてもらったことで、ラップができるようになったという感じはないですけど、番組としては面白かったかなと（笑）。簡単じゃないんだな、ラップは、と思いました。ただ、ラップってこういうところは守らなくちゃいけないんだなとか、ここは逸脱してもいいんだなとか、こういうふうに作っていくんだということがわかりました。

僕は笑えればいいと思ってるから逸脱するんだけど、宇多丸さんは真面目な方だから、自分の頭の中にまとめたものがあるんですよね。ここで岡村さんはこう言うとか、締めはこうするとか。時間まで気にしてくれていて、僕はもう笑えればいいと思ってるから、そこのズレが面白かったですね。「ガガーリン」のあたりなんか、こっちはもうノリノリで、「いいじゃん、ガガーリン最高じゃん」とか思ってるんですけど、宇多丸さんは真面目だから「なんで、そんな方向に行くんですか」と戻す戻す（笑）。

あと、俳句でもそうでしたが、字余りぎみなところがこの回でも出ていて、いっぱい言葉を入れたくなっちゃうんですよ。自分の楽曲でも、そういうことはしょっちゅうあって、例えば、「魑魅魍魎（ちみもうりょう）」という言葉をどうしても使いたかったとして、音符に合わなかったとしても、いまいちリズムに合ってなくても、まあいいでしょと無理やり入れちゃう。ボブ・ディラン的にしゃべり歌みたいな感じにしちゃってもいいかな、とかね。

いつかラップができるようになったら、ちゃんとやってみたいなとは思いますけど、寒いことは避けたいですね。例えば、例えばね、僕よりもっと大御所の方が急にラップやり出したらびっくりするでしょ。「やめたほうがいいんじゃないかな」とか、「ご乱心ですか?」とは思われたくないので、きちんとしたものにはしたいですね。

岡村靖幸のカモンエブリバディ

#04

2020年1月1日放送

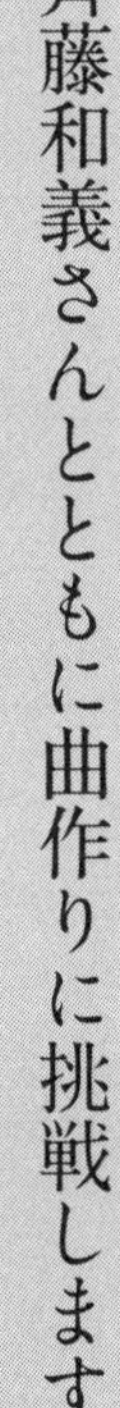

斉藤和義さんとともに曲作りに挑戦します

「昔からあるイメージがあって。
将棋倒し？　ドミノでもいいんですけど、
11時59分59秒で、ピッて0時になりますよって時に、
ポンって将棋倒しがね、
ガラガラガラガラガラガラガラガラガラ……って、
去年までの過去がダーっと
螺旋状にこう宇宙に消えていくっていうか」

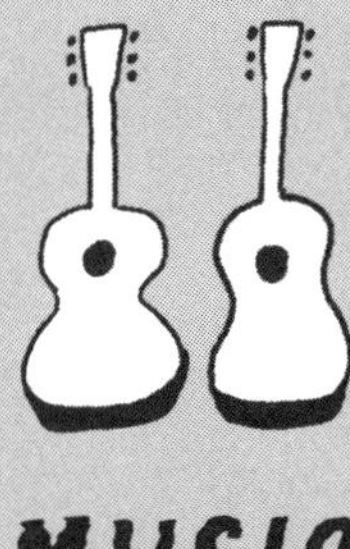

斉藤和義（さいとう・かずよし）

1966年、栃木県生まれ。シンガーソングライター。93年にシングル『僕の見たビートルズはTVの中』でデビュー。翌年にリリースされた『歩いて帰ろう』が『ポンキッキーズ』で使用され、注目を集める。その他に『歌うたいのバラッド』『ウエディング・ソング』『ずっと好きだった』『やさしくなりたい』など、多数のヒット曲がある。他のアーティストへの楽曲提供、プロデュース等も積極的に行っている。

斉藤和義さんとは、100分の中でNHKのスタジオでセッションして、1曲が完成して、それを実際にレコーディングまでするという内容だったので、事前に用意できるものはしておいたほうがいいものができるかなと、歌詞を少しだけ考えていきました。NHKのかなり大きいスタジオに機材をバーンと入れて、斉藤さんも全部の楽器を持ってきてくれて、結構な規模の収録でした。

曲ができたあとも、自分でスタジオに持って帰って作り直して、放送までに完成させたので手が込んでいましたね。限られた時間で、人に見られながら番組として仕上げなきゃいけないというプレッシャーはありましたが、斉藤さんはお友だちでもあり、よくセッションしているので、緊張感もそこまでなかったですね。(ザ・)ビートルズの『レット・イット・ビー』の『ゲット・バック・セッション』みたいな感じで。

斉藤さんとも話しましたが、本当に動画を撮っておけばよかった！　映像の番組にできるくらい、かなり面白いものになっていたと思います。

どこかの飲み屋でセッション

岡村　お正月からみなさんにお届けします。岡村靖幸のカモンエブリバディ、初春スペシャル！　例年のお正月の過ごし方、大体仕事してたり、お参り行ったり、あと新春のテレビ見たりしますかね。さて、今夜もリスナーのみなさんから、たくさんメッセージをいただいております。

「今回、放送時間が長くなったので、番組中に1曲作れちゃうんじゃないですか？　と思っています。斉藤さん、岡村ちゃんと1曲作ってもらえますか？　ちなみに、前回の宇多丸さんラップ講座では、岡村さんは完璧な自由人で、宇多丸さんをブンブン振り回していましたよ」——大阪府・女性

岡村　斉藤さんがね、どういう展開をしていくんでしょうか。楽しみにしていてほしいなと思いますけども。本日はね、豪華な実力派ミュージシャンであり、僕の友だちである、斉藤和義さんをお迎えしてます。どうぞ、お楽しみに。去年の9月にこの番組にお越しいただきまして、ラップの講師もしてくれた、宇多丸さんのライムスターと岡村靖幸がコラボした曲からお届けしようと思います。ライムスターの方々とね、いろいろやりとりしながら作ったわけですが、かなり凝った内容になっております。宇多丸さんとMummy-Dさんの、渾身の、迫力のラップを、ぜひみんな堪能してほしいなと思ってます。そして、何度も何度も聴けるように、創意工夫が其処此処にされてます。では、聴いてみましょうか。

♪岡村靖幸さらにライムスター『マクガフィン』

岡村　それでは、さっそくゲストをお迎えしましょう。ミュージシャンの斉藤和義さんです。斉藤さんとはもうね、なかなか長いお付き合いになりましたけれども。出会ってもう5、6年ですかね。最初に、夜どこかで会ったのかもしれませんが。

斉藤 そう。どこかの飲み屋で。たぶん、それでお店にウクレレとギターがあって、それでね。

岡村 ええ、セッションしたんでしたっけ。

斉藤 ずっとセッションしましたね。

岡村 そこからの関係で、対談させていただいたり、お互いのライブを見に行ったり……。ということで、今夜はお正月ですので、お年玉企画をお送りしたいと思います。「初春」をテーマに二人で新たな曲作りに挑戦してみたいと思っております（笑）。

斉藤 なるほど（笑）。

岡村 説明するとですね、この大きいスタジオにいろんな楽器が置いてあり、いろんなスタッフがおり、なんとか枠組みを作って重ねていく、みたいなことにトライして……。

斉藤 簡単な曲を作って、要するにレコーディング的なことをしようってことですよね。

岡村 そうですね。そのドキュメンタリーみたいなものをやってみようという企画なんですけど。よくセッションはするんですけど、意外と二人でレコーディングはしたことはないので……。今日、僕のほうはアコースティックギター、エレキギター、エレキベース、キーボード、リズムマシンなどを持ってきてて、斉藤さんは？

斉藤 エレキとアコギかな。リズムマシンはね、用意して玄関に置いてきちゃったんです（笑）。

岡村 はいはい。あとアンプ、ですかね。いつも大体どうやって曲を作ってます？

斉藤 曲は、大体ギターかなんか持つか、持たなかったりで。

岡村 キーボードだったり？

斉藤 も、たまにあったりとかで、鼻歌でね、適当にウニャウニャ、いい加減な英語みたいなのでやったりして、で、あとで詞を乗せるパターンか、あと、最近は同時。

岡村 同時ってのがすごいね。

斉藤 同時……。大体、なんとなく。あとでまた手直しするものの、歌詞が宿題のように残るのがもう本当につらくてね……。あれが嫌なんで、なるべく先に、早めに詞は書こうと思ってるんですけど。

岡村 わかります。僕も曲によって変わりますけど、考えてることとか大体メモってたり、言いたいことを大体集中してガーっとね。

斉藤 でも一緒にジャムってる時とか、次から次へとどんどん出てくるよね、言葉。

岡村 アドリブでいいんだったら、あのぐらいのことでいいのであれば……。

斉藤 いや、あれで全然できてんのになと思うけど（笑）。あれ、1回録音しておきたいよね、あの時のやつを。

岡村 そうすね（笑）。1回やってみたいですね。

斉藤 でも、ほとんど発売できなそうな……。ちょっと色っぽすぎるやつも多い気がしますけどね。ちらっと話したけど、今日も先にちょっと詞を書いたほうがいいんじゃないか、ってことでしょ？

岡村　そうなんですよ。詞を先に考えようと思ってるんです……。で、テーマを。

斉藤　「初春」っていうテーマが一応あるんでしたっけ。

岡村　「初春」……。

斉藤　しょしゅん？　初めての春。ちょっとエロいですね。

岡村&斉藤　（笑）。

岡村　初めて、ね。あー、そういうことね。僕ね、この感じで言うと……あんま浮かんでこないんですけど。初春は浮かばない……。初春、正月って大体ボーっとしてるじゃないですか。

斉藤　そうね。することないもんね。

岡村　いろんなことが動いてる感じがしないから。

「春、白濁」

斉藤　うん……。あとこの間、携帯でやりとりしてたのは、白濁。白く濁る、で。

岡村　はい、白濁。それは、もともとは欲しいギターが白濁したものしかないっていう話から。

斉藤　そうそうそう。ネットで見てて、それこそ井上陽水（※）さんに最近ハマっててね。陽水さんが昔使ってたあるギター、アコギがあって、それを探してたら、もう70年代の楽器なんで、塗装が白茶けてきちゃって、白濁してますって書いてあって。それを岡村ちゃんに「今日、見に行ったら、なんか白濁してました」って送ったら、「白濁っていい言葉ですね」って。

※井上陽水
1948年、福岡県生まれ。シンガーソングライター。69年にアンドレ・カンドレとしてデビュー、72年に井上陽水として再デビュー。73年にリリースした『氷の世界』は日本初のミリオンセラーに。フォーク界最大のスターとなり、75年に吉田拓郎らとフォーライフ・レコードを設立し、シーンに一石を投じる。

岡村　いい言葉じゃん。「白濁した心」とかね。「白濁した思い」とかね。ちょっと、いろんなふうにとれます。

斉藤　まあ、エロい感じもあるし。

岡村　うん。エロティックな感じもあるし、例えばね、「自分の風景が白濁してきた」って言うと、なんかはっきり見えてることが、ぼやけてきてちょっと不安だ、みたいな雰囲気が出るし。

斉藤　なんか泣いてるんじゃないか、みたいなイメージもあるし。

岡村　そうそう、そんな感じも出るし、いろんなふうにとれる。白濁いいじゃん、と思ったんですよね。

斉藤　じゃあ、タイトルは「白濁」？

岡村　そうしますか。

斉藤　「初春」関係ない、と。まあ、それもいいですよね。

岡村　それか「白濁な春」とかね。

斉藤　「春白濁」。

岡村 「春、白濁」とかね。
斉藤 いいですね（笑）。それで、もうさっそく詞を書いていくの？
岡村 詞、書いていってみましょうか。
斉藤 もう書き始めていいんだ……。どうしましょう。
岡村 じゃあ僕からいっていいですか。僕はね、じつはちょこっと用意してきちゃったんですよ。
斉藤 あ！
岡村 ずるいんです……（笑）。
斉藤 ずるい。
岡村 いいですか。1行目はこれでいきたいんです。「別れではない、心に刺さっている…」。「ときめきと…」（笑）。「ときめきと戸惑いを教えてくれた君」。で、この続きを書いてほしいんです。「ときめきと戸惑い…」ってなんかの歌詞にありましたよね。
斉藤 だから、要するに何が白濁なんだってことが、サビになっていく……っていうイメージですよね。で、そこからディラン（※）とか陽水さん的な、そういう……。

※ディラン
ボブ・ディラン。シンガーソングライター。1941年、アメリカ・ミネソタ州生まれ。62年にアルバム『ボブ・ディラン』でデビュー。ザ・ビートルズと並び60年代のポピュラー・ミュージックに最大の影響を及ぼしたスーパー・スター。

岡村 そうです、そうです。こうやっていろんなことを述べるんだけど、最後に「白濁」……。
斉藤 いろんなことがあって、もう全然関係ない、脈略ないようなことなんだけど、「I want you」。
岡村 「ああ、春。ああ、白濁」とか、「なぜに春、なぜに白濁」とか。「気がつけば春、気がつけば白濁」とか、なんかこうキャッチーな。「ああ春や、白濁した思い…」
斉藤 なるほどね。じゃあ、「マラカス…持ってる間に…」。いいんだよね？ つながらなくて。
岡村 いいんです。
斉藤 いつかつながるんだよね、きっと。
岡村 いつかつながります。
斉藤 「マラカス持ってる間に…タバコを1本」。「チャイナタウンで、きっと…迷ってしまうだろう…」
岡村 なるほど。
斉藤 なんでこんなこと書いたんだろう、俺。全然意味がわかんないですね。なんだこれ。まあでも、いい感じですね。既にね。
岡村 じゃあ、僕つなげていいですか。「そんなに…好き…でも…ない…中古車を…買って…みたり…」。「そんなに…信じて…ない…占い…師に…会いに行ったり…」。じゃあ、この続きを書いてください。
斉藤 んー、なんでしょう……。
岡村 じゃあ、僕、このあと書いていいですか？ 結構キラーワード言いますよ。いいですか。えー「…君が…望む…なら…友達…から…やり直して…も…いい」。これ、1

行入れたいです。

斉藤　ああ、なるほど。じゃあ、これつながるかもしれない。「そろそろ…車を…呼ぼう」。「北京ダックは…頼みすぎたから…テイクアウトで…持って帰ろう…」

岡村　うん、いいですね。

斉藤　そろそろ1個目のサビ的なことですか？　白濁？

岡村　白濁。

斉藤　（笑）。「ああ白濁」？

岡村　「ああ春や…白濁した思い…白濁な夜」かな？　「ああ君に…幸せあれ」

斉藤　もう……それくらい短めな。

岡村　うん……だからね、僕としてはですね、なんかたぶんこう……今は会ってない女性がいるんですね、きっとこの人には。で、いろんな気持ちになってるんですよ。こう……錯綜してるんです。で、今、近くにはいないんですよね、きっと。作者は「ああ、春や」と。「白濁した思い」だから、どんな気持ちなんでしょうね。スカッとは、スキッとはしてないんでしょうね。

斉藤　もしかするとこう……。

岡村　……泣いてんのかな。泣いてんのかもしれない。

斉藤　……涙がこぼれる前ぐらいの。

岡村　まで、いってんのかもしれない。

斉藤　瞳の中がこう、結構涙が溜まってて。

岡村　なのに、「ああ、君に幸せあれ」って。つまりこう、もう会ってないんだけど、君の幸せを望んでるっていう。まとまってきたかも。

斉藤　でも、チャイナタウンと（笑）、中華料理屋に行ってるよね、これ。

岡村　いいんです、いいんです（笑）。

斉藤　じゃあ、中華料理屋は一人で行ってるんだ。

岡村　行ってるんです。そうやって迷ったりしたりしながら、君を忘れる訓練もしてるよ的な。

斉藤　そういうことね。じゃあ北京ダック頼みすぎたって、一人だからそりゃあ食いきれないわ、という独り言みたいな。

岡村　そうなんです、そうなんです。だんだん見えてきたな。

斉藤　なるほど。はい、1番できましたね（笑）。

そういう意味じゃなかったんですけど、いいですね

岡村　はい、2番。「嘘つき…でもいいよ…、嘘ついたって…いいよ、君なりの…優しい…嘘…なら…ね」、はい。

斉藤　じゃあ、俺は中華料理屋続きでいったほうがいい？　関係なくていいか。「…嘘ついたっていいよ、君なりの優しい嘘ならね…」。ちょっと真面目になっちゃうか。「宝の…箱…に仕舞って…鍵をかけて…奥底に…」。「心の…」、「胸の」にしようかな。「胸の奥底に…仕舞い込んだ」。「でも鍵が…馬鹿になって…すぐに開いてしまう」

岡村　なるほど。詩的だね、すごく。

斉藤　じゃあ、続きを（笑）。

岡村　「高級…デパートの…1階…は…いろんな…香水…の、香り…が、する…」

斉藤　するする。あそこ好き。

岡村　うん（笑）。「気づいたよ…女の人で…経済は…回ってるんだね…」

斉藤　「経済は回ってる」ってすごい詞ですね（笑）。

岡村　これ3連チャンぐらい作ったんですよ、じつは。「アイドルたちは青春を捧げ、東京ドームで待っている。女の子で経済は回ってるんだね」。「スーパーマーケットは夕方から、これからこれがお得だ、これがお得だと値下げをしますとうたっている。女の子で経済は回ってるんだね」とか作ったんだけど、でもこれ一発だけにしときます。

斉藤　あれ？　そうなの？　じゃあ、合間にまた何かを挟んで……。

岡村　ちょっと、色っぽいじゃないですか。この「高級デパートの1階は」って。陽水さん的な色気がありつつ、ちょっとミステリアスでもありつつ、「経済」なんて言葉を使いつつ。

斉藤　はいはい、確かにそうですね……。なんだろう、陽水さんチックにいくとすると、口がこう言いたいんだろうなーみたいなそういうやつ？

岡村　いいんじゃないですか（笑）。

斉藤　なんて言ってもそれは、そんなに出ないよね。すぐにはね。じゃあ俺、その続きをつなげてみていいですか？「……新たな…鍵を…かけて…みる…けれど…どうにも……うまく…いかないんだ…やはり…時間しか…ない…のか…早送り…できればいいのに」

岡村　なるほど。

斉藤　「……白濁」（笑）

岡村　これでできたんじゃないすか。

斉藤　できました？

岡村　いったん、整えてみましょう。例えば、順番を変えたほうがいいのかもしれない場所があって、そのあたりを相談できたらな。「別れではない、心に刺さって」を最初に持ってこないほうがいいのかもしれないね。何気ない「マスカラ」とか……。あ、「マラカス」か。

斉藤　「マスカラ」でもいいですけどね。

岡村　「マスカラ、持ってる」？

斉藤　「マスカラ持ってる間に」のほうがいいかもね。

岡村　おお、そうします？　そうすると高級デパートの香水とつながっていくからね。

斉藤　マラカスだとちょっと……歌う気だね、って感じ。

岡村&斉藤　「チャイナタウンはきっと迷ってしまうだろう」「マスカラ持ってる間にタバコを1本」

岡村　えー…「マスカラ持ってる間…」。マスカラを持ってる、ってどういうことですか？

斉藤　塗ってる？

岡村　塗ってる間……？

斉藤　マスカラ塗りながらタバコって吸えるものなの？（笑）なかなか器用。まあ、たぶんマスカラ持ってんだけど、タバコも持ってて。間違えてマスカラを吸っちゃったみたいなこと（笑）。例えば、最初のなんだっけ？

岡村　「別れではない」

岡村&斉藤　「心に刺さっている」

斉藤　1行ここに入れちゃったりして、「そんな好きでもない中古車」とか。違う？

岡村　いや、そうしましょう。じゃあね、「別れではない」をやめて、「心に刺さっている何かが」みたいな感じにします。

斉藤　春？

岡村　あっ、春でもいいっす。春にしますか。「心に刺さっている…春」にしましょう。

斉藤「そんなに好きでもない中古車」

岡村&斉藤「買ってみたり…」

岡村「そんなに信じてない占い師…に」

斉藤　そしたら例えば、ここにもう1回、その「心に」を出して。

岡村&斉藤「刺さってる春」

斉藤「そろそろ車を呼ぼう」

岡村&斉藤「北京ダックは…頼みすぎたから」

岡村「テイクアウトで持って帰ろう…」。で、サビいってみますか。サビは、こうしましょう。「ああ春や…白濁な夜。ああ君に…幸せあれ」（笑）。で、だんだん、本当の気持ちを言っていくんですね、ここから。これを2番の頭としましょう。「君が望むなら友達からやり直してもいい」。告白しちゃうんですよ、ここで。そこから「嘘つきでもいいよ、嘘ついたっていいよ、君なりの…優しい嘘ならね…宝の箱…」。これも告白なんですよね。「宝の箱に仕舞って鍵をかけて」。いいじゃないですか。だんだん、2番から本気に、本性、本当の気持ち出して。「胸の奥に仕舞い込んだ、でも鍵が」

岡村&斉藤「馬鹿になってすぐに開いてしまう」

岡村　これもう告白だね。

斉藤　また入れる？「心に刺さっている…春」？　これちょいちょい挟んでいきます？

岡村　挟んでいきましょう。

斉藤「高級デパートの1階は」

岡村&斉藤「いろんな香水の香りがする」

岡村「気がついたよ、女の人で経済は回ってるんだね」

斉藤「新たな鍵を」

岡村&斉藤「かけてみるけれど」

岡村「どうにも」

岡村&斉藤「うまくいかないんだ」

岡村「やはり時間しかないのか、早送り」

岡村&斉藤「できればいいのに」

岡村　そして、サビですね。

斉藤　お互い字が汚すぎますね（笑）。なんだか読めないもんね。

岡村「ああ春や、白濁な夜」

岡村&斉藤「ああ君に、幸せあれ」

斉藤　例えば、わかんないけど、「ああ春や、白濁な夜」を2番の最後に繰り返すとして、ちょっと「飛び散れ」的なの入れます？

岡村　おお、「飛び散れ」。春の桜とも掛かってるからね。

斉藤　たぶん、そういう意味で言ったんじゃないと思いますけど。そういう意味じゃなかったんですけど、いいですね。

岡村「飛び散れ春」

斉藤「ぶちまけろ」は違いますね。一案です。
岡村「ああ春、白濁な夜、飛び散れ春」
斉藤「白濁な夜」
岡村 白濁な……この思いも飛び散っていけ、と。「君に飛び散れ」
斉藤 ああ、いいですね。綺麗にまとめていただいて。
岡村 これを整えて（笑）。
斉藤「ああ、君に幸せあれ」
岡村 そう（笑）。
斉藤 すごい。いい詞かもしれない。こうやって自分のも、ちゃっちゃとできたら……どんなにいいかね。
岡村 いいよね。一度、清書しましょう。

岡村ちゃんが嘘つかれてるよ（笑）

岡村 曲調はどういう感じにするのがいいんですかね？ 例えばバラードでいくのか、イケイケでいくのか。
斉藤 マイナーかメジャーか。なんとなく、マイナーだけどテンポもあるみたいなというのはどうですか？
岡村 いいっすね。そうしてみましょうか。
斉藤 うーん、どうだろうね。そのほうが歌詞と合っちゃうかもしれないけど。合っちゃいけないことはないんです。
（ギターをひく音）
岡村「…タバコを1本～心に刺さってる」「心に刺さってる春～」
斉藤「そんなに好きでもない中古車買ってみたり　そんなに信じてない占い師に会ってみたり　心に刺さってる春」
岡村「君が望むなら　友達からやり直そう　そろそろ車を呼ぼう　北京ダックは頼みすぎたから　テイクアウトで持って帰ろう」
斉藤「白濁な夜　ああ君に　幸せあれ」
岡村「嘘つきだっていいよ　嘘ついたっていいよ　君なりの幸せ　優しさならね　胸の奥に仕舞い込んだ」
斉藤 ん～……ごめん、どこまでいったっけ。
岡村 なんか今、1番いい感じだった（笑）。あれでいいんじゃないの？
斉藤 いいか。どんなメロディでした？（笑）
岡村&斉藤（笑）。
斉藤 もうちょっといきましょうか。じゃあその、「嘘つきでもいいよ」からもう1回やっていいですか？
（ギターをひく音）
岡村「嘘つきでもいいよ　嘘ついたっていいよ　君なりの優しい嘘ならね　宝の箱に仕舞って　鍵をかけて　胸の奥底に仕舞い込んだ　でも鍵が馬鹿になって　すぐに開いてしまう　心に刺さってる春」
斉藤 ここでまた「君に白濁」いるのかな？
岡村 いってみましょうか。
斉藤 いくか、間奏的な？
岡村 あー、間奏いきたい！ 間奏はね、絶対いきたいんです。ギターソロいきたいから。
斉藤 あー、なるほど。じゃあそこで間奏ですかね。でもこの「でも鍵が馬鹿になってすぐに開いてしまう」ぶん、コードが変わったじゃないですか、今。あれもフックになっていいかもね。

岡村 そうですね。あとよくあるのが……「（小声の早口で）嘘つきでもいいよっ！　嘘ついたっていいよっ！　君なりの優しい嘘ならねー！」みたいな。

斉藤 いいよ、いいよ（笑）。岡村ちゃんが嘘つかれてるよ（笑）、みたいな。

岡村 あ、セリフで逃げていいんだったら、陽水さん的なこともできる。

斉藤 うわー、そうですね。

岡村 えーっとね、「北京ダックは頼みすぎたから　テイクアウトで持って帰ろう」のところ、二人で早口にすればいいかな……。

斉藤 それ（笑）、揃うかなあ、そんな早口で。

岡村 うん、揃うと思う。あと、ここが長いのか。「嘘つきでもいいよ　嘘ついたっていいよ　君なりの優しい嘘ならね……」

斉藤 でも、ここ歌い出しよかったよね。

岡村 本当？

斉藤 「いいよ～嘘つきだっていいよ」みたいなやつね。

岡村 で、「心に刺さっている春」ってさっきのメロディでもいいですか？

斉藤 どうでしたっけ。

岡村 「心に刺さってる春～」。このサビは絶対いい。サビのメロディ、どうなってたんでしたっけ。

斉藤 「ああ春や　白濁な夜」

岡村&斉藤 「Ａｈ～Ａｈ～Ａｈ～Ｙｅａｈ…」

斉藤 「ああ君に　幸せあれ～」

岡村 「Ａｈ～Ａｈ～Ｙｅａｈ～」

岡村&斉藤 「ああ春や　白濁な夜～」

岡村 サビー！

斉藤 もう1回やるとか？　2回繰り返す？

岡村 そうしましょうか。かける2しますか。

斉藤 ふんふん。

岡村 もう1回、頭からいってみましょうか。ワン、ツー、スリー……、

（ギターをひく音）

岡村 「マスカラ持ってる間に　タバコを1本　チャイナタウンは迷ってしまうだろう　心に刺さってる春」

斉藤 「そんなに好きでもない中古車買ってみたり　そんなに信じてない占い師に会ってみたり」

岡村&斉藤 「心に刺さってる春」

岡村 「君が望むなら　友達からやり直してもいい　そろそろ車を呼ぼう　北京ダックは頼みすぎたから　テイクアウトで持って帰ろう」

岡村&斉藤 「ああ春や　白濁な夜　ああ君に　幸せあれ」「ああ春や　白濁な夜　ああ君に　幸せあれ」

（間奏）

岡村 「嘘つきでもいいよ　嘘ついたっていいよ　君なりの優しい嘘ならね」

斉藤 「鍵をかけて　胸の奥底に仕舞い込んだ　でも鍵が馬鹿になって　馬鹿になってすぐに開いちゃう」

岡村&斉藤　「心に刺さってる春」
岡村　「高級デパートの1階は　いろんな香水の香りがする　今気づいたよベイベー　女の人の経済で、ちゅるちゅちゅっ、ちゅるちゅるちゅ、っちゅるちゅるちゅ、っちゅるっちゅる回ってるんだね」
岡村&斉藤　「ああ春や　白濁な夜　ああ君に　幸せあれ」「ああ春や　白濁な夜　ああ君に　幸せあれ　ああ春や　白濁な夜」
斉藤　「飛び散れ春　この思い」
岡村&斉藤　「ああ春や　白濁な夜　ああ君に　幸せあれ」

これで帰りたいぐらいだもん、本当は

岡村　いいんじゃない。
斉藤　うん、なかなか。どうなったっけ、今。「新たな鍵の…」っていうところ飛ばした？
岡村　いやね、サビいきたかったんですよ、もう。
斉藤　（笑）。この高級デパートの1階のとこが、要するにBメロ？
岡村　高級デパート、やめてみる？　で、この新たな鍵にしてみる？
斉藤　いやいやいや、高級デパートほしいなあ。
岡村　はい。今の聴いてみましょうか、今の、完成度高かったはず。これで帰りたいぐらいだもん、本当は。
（録音した曲が流れる）
岡村　いいんじゃない。ここはなんかセリフにさせてください。「嘘つきでもいいよ　嘘ついたっていいよ　君なりの優しい嘘ならね」と、間奏でちょっと言わせてください。
斉藤　ああ、間奏内でね。
岡村　はい。「宝の箱」のところでお願いがあるんですけど、「（強く）北京ダックは頼みすぎてるから…（強く）テイクアウトで持って帰ろうぜ」みたいにしたいんです。
斉藤　うん。そうよね。「ダッ！」って言いたいやつでしょ。
岡村　はい、言いたいんです。
斉藤　「北京ダック…北京ダック！　はくだっく！」
岡村　おお、いいすね。
斉藤　……いいか？　まあいいかもね。「はくだっく！」
岡村&斉藤　（笑）。
（ギターの音）
斉藤　「はくだっくが飛び散って…なんちゃらなんちゃらちゃららら…」。…あ、わかった。「はくだっくよ…飛び散れ」。…うーん、「壊れた鍵だし…」。なんか、ぶち破ってみたいなやつ。
岡村　うんうん、うんうん。
斉藤　「はくだっくよ飛び散れ…壊れた鍵だし…そのままぶち破って」
岡村　おお。そうしてみよう。それをはめ込んでみます？「…白濁よ…飛び散れ…壊れた鍵だし…」
斉藤　だし…か。「壊れた鍵なら」？「そのままぶち破って」？
岡村　「壊れた鍵ならぶち破って」。かっこいいな。
斉藤　「そのままぶち破って」

岡村　はいはい。いや、合いますね。「白濁よ…壊れた鍵なら…そのままぶち破って〜」？
斉藤　うんうん。
岡村　そうしましょう。「ああ春や〜白濁な夜〜ああ春…ああ君に〜」
岡村&斉藤　「幸せであれ〜」
斉藤　「幸せで」にする？　幸せあれ？　幸せであれ？
岡村　どっちでもいいっす。
斉藤　「ああ春や〜白濁な夜〜ああ君に〜幸せあれ〜幸せであれ〜」
岡村　ああ、いいすね。
斉藤　幸せであれ、って、浜崎貴司（※）が入ってくる感じじゃないですか。

※浜崎貴司
１９６５年、栃木県生まれ。ミュージシャン。90年にFLYING KIDSとして『幸せであるように』でデビュー。シングル19枚、アルバム13枚を発表。98年に解散ののち、２００７年に再結成。ソロでも活動中。

岡村&斉藤　（笑）。
斉藤　いっそのこと「幸せであるように」って言っちゃうとかね。それダメですね（笑）。「幸せあれ〜」のほうがいいかな。
岡村　「で」、入れていいですか？
斉藤　じゃあ入れますか？
岡村　これで形できたかもよ。
斉藤　「ああ君に　幸せであれ」ってなんか、日本語的に変じゃない？　「君よ」？
岡村　「君よ」にしますか。
斉藤　「ああ君よ…」。うん、そうね、陽水さん的ね。
岡村　これで、形ができたかも。じゃあ、整えていきましょうか。リズム入れたりいろいろ。
斉藤　うん（笑）。歌うたびにメロが……全部適当……。
岡村　大丈夫です。ディラン的にやっていきます。
（演奏中）
岡村　ワン、ツー、
斉藤　ワン、ツー、スリー、
（演奏を始める）
岡村　「マスカラ持ってる間に　タバコを1本　チャイナタウンはきっと迷っちまう　心に刺さってる春」
斉藤　「そんなに好きでもない中古車買ってみたり　そんなに信じてない占い師に会ってみたり」
岡村&斉藤　「心に刺さってる春」
岡村　「君が望むなら　友達からやり直してもいい　そろそろ車を呼ぼう　北京ダックは頼みすぎたから　テイクアウトで持って帰ろう」
岡村&斉藤　「ああ春や　白濁な夜　ああ君よ　幸せであれ」「ああ春や　白濁な夜　ああ君よ　幸せであれ」
（間奏）
岡村　「嘘つきでもいいよ　嘘ついたっていいよ　君なりの優しさ　優しい嘘ならね」

（間奏）
斉藤　「宝箱に仕舞って　鍵をかけて　胸の奥底に仕舞い込んだ」
岡村&斉藤　「心に刺さってる春」
斉藤　「高級デパートの1階は　いろんな香水の香りがする　気づいたよ　女の人で経済は回ってるんだね」
岡村　「白濁よ　壊れた鍵なら　そのままぶち破って　ぶち壊して〜」
岡村&斉藤　「ああ春や　白濁な夜　ああ君よ　幸せであれ」「ああ春や　白濁な夜　ああ君よ　幸せであれ」
斉藤　「ああ春や　飛び散れ春　白濁な夜　ああこの思い届きますように」

文学的ですね。中原中也かなと思いました

岡村　ああ。
岡村&斉藤　（笑）。
斉藤　歌う順番、セリフのあとここに、「宝箱に仕舞って〜鍵をかけて〜心の奥底に仕舞い込んだ〜」？
岡村　このちょっと下で、「心に刺さってる春〜」にいくので。だから、かなり早口で、「タラララ〜…」と。
斉藤　ちょっと縮めたほうがいいってことね。
岡村　「心に刺さってる春」をやめてみる？
斉藤　あー、そうしますか。
岡村　「宝の箱に仕舞って　鍵を」
岡村&斉藤　「かけて　胸の奥底に仕舞い込んだ」
斉藤　「でも鍵が馬鹿で開いちゃう」
岡村　「…白濁よ　飛び散れ　壊れた鍵なら　そのままぶち壊しちゃえ」。ここ、「ぶち壊しちまえ〜！」だったらどう？　だったら合う気がしますね。
斉藤　「白濁よ　飛び散れ　壊れた鍵なら　ぶち壊しちゃってさ」とかは？
岡村　はい。そうしますか。
斉藤　俺さっき、最後のサビ間違えて2回やっちゃったんだよね。「ああ春や　白濁な夜」っていうのを2回言っちゃって、3回目に「飛び散れ春」ってやっちゃったんだけど、3回いきたくなる気持ちありません？
岡村　ありますね。
斉藤　じゃあ、それでいいかね。今、言ってた「幸せであれ　飛び散れ春　白濁な夜　ああこの思い　届きますように」を1回いって、また次で「ああ春や　白濁な夜」。なかなかベーシックはいいんじゃないですか。
岡村　じゃあ、ギター録ってみますか？　エレキギターのソロみたいなのとか。エレキお願いします。
斉藤　ほい。これでベースもいく？
岡村　ベースもいってみましょうか。練習しつつ録ります。……何時間経った？　ここから整えるのに何時間かかるんで、持って帰らせてもらえるんであれば、きちんと整えられる。
斉藤　タイトルがいいですよね。
岡村&斉藤　（笑）。
斉藤　上り詰めましたね。

岡村　上り詰めたの？

斉藤　飛び散れた。

岡村　エロトークしてますか？

岡村＆斉藤　（笑）。

斉藤　どうしましょ。いろいろあるっちゃあるけど、歌をやり直すとアコギも録り直さなきゃいけなくなるってことだもんね？

岡村　僕ここから整えますよ。スタジオ持って帰って。で、わあ！　って、聴いてる人たちがなるようにします。

斉藤　ただ歌……どうしよう。もう1テイク、歌やってもいいですか？

岡村　もちろんもちろん。何テイクやったっていいです。

（録音終了）

岡村　できましたね。いい曲でしたね。素晴らしいと思います。

斉藤　タイトルが、いいですよ（笑）。「春、白濁」。

岡村　文学的ですね。中原中也（※）かなと思いました。

※中原中也
1907年、山口県生まれ、37年没。詩人、歌人、翻訳家。夭折(ようせつ)したが350篇以上もの詩を残し、一部は中也自身が編纂した詩集『山羊の歌』、『在りし日の歌』に収録されている。訳詩では『ランボオ詩集』を出版するなど、フランス人作家の翻訳も手掛けた。

斉藤　…ああ…そうですか？（笑）

岡村＆斉藤　（笑）。

斉藤　面白いですね、こう二人が持ち寄ったものを混ぜるっていうね。

岡村　それぞれの個性がね、うまい具合に混じりあったりして。

斉藤　やればできるもんですね。

岡村　本当ですね。

斉藤　正月から、幸先いいですね。

岡村　スペシャルだなあ。二人で作り上げた音楽は、番組の後半でお届けします。

上品なところで止まってるけど、なかなかえぐいよ

岡村　番組にはリスナーのみなさんからいろいろとご質問、お便りをいただいてます。今夜のゲスト、斉藤和義さんとお答えしていこうと思います。

「斉藤さん、岡村ちゃんのどういうところがかわいいと思いますか？　また、岡村ちゃんは、斉藤さんのどういうところが好きなんだと思いますか？　お正月なので、相思相愛加減を教えてください」――東京都・女性（23歳）

斉藤　かわいいと思うところ？　これ、言葉にするとなかなか難しいんですけど。よく飲んでたりとかして、だいぶ酔っ払ってきて、ちょっとセクシーなね、話なんかになったりなんかする時に、どんなにそっち方向の話になっても、

ちゃんと上品さはありますね。わりと内容としてはかなり卑猥（ひわい）なこと言っていたとしても。そのへんがね、ちゃんと節度があるっていうか。上品なところで止まってるけど、相当なかなかえぐいよ、っていう話。そういうとこ、見習わなきゃな、と思いますね。

岡村　僕はね、斉藤さんのいろんなとこが好き……。まあ多面体ですからね。人間ってのはいろんな面がありますけども。とりあえずとてもピュアですね。たまに子犬のような時がありますしね。ピュアです、とっても。

斉藤　高2？

岡村　子犬です。

斉藤　あ、子犬ね。

岡村　あ、高2でもいいですよ。

斉藤　高2……。

岡村　高2っぽいところもありますね。

「お二人はとても仲がいいお友だちとおうかがいしました。そこで斉藤さんにおうかがいしたいのですが、仲がいいから知り得る、それは岡村さんにしかないようなエピソードを教えていただけませんか？」――海外在住・女性（36歳）

斉藤　免許をね、岡村ちゃんが最近取って、「どんな車を買ったらいいんでしょうか」ってことで、ちょいちょい車をレンタルで借りて、試乗する最中の動画を一時期すごい送ってきたじゃないですか。で、丁寧にBGMもついてていに編集されてて。

（笑）。隣でずっと撮影してる人がいて、ちゃんと2分ぐらいに編集されてて。

岡村　あれね、頼んだわけじゃないんですけどね。その人が勝手にやってくれて。なんかそういうアプリがあるんじゃないですかね、きっと。

斉藤　いや、それにしても何台試乗すんだろうみたいなね。

岡村　確かに（笑）。

斉藤　もうそろそろ買えばいいのにな、みたいな。

岡村　ものすごい数、試乗しましたからね。

斉藤　で、結局まだ買ってないでしょ？

岡村　買ってないです。

斉藤　そういうとこですよね。

「斉藤さんは、いろんな楽器を器用に演奏されてますが、今これに挑戦したい、と思う楽器はありますか？　あと、全部独学で演奏できるようになったのですか？」――高知県・女性（49歳）

斉藤　そうですね。誰かに教わったっていうのは特別ないですけどね。新しい楽器っていうのは、もうあんまり最近はないですかね。なんていうか、広く浅くやってると、結局どれも極められやしないな、みたいなことに今なってきて。ドラムとかただ好きでやってた頃はまだ楽しかったけど、もうちょっと叩き加減を軽くすると、もっとパーンと音が広がるなとか、本格的なことを考え出すようになってくると、それはよくないなと思ってね。そういうのはやっぱり、散々そんなのはくぐり抜けてきたプロとやったほうがいいんだって話になるので、そういうとこにぶち当たってますね。

岡村　大変ですよ、だって……あなたはですね、詞も書かなくちゃいけない。曲も書かなくちゃいけない。アレンジもしなくちゃいけない。生活もしなくちゃいけないわけじゃないですか。

斉藤　まあそうですね（笑）。でも、岡村ちゃんもそうじゃないですか。マシンとかでやるものの、アレンジして詞を書いて。とにかく、お互いソロでしょ。

岡村　そうですね。

斉藤　この間、カーリングシトーンズ（※）っていうバンドで、2曲自分で作っていったんです。それぞれ2曲ずつ作って持ち寄ったら、メンバーが6人いるからもうそれで12曲のアルバムになってるんですよ。こりゃ楽だな、と思って。バンドでそうやってみんなで作れる人はずるいなと思ってね。

※カーリングシトーンズ
寺岡シトーン（寺岡呼人）、奥田シトーン（奥田民生）、斉藤シトーン（斉藤和義）、浜崎シトーン（浜崎貴司）、キングシトーン（YO-KING）、トータスシトーン（トータス松本）によるロックユニット。２０１８年、寺岡呼人のソロ活動25周年を記念して結成。バンド名は奥田民生が命名。

岡村　そうでしょうね。

斉藤　なんで……うちらソロは1枚のアルバムで12曲とかね。一人で作んなきゃいけないんだ、不公平だと思って。

岡村　そうですね。詞が大変ですね。詞以外はそこまで……。

斉藤　そうですね。でも、曲とかもこだわり出すとね。このコードがどうしたとかアレンジ一つでもハマり込んじゃう時あるでしょ？　ああいうのがね……。バンドももちろんね、ああだこうだと大変なんでしょうけど。なんの話でしたっけ？

岡村　いろんな楽器……を独学で。

斉藤　最近は、もうちょっとギターだけ……頑張ろうかなって感じですかね。

過去がダーっと螺旋状に宇宙に消えていく

「お正月から、お二人のお話が聴けるなんて、本当に嬉しいです。個人的に元旦が誕生日なので、さらに喜んでおります。お二人は、お正月は毎年どのように過ごされているのでしょうか？　毎年必ず行う決まり事（その年の目標を立てる、書き初め、など）のようなものはありますか？　おせち料理は召し上がりますか？　お雑煮の餅は丸ですか？　四角ですか？」――秋田県・女性

斉藤　年末はどうしてますか？

岡村　仕事か……、仕事でなければ友人と毎年会うことが

あり、その男友だちと元旦は過ごしていることが多いです。
斉藤 なるほど。元旦……何してんですかね。
岡村 お参りとかはするんですか？
斉藤 お参りも行く年と行かない年とあって。基本的には家でぼーっとしてるかな。家でテレビが見られないので。
岡村 言ってましたね。
斉藤 そうそう。だから『ゆく年くる年』的なね、ああいうのを見ることもないし。わりとだから普通の、平日と変わらない過ごし方をしているかな。
岡村 穏やかな時間を。
斉藤 すごく覚えてるのが……子どもの頃はね、元旦になる時に……11時59分59秒からピッて。とにかく時計なりテレビなりで、ピッって0時に変わった瞬間をちゃんと見ないと、なんかすごく損した気分っていうか。
岡村 はいはいはい、わかります。
斉藤 で、その瞬間にうちの姉貴が風呂入ってたんですよ、中学生ぐらいで。年明けするのに。それを見てすごい大人だな、と思った印象があって。
岡村 ああ、そんなことに左右されない。
斉藤 そうそう。あいつ、見なくていいの？　ちょっとかっこいいな、と思って（笑）。
岡村 いい話ですね（笑）。
斉藤 最近ね、何年かだけ、そういう年がありましたけど、基本はやっぱりそこは見ちゃいますね、きちっと。なんかね、昔からあるイメージがあって。将棋倒し？　ドミノでもいいんですけど、11時59分59秒で、ピッて0時になりますよって時に、ポンって将棋倒しがね、ガラガラガラガラガラガラ……って、去年までの過去がダーっと螺旋状にこう宇宙に消えていくっていうか。
岡村 うん、うん、うん。
斉藤 それがね、すごくなんかね、「あ！　行かないで！」って気持ちとね、なんとも切ないイメージがずっとあって。あのイメージがね、早く消えてほしいんですよね。なんでもないように過ごしたいんですけど。どうですか？　そういうの。
岡村 僕は……なんかね、ホーリーな気持ちになる時もありますね。ちょっと、聖なる感じ？
斉藤 静粛な……。
岡村 うん、性的な感じじゃない（笑）。聖なる気持ちになることはありますね。
斉藤 なるほど（笑）。
岡村 でもね……、年越しそばとか、そういうのを食べたり、食べなかったり……、もうおせちとかになると随分……。
斉藤 食べてない？
岡村 対峙してないですね。
斉藤 一応、食いますけどね。
岡村 そうですか。めっちゃウマいぜ、おせち！　って思う時ある？
斉藤 栗きんとん、すごい好き。
岡村 黒豆ありますよね。あれ、釘を入れて作るんですってね。それが俺、もう違うわー、と思って。そこからもう……。

斉藤　おせち料理って……実家にいる頃とかは、子どもが好きなものがほぼ入ってないでしょ？　玉子焼きぐらいとか。
岡村　入ってないですね。
斉藤　かまぼこだって、わりと渋いでしょ。だから、あれが3日4日続くんだなーと思うと、この精進料理みたいなものを3日間これから食えと……。
岡村　確かに精進料理っぽいですよね。
斉藤　お年玉いただけるから、交換条件としてしょうがないか、みたいな。でも一応、やっぱり雑煮とか。
岡村　雑煮いいすね。
斉藤　うん。普段からよく雑煮食べるよって人も知り合いでいたりしますけど。
岡村　本当ですか。
斉藤　大体でも、やっぱり正月でしか食わないから、お餅ってもっと普段から食べていいな、とか毎年思うんだけどね。結局食わないいすね。
岡村　あんまり食べないすね……。自分で作ったりは数年してないかもしれませんね
斉藤　うんうんうん。じゃあ、作ってもらうしかないですね。もういろんな子に来てもらって（笑）。もういろんな子を呼んで、いろんな土地土地の子のお雑煮を正月から作ってもらって。
岡村　なるほど。
斉藤　「よし！　君と付き合おう！」なんつって。
岡村＆斉藤　（笑）。
岡村　あ、お雑煮コンクール？
斉藤　お雑煮コンクール。いいかもしんない。

「以前、岡村さんには聞いたことがあるのですが、同じ質問を斉藤さんにもお聞きしたいです。ビキニは何歳まで着てもいいですか？」――東京都・女性

斉藤　何歳？（笑）　どうでしょうね……。歳っていうよりも、やっぱりその……体型なんじゃないすか？　自分がね、着て、「どうだ！」っていう気持ちになれて、見た側も、「おお！」って思う……自信があるなら、いくつでもいいんじゃないですか？
岡村　僕もいくつでもいいって言いましたけどね、たぶん。
斉藤　水着の場合、大体ほら、上下……まあ同じ、素材と色だからね。下着の場合……上と下が違う人もいたりするじゃないですか。あれは、どっちがいいですか？
岡村　どちらでも。そんなにこだわりはないですね。ありますか？
斉藤　俺ね、一応揃ってないと嫌ですね。嫌でもないけど……。なんか揃ってると、ちゃんとしてんだな、みたいな。
岡村　整えてるなー、みたいな（笑）。
斉藤　整えてるな、っていう気もするし、なんとなく……いろいろね、洗濯のローテーションとかあるでしょうからね。一概に言えないですが、せめて色はちょっと違うけど素材が同じ感じで揃ってるとかね……。でも、上がヒョウで下がトラとか、それもありですね。

岡村&斉藤 （笑）。
岡村 なるほど。面白いですね。
斉藤 それは結構、むしろ歓迎ですね。
岡村 いくつかみなさんにお年玉を差し上げようと思うんですが、第1弾として、斉藤和義さんと二人で、弾き語りでカバーをしたいと思います。井上陽水さん、玉置浩二(※)さんが歌った『夏の終りのハーモニー』。選曲理由、1回この前ハモったら、とても気持ちがよかったので。
斉藤 カラオケでね、1回だけやりましたね。
岡村 発売しようっていうぐらい盛り上がって。ちょっと今日やってみましょうか。
斉藤 季節、全然関係ないっすけどね。正月から、夏の終り。素晴らしい。
岡村 心は常夏ってことでね。

※玉置浩二
1958年、北海道生まれ。シンガーソングライター。82年に安全地帯としてデビュー。『ワインレッドの心』、『恋の予感』、『悲しみにさよなら』など80年代の音楽シーンを席巻。ソロ活動でも『田園』をはじめとする多くのヒット曲がある。96年には、大河ドラマ『秀吉』に出演するなど俳優としても活躍。

♪岡村靖幸と斉藤和義『夏の終りのハーモニー』

自分の曲作りに生かしたいもんだな

♪斉藤和義『オートリバース』

岡村 今夜は斉藤和義さんとお送りしてきました。楽しかったですね。とてもいい時間だったと思います。大変なことですよ。1曲を作りあげるなんてことは、歌詞を作って、曲を作って、それができたっていうのは、本当に得難い時間でした。
斉藤 楽しかったですね。
岡村 歌詞が整ってく感じとか、聴いてる人が楽しんでくれたらなと思うんですけど、かなりね、聴いてる人たちにとってはゴージャス……というか。こんな時間でこの二人の曲が完成していくまでを聴けたことは。
斉藤 岡村ちゃんとだからやれますけど。もしそんなに知らない人からとか、一人で番組で1曲作ってくださいって言われたら……。まあ、受けないですよね。事故りそうだし。岡村ちゃんとだったら、まあ、なんかできんじゃないのって思ったり、そこでなんか断るのも、ね……。次、飲みで会った時に、なんかちょっと……よそよそしくなるんじゃないか。
岡村 いや、そんなことは全然ないです。
斉藤 でも、わりといい曲ができましたね。
岡村 はい（笑）。どう転ぶか。ほらね、体調もありますし、いろんなコンディションがあるし、風向きもあるしね。だから……、賭けでもあるわけです。我々ベテランでもありますけども（笑）。

岡村&斉藤　（笑）。

岡村　その賭けに乗ってくれたことは、ありがたいと思いますね。それをみんなが聴いてるわけでしょ。本当にプライスレスな時間だったと思いますよ。あとで噛みしめてください。

岡村&斉藤　（笑）。

岡村　こうやって、ものって作られていくんだとか、整えていくんだとか、二人の奮闘しているいろんな駆け引きもありますしね。それが、どんな感じでまとめられるのかはわかりませんが、エキサイティングでした、僕は。

斉藤　俺もです。混ざるのが面白いですね。なるほどなーって。歌詞までできたってのがすごいですね。というか歌詞からできたってのがね。こういう気楽さを、自分の曲作りに生かしたいもんだなと……。

岡村　いやー、本当だよね。自分のになるとそうともいかなくてね。

斉藤　これがこのままか、ちょっと手直しされたのか、さらにそれっぽくなったやつが……岡村和義なのか。斉藤靖幸なのか。

岡村　はい……リリースをにらみながら、ね。

斉藤　もうちょっといいのもできる、入り口の……。

岡村　一瞬でこれ作ったわけですから大変なことですよ。

斉藤　そうですよね。そうだそうだ！

岡村　そうだそうだ！

斉藤　耳かっぽじって、聴きやがれコラー（笑）。

岡村　新年早々ね。お正月。お年玉第2弾として、僕たち二人で作りました『春、白濁』。新曲をお聴きいただきたいと思います。斉藤和義さん、お正月から楽しい時間になりました……。本当にありがとうございます（笑）。

斉藤　ありがとうございます（笑）。楽しかったです。

♪岡村靖幸と斉藤和義『春、白濁』

本当にプライスレス、尊いこと、素敵なこと

岡村　今回もみなさんからの、ご質問、ご相談。わたくし岡村靖幸なりにお答えしていきたいと思います。それでは、読んでみましょう。

「私は仕事で思うような結果が出せなかった時、くよくよして気にしてしまうことがあります。忘れて次に進もうと思えば思うほど、前に進むのが怖くなってしまいます。岡村さんは、普段くよくよすることはありますか。どのように気持ちを切り替えてますか。秘訣などありましたらぜひ教えてください」――東京都・女性

岡村　気に病む、みたいなことはあるでしょうね。そのくよくよしてしまうことが深刻なことなのか、それともまあまあ、みたいなことなのか、人との軋轢のことなのか、自分自身のことで、「私、もっとこうだったらなあ、くよくよ」みたいなことなのか。それぞれ対処法が違うと思いますが、

よくあることが、人との対峙ですね。この人こんなこと言ってくる。職場でこんな人がいる。例えば人間同士なのでね、肌が合う、合わないとか、いろんなことありますよね。相手の言う、ちょっとしたひと言で、一日中気分が悪い。そんなこともあるでしょうね。それはね、誰でもあることです。そういう時の対処法としては、例えばそれが仕事場だったとしましょう。その場合は、そういう人が仕事場にいるということからは逃れられないので、いくつかの方法があります。深刻なのであれば、それを相手に言うというのも一つの手です。「こういうことを言われて、私、傷つきました」とか「すごく悲しく思います」と。「何気なくおっしゃったんでしょうけど、私にとっては一日中うーんって思うぐらい悲しい気持ちです。残念な気持ちになってます」と言ってしまうのも手です。

で、それほどじゃない、「なんだかなー」ぐらいのことなのであれば、お酒飲んでみたり、NHKのテレビ見たり、ラジオ聴いたり、美味しいと思うもの食べてみたり、気分転換してみたらどうですかね。

大事なことだから言いますけども、62%ぐらいの大体のことは、寝れば直りますね。だから、その日思い悩むっていうよりも、まず寝て、次の日起きてもくよくよするのか、というロングタームでその悩みを考えてみてください。点で考えると、結構悩みっていうものは苦しいものですが、今日寝て、明日も、2日ぐらい夜を過ごして、それでも同じぐらい苦しむことなのかどうなのか、っていうふうに捉えてみてください。そうすると、自分が整うと思います。

どうでしょう。

「いつも夫とライブに行かせていただいております。私が悟ったことは、女性は男性の言葉に弱い、ということです。何かの本で読んだのですが、男性は目で恋をして、女性は耳で恋をする、という言葉に、ものすごく反応してしまいました。私は旦那さんの、何気ない言葉の数々に惚れてしまい、結婚しました。見た目は地味でごく普通の男性なのですが、とても知的でいろいろな知識があり、でもそれをひけらかすこともなく、私が質問した時にだけ答えてくれます。教えてくれます。結婚して20年ですが、前と変わらず、いつも優しい言葉をかけてくれて、とても感謝してます。飾らない相手を思いやる言葉は本当に大切ですね。これからも旦那さんが笑顔でいられるように、努力したいと思っています」――新潟県・女性

岡村 いい話ですね。それを悟ったんですね、この方は。例えば、結婚となると長いわけですからね、いろんな時期もあるでしょう。一緒に生活するわけですからね、いいところだけを見るわけじゃなくて、生の自分と相手は対峙していくわけですから。寝るところ、起きてるところ、いろんなところを見るでしょうね。生理的なこと……もいろいろあるでしょうね。そういうことも全部乗り越えて、こうやってこの方みたいに、旦那さんが笑顔でいられるように努力したいって思う、というぐらい、素敵な相手と結婚できたことはハッピーですね。僕ほら、「結婚への道」(※)

を６年間くらい連載していたので、いろんな人と対談して、いろんな人がいましたよ。でも、この方みたいなことを言う人はね……。まあ、稀有でした。こういうね、境地にたどり着けたことは、本当にプライスレス、尊いことだと思います。素敵なことですね。

※「結婚への道」
２０１２年９月から18年４月まで雑誌『GINZA』（マガジンハウス）にて連載。一度も結婚をしたことのない岡村靖幸が、結婚経験者（あるいは独身主義者）に「結婚とは何か？」をインタビュー。書籍『結婚への道』『結婚への道 迷宮編』の２冊にまとめられている。

岡村　みなさま、どう思いましたかね？ それぞれのハガキにちゃんと、答えられてましたかね？ 僕なりに。みなさんが納得してくれたら嬉しいなと思うんですけども。……どうでしょう。では、今夜お越しいただきました斉藤和義さんの新しいアルバム（『202020』）にも収録されてます、この曲をお届けしたいと思います。

♪斉藤和義『いつもの風景』

岡村　みなさん、今日どう感じましたか？ 聴いて楽しかったですかね？ 斉藤和義さん、素敵でしたね。斉藤さんはね、ここ数年、仲よくしてますけども、僕はね、今日聴いた人は思ったかもしれませんけども、飄々としていながら色気もあり、ね。簡単にこういう人だって言えないような感じですけれども、なにせ魅力的な人で。人望もあり、ね。いろんな人が慕ってるのは然もありなん、という感じです。僕個人は、いろんな曲が好きなんですけども、『マディウォーター』とか『オートリバース』とか、今でもそういう曲はよく聴いていますね。そういうところにも、彼の色気や優しさみたいなものも溢れてるような気がします。今年の抱負はですね、元気に、朗らかに、楽しくやっていきたいなと思っております。こんな感じで煙に巻きながら、生きていきたいなと思っております。

『春、白濁』、斉藤さんの個性、僕の個性がどちらも生かされた曲ができて、とても面白かったですね。我々２人としては、まあ、いつかリリースできたらいいな、と思っています。
　番組では、お正月の話もしましたね。僕は変わらずお正月っぽいことはまったくせず、お雑煮も食べません。女性の下着の話とかもしましたが、彼との会話は、まあ、いつもあんな感じです。斉藤さん、ラジオを一日中流しっぱなしにしていると言っていたのも印象的でした。斉藤さん、宇多丸さんとの回はとくにＮＨＫでも評判がよかったらしく、刺激的な番組を作ったと褒めていただけたのも嬉しかったですね。
　それと、とにかく斉藤さんは色気があってかっこいいので、プロデューサーさんがポーッとしちゃってね。そんなにわ

かりやすくポーッとしてんじゃないよ！　とか僕は思って
ましたけどね（笑）。

岡村靖幸のカモンエブリバディ

#05

2020年8月11日放送

ケラリーノ・サンドロヴィッチさんとラジオコントの会議をします

「お客様のためにもの作りをしている表現者もいるでしょ。
僕の場合はどっちかっていうと、
自分が楽しくなかったら
お客が楽しんでくれるわけないという考え方だから、
まずね、自分が自分に合格点をあげられるか
どうかっていうことなんですね」

CONTE

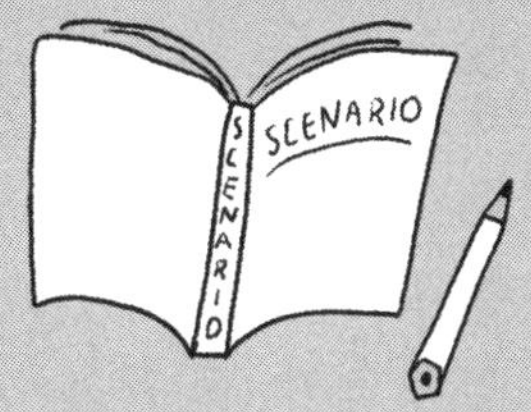

ケラリーノ・サンドロヴィッチ

1963年、東京都生まれ。劇作家、演出家、映画監督、ミュージシャン、俳優。82年、バンド「有頂天」を結成し、83年に自主レーベルであるナゴムレコードを立ち上げる。85年、「劇団健康」を旗揚げし、演劇活動を開始。92年解散、93年に「ナイロン100℃」を始動。99年、『フローズン・ビーチ』で第43回岸田國士戯曲賞を受賞し、現在同賞の選考委員を務める。2018年秋の紫綬褒章をはじめ受賞多数。鈴木慶一との音楽ユニット「No Lie-Sense」、妻である緒川たまきとの演劇ユニット「ケムリ研究室」など、活発に活動中。

日本でも海外でもミュージシャンの方で、歌をやりながら役者としても成功している人や、逆に役者さんで音楽でも成功している人たちを見ていて、掛け持ちできるのが不思議だったんです。羨ましいなと思って、演技ってどのくらい難しいんだろうと興味があったので、そこにズームしてみたいというのが入り口でした。

　たまーにプライベートの場で役者の方や映画監督の方に会うと、「どう？（やってみない？）」みたいなことを聞かれることがあって。それに対して、「まずレッスンを受けないと無理」とずっと言ってきたんです。で、まあレッスンを1回受けてみようと思ったのがきっかけです。

　それでケラリーノ・サンドロヴィッチさんにオファーをしたんですが、新型コロナウイルス感染症の影響でなかなかスケジュールが合わず、企画会議をすることになりました。この頃から、「コロナの時代」が始まったことがわかりますね。

まだシナリオを書けない

岡村　みなさま、いかがお過ごしでしたか。岡村靖幸です。２０２０年はコロナ、そして大雨とさまざまな災害が起きてますね。まさに未曾有の時代になっておりますが、どんな感じなんでしょうかね。ここでも話しましたけど、みんながね、収束のタイミングを含めてまだシナリオを書けないタイミングなので。ストレスを感じたり、不安になったりする人もたくさんいると思います。そして被害に遭われた方はね、みなさまに本当に心からお悔やみ申し上げたいと思っております。

　またＮＨＫですけど（笑）、前ね、ＮＨＫ特集で見ましたが、免疫力を上げるのが大事だと。で、免疫力を上げるには、睡眠。そして、ストレスを溜めないこと。そして、食事ですかね。ちょっと忘れましたが。とりあえずね、ストレス。ストレスが意外と免疫力を下げるそうなので、この番組でも聴きながら、少しでも癒やされたり、面白い気持ちになってもらったり、楽しんでもらえたりして、気分転換していただけたらなと思ってる次第です。

　ということで、今回は大型連休にお送りする予定でした、ケラリーノ・サンドロヴィッチさんをゲストにお迎えして、お届けしたいと思います。番組にたくさんのメールをいただいております。


「岡村ちゃんの声が大好きで、ラジオから聴こえる声がとても心地いいです。岡村ちゃんに質問があります。断捨離しようと思うのですが、なかなか捨てられないものがあります。岡村ちゃんが捨てようと思っても捨てられないもの、または今まで引っ越しても必ず残してある、お気に入りのものがあれば教えてほしいです」――宮城県

岡村　ものをそんなに捨てないほうですし、そんなにめちゃめちゃ収集癖みたいなものもないんですが、心理的にも自分の職業上ですかね、CDやアナログレコード、音源みたいなものは、やはり廃棄……っていうものにはなかなかなりづらいですね。うーん、そんなに断捨離するタイプではありません。

「コロナで自粛になった期間、私は今まで作ったことがない料理に挑戦したり、いつもはできなかったところの掃除をしたりしていました。家族全員で食卓を囲めるようにもなり、コロナでもなんとも幸せな不思議な気持ちになったりもしました。岡村さんは以前の放送で、『今は吸収の季節』とおっしゃってましたが、どんなことを吸収されていたのでしょうか」
——高知県

岡村　いろんな本やマンガを読んでました。マンガでいうと、『聲の形』（※）という、数年前のマンガですかね。最近のではないと思いますけど、それを読んで、こんな面白いマンガがあったんだなと。よくこういう題材でこれだけエンターテイメントなマンガになってるなあ、と思って感心したし、感動もしました。読んだことない人はぜひ読んでみてほしいなと思います。詳しい内容は話しませんが。

※『聲の形』
大今良時によるマンガ作品。『別冊少年マガジン』2011年2月号に、リメイクされた作品が『週刊少年マガジン』13年12号に掲載され、以降36・37合併号から14年51号まで同誌に連載された。第19回手塚治虫文化賞新生賞受賞。16年にはアニメ映画が公開された。

大貫妙子さんが、白菜スープが免疫力も上がるし、とても健康にいいとおっしゃってたのを、僕も真似してね、毎日に近いぐらい白菜スープを作っております。作り方としては、やはり白菜自体に非常に水気があるので、土鍋の中に水をほんの少し入れて、温度を低めに設定して、白菜をざく切りして入れて、塩とかで調える。たまに豚肉の細切れを入れる、みたいな感じのスープをよく作って食べてますね。あと、スイカも季節っていうこともあって、よく食べてますね。枝豆も。スイカ、枝豆に関して言うと……そんなに意識はないですけど、体にいいんじゃないですか？　きっと。

あと、タンパク質を摂ることが大事らしいですよ。だから気をつけて、良質なタンパク質を摂るようにしてますね。豆類。あと、鶏肉などから摂るようにしてます。もちろん健康にもいいですし、美容にもいいんですが、筋肉とか身体を動かしたりすると、そのぶん体の中のタンパク質が減るわけですよね。で、肌、髪の毛、全部これタンパク質ですよね。だから自分の健康及び、みずみずしさみたいなのを失わないためには、タンパク質……（笑）。ということをいろんなところから聞きました。だからみなさんもね、タンパク質、それなりに心がけていただければなと、思っております。

コロナ禍にならなかったら作れなかったもの

岡村　今夜のゲストをご紹介します。東京都出身、劇作家、演出家で、映画監督。そして、音楽家で劇団も主宰することの方。ケラリーノ・サンドロヴィッチ（以下、KERA）さんを、スタジオにお迎えしています。

KERA　どもども、ようやく来られました。よろしくお願いします。

岡村　ありがとうございます。お忙しい中、もう分刻みのスケジュールですね。

KERA　そんなことない（笑）。今日だけなの、今日だけたまたま。

岡村　ピンク・レディー（※）ですか？

※ピンク・レディー
ミーとケイによる伝説的なアイドルデュオ。中学校の演劇部で出会った二人は、オーディション番組『スター誕生！』を経て、1976年に『ペッパー警部』でデビュー。その後、『サウスポー』『UFO』などリリースする曲がいずれも1位を獲得。多忙でその活動スケジュールは過密だった。81年に惜しまれつつも解散。

KERA　いやいや、今日だけ。嫌味だね（笑）。

岡村　KERAさんとは結婚にまつわるインタビューの本（『結婚への道』→P・96）で対談させていただいたりとか。

KERA　しました？　結婚。

岡村　してないんですよ。残念ながら……（笑）。

KERA　してない（笑）。知ってますけど（笑）。

岡村　あと、飲み会の席でたまにお会いしたり、僕は舞台を観させていただいたり。そんな関係ですね。

KERA　偶然に飲みの場でね。別にわざわざ「飲みに行こうぜ」って連絡取り合って行くわけじゃないんですけどね。

岡村　はい。演劇の方がよく集まるようなところで、たまーに、お会いさせていただくようなことがありますが。今回コロナでね、多大な、いろんな……影響っていうか、エンタメ業界はいろんなことが起きてますが、KERAさんは二つの公演が飛んでしまったらしいですね。どんなことを、今、感じられてますか。

KERA　いやー、もう日々まいったなと思って、状況とにらめっこしているんですけども、なかなか「よしこれでもういいほうに向かってくだけだぞ！」っていうふうにはならないから。でも公演の日程は決まってるから、それに向けて準備はしなきゃいけないわけですよ。これできないかもしれないな、なんて思いながら準備すると、やっぱりネガティブになっちゃうと……いいものはできないし、やってても楽しくないから、やれると信じて、日々進んでますけどね。

岡村　例えば、KERAさんはいろんなことやられるから、舞台以外の音楽活動や、例えば映画作るとか、ドラマ作るとか、そっちのほうにシフトしていって、舞台からは少し距離を置く、みたいなことも考えたんですか？

KERA　具体的には考えてないですね。でも、もし本当に2年間、舞台が絶対できないみたいなことになったら、何か考えるでしょうね。やっぱり舞台が好きなんですよ。音楽のライブも好きですけど、生身の人間を前にしてやるっていう、ライブが大好きなんで。なかなか、よし！ じゃあ映画やりゃいいやというふうには思えないですね。

岡村 わかります。観客がいて、こんなふうに反応してくれたんだ、ってこちらもモチベーション上がるし。先月には、『PRE AFTER CORONA SHOW リーディングアクト「プラン変更～名探偵アラータ探偵、最後から7、8番目の冒険～」』（※）と、コント映像作品『PRE AFTER CORONA SHOW The Movie』（※）の二つの無観客上演・配信をやって。

※『PRE AFTER CORONA SHOW リーディングアクト「プラン変更～名探偵アラータ探偵、最後から7、8番目の冒険～」』
※『PRE AFTER CORONA SHOW The Movie』
ともに2020年7月11日、東京・本多劇場で緊急事態宣言解除後、初の観客入れ「公開ゲネプロ」、翌日に配信された。出演：古田新太、大倉孝二、入江雅人、犬山イヌコ、他。前者は、作・演出：ケラリーノ・サンドロヴィッチ。後者は、脚本・構成・総合演出：ケラリーノ・サンドロヴィッチ／共同脚本：ブルー&スカイ、他。

KERA ごめんね、長くて（笑）。

岡村 どのように感じたり、どこかにたどり着けたとかありました？

KERA これはね、コロナが流行って、若手の劇団、演劇人とかはもう早々にリーディングとかね、配信をし始めたんですよ。なんとなく、なんかやんなきゃいけないのかなと思いながらも、今も言った通り、生身の、生の観客を前にしないで、なおかつ、なんて言うのかな……。自分らしいもので、人がやってないもので、何かやりがいがあって、というものを具体的に実際やれるかなってことを、悶々と考えてた挙句、無観客でリーディングの公演と、ゲネプロ（通しリハーサル）を100人ちょっとの観客に見せたんです。あともう1本は、モンティ・パイソン（※）みたいな映像のコント集を作ったんですけどね。

※モンティ・パイソン
イギリスの代表的なコメディグループ。グレアム・チャップマン、ジョン・クリーズ、テリー・ギリアム、エリック・アイドル、テリー・ジョーンズ、マイケル・ペイリンの6人で構成される。1969年から始まったBBCテレビ番組『空飛ぶモンティ・パイソン』で人気を博し、その後もライブ、映画、舞台劇等で活躍の場を広げた。

岡村 ああ、いいですね。

KERA ただ、でもこれはこれで、絶対こういうふうにならなかったら作れないようなものだったんで、すごくやった意義はあったかな、と思ってますけど。

岡村　あと音楽活動も活発になさってて、4年ぶりのアルバムを？

KERA　鈴木慶一さんとやってるNo Lie-Sense（※）としての4年ぶり3枚目のアルバムですね。

※No Lie-Sense
2011年に無期限活動休止を宣言したムーンライダーズの中心メンバー鈴木慶一とKERAが、13年に「さほど意味のない音楽」を作ろうと意気投合して結成したユニット。ユニット名は二人とも運転ライセンスを持たないことに由来している。20年7月3rdアルバム『駄々録～Dadalogue』をリリース。

岡村　そうですよね。

KERA　このユニットの打ち上げの時に会ったよね？　飲み屋で。

岡村　会いました。僕は関係なかったんですけどね（笑）。スタジオが近いんでね。

自分に合格点をあげられるかどうか

岡村　それでは、いただいたメールを読みたいと思います。

「先月配信されたKERAさんの舞台作品2本立ては、とにかく面白かったです。こんなに涙が出るほど笑ったのはいつぶりだろうと思いました。ニュースは悲しい出来事ばかりで、まだまだ安心して過ごすことのできないご時世、私はなかなか仕事に集中できない時があります。お二人は、日々の創作活動の中で、どのようにメンタリティを保っておられますか。ライブや舞台が1日でも早く再開できる日がくることを願っております」――東京都

KERA　ありがとうございます。どうですか？

岡村　いや～。

KERA　なんか、ソワソワしない？

岡村　う～ん。

KERA　集中できなくない？

岡村　なんかこう……他のところでもちょっとしゃべったんですが、シナリオが見えない。

KERA　うん、見えないですよね。

岡村　ここで、大体6ヵ月後に収束したとして、じゃあそれに向けて我々は整えていけばいいんだとか、いや～、1年半かかるの？　とか、それが見えないから。

KERA　いろんな人がいろんなことを言うからね。

岡村　で、自分の心も、自分の仕事のやり方も、整え方がわからなくなって。変なフェイズに入ってるなと思って、悶々としております。

KERA　僕も似たようなもんですよ。で、やらなきゃいけないから稽古したり、台本書いたりしてるけど、具体的に用意されなかったら、たぶんずっと気が散った状態で、悶々としてると思うな。

岡村　うんうん。でも、KERAさんが音楽活動やこういう舞台の活動をしてることは、人をすごく幸せにすることだから、とても尊いことだから。こういう状況であろうがなかろうが、やはり大事なことだと思うんですよね。

KERA　そう……なんだろうね。ほら中にはさ、お客様は神様です的な、お客様のためにもの作りをしている表現者もいるでしょ。僕の場合はどっちかっていうと、自分が楽しくなかったらお客が楽しんでくれるわけないという考え方だから、まずね、自分が自分に合格点をあげられるかどうかっていうことなんですね。

岡村　大事ですね。

KERA　それがね、年々その査定が厳しくなってきて、自分に対する査定が。

岡村　あ、そうですか。でも、大事なことかもしれませんね。それでは1曲、聴いてみますか。KERAさんのほうでご紹介お願いします。

KERA　はい。No Lie-Senseの出たばっかりの新譜。『駄々録～Dadalogue』というアルバムから、『マイ・ディスコクイーン』を聴いてください。

♪No Lie-Sense『マイ・ディスコクイーン』

岡村　KERAさんにお越しいただいたことにはじつは理由があります。ぜひ、ラジオドラマとか、ラジオコントに挑戦してみたいということで、いろいろとご指導いただきたいと思っておりました。

KERA　これ、最初1回コロナで飛んで僕が来られなくなっちゃったけど、前回お話をいただいた時はものすごい暇だったんですよ。コントを作りたいってことで、実際に番組の中で、いろいろコントについて、ずっと延々話して、最後に1本できたコントを、1分でもいいからオンエアできたらいいなと思ったんだけど。俺、もう忙しくなっちゃって（笑）。

岡村　らしいです。すごいですね。

KERA　今日はね、もうなんにも考えて来てないので（笑）。なんか……あるんすか？　具体的なものは？

岡村　今回は会議だけでもできたらなと思うんですよ。僕はまったくそういうことはわからないので、こういうものだよ、みたいなことも含め。KERAさんのほうでは『スネークマンショー』（※）みたいにすればいいじゃんと思ってるそうで、僕はいくつかコントネタみたいなものを用意しました。

※『スネークマンショー』
小林克也、桑原茂一、伊武雅刀によるユニット名であり、そのラジオ番組名。1975年にプロジェクトを開始し、翌年からラジオ番組がスタート。80年の番組終了後は、オリジナルアルバム『スネークマン・ショー』やYMOとのコラボアルバム『増殖』をリリースして人気を博した。

KERA　すごい！　そもそもなんで、こういうコントをやりたいの？

岡村　まずね、この番組で毎回挑戦をしてるんです。例えば前々回だとラップだったりとか、前回だと斉藤和義さんと曲を作ってみるとか。あと、季語がある、俳句もやりました。そうやっていろんなものに挑戦してるんですけど、演技っていうか、こういうコントみたいなものを、ちゃんとじゃなくて簡単に挑戦すると、どういうものになるんだろうと思って。

KERA　なるほど。だから音だけのコントってさ、当然ながら音だけだから、『スネークマンショー』が秀逸だったなと思うのは何度でも聴きたくなるじゃん。あれは、フレーズ感がとてもいいんだよね。真似したくなる。例えば「だーれー」とか「どれにいたしますか」とかさ（笑）。それが一つのコントで何度も何度も出てくる。リフレインなんですよね、基本的に。

岡村　音としての快楽があるんですね。

KERA　そうなんです。で、やっぱりどんどん片側のテンションが上がってく、っていうような繰り返しだから、たぶんそれを見つけられれば早い。「おう亀、シンナーに気をつけてカベ塗んな」「わかりました親方」っていうのをただ繰り返してるだけなんだけど。

岡村　繰り返してるだけでしたね。

KERA　だんだんだんだん……シンナーにやられてく……。

岡村　笑い始める。

KERA　そうそうそう（笑）。だからそれってさ、原稿にすると2行じゃない？　でも、かけるXって、そういう考え方でいけば、起承転結のあるものになるかと。例えば、演劇的なコントを作ろうとすると大変だけども、そういうものであれば、一人二役でもできるしさ。なんなら一人ででもできないことはないと思うんですけどね。

岡村　やってみたいですね。で、指導してほしいんです。それをドキュメンタリーにして、この番組として成立させたいんです。

KERA　なるほど、なるほど。

狙ったセリフに聞こえる演出

岡村　お願いしたいのは、演技指導ですね。

KERA　演出っていうか、芝居ってしたことないんでしたっけ。ドラマとかなかったっけ。

岡村　ないですね。いやー……若い時になんかそれらしいことはありましたけど、なんの演出も入ってない……。

KERA　あー、おまかせ。

岡村　ただただ、おまかせドキュメンタリーみたいなものだったので、きちんとやるとどういうふうになるんだろう、と思って。あの、モヤモヤ思ってることがあって。なんで、ミュージシャンって言いながら、演技も本当にうまい人たちがいるんだろうと思って。僕はまったくそういうのはできないし、やる自分もまったく想像つかないし、一体そういうことをやるのってどれくらい難しいことなんだろう？　と思っているんです。

KERA どう取り組むかとか、何を求められてるかとかにもよるよね。鈴木慶一さんなんて、結構たくさん出てるんだけど。1年ぐらい前に、なんか教授の役で殺されちゃうんだけど、死体から出てきて、回想のシーンで生きてる時代が出てくる（笑）。慶一さんに求められてるものって、やっぱりなんかそういうお芝居しない感じなんだと思うんだよね。でも中にはね、確かにどっちが本職かわかんなくなっちゃうぐらいの人もいますからね。

岡村 いますね。

KERA 本当に演出家によって偏りがあると思うんだけど、映像の演出って、構図から作っていく人と演技をつける人の差があるぐらいで、そんなに差はないと思うのね。でも演劇はね、本当に……、「だめ、もう1回、違う」しか言わない人もいるし。僕はね、音、音にうるさいです。「語尾をもっと高く」とか「間違ったことを強調しないでほしい」とかね。ここ面白いでしょ？ とわからせるために、間違っているところを強調しちゃうんです。それをもっとさらっと言ってほしい。

岡村 いやらしくなるな、ってことですね。

KERA そうそう。「その前にブレスをしないでほしい」とか。セリフの単語の前にブレスすると、自然と……。

岡村 次の、いきまっせ、って感じになっちゃいますよね。

KERA そうなっちゃう。そういうことが多い……。だからミュージシャンはたぶん、順応しやすいと思うの。ワークショップやオーディションなんかでやるのは、例えば、無音の部屋でオーディションをするんだけど、空調の音とかが聞こえるわけです。その空調の音を、口でやってみてとか、ファックスの送信音を録音しておいて、それを聞かせて、これと同じ音でやってみてとか（笑）。音痴な人はただ「プルルル」とか「ピー」とか鳴る音を真似するだけで。そうじゃなくて、「（低く）ピーじゃなくて、（少し高いトーンで）ピー、プルルルル」でしょっ、と言う。そういう音が聞き取れるかどうか。

岡村 なるほど、なるほど。

KERA すべての音には音程があるんだというようなことを、まずわかってもらえると、もうどんどんそこのまん中のセリフをもっと強くして、高くして、ここ切らずにひと息で、とか言う。でも、それってデジタル演出のようだけど、それを施すことによって、なんて言うのかな、狙ったセリフに聞こえるんですよ。あとは、その人の癖を生かすみたいなのもあるけどね。

岡村 勘のよさみたいなのはどうですか。例えば、劇団に入ってらっしゃる方で、もう最初からこの人すごかったとか、最初はそうでもないんだけど、トレーニングすることによって本当にすごい人になったとかありますか？

KERA 劇団で言うと、自分と一緒に始めた犬山（※）とかギタリストだったし、みのすけ（※）なんて、当時、筋肉少女帯でドラムを叩いてたんだけど。一緒に始めた人たちは、僕と一緒に成長していった感じ。当時は、俺もなんて言ったらいいかわからなくて、「なんか違うんだよ」とか「面白くないよ」とか言ってたから。例えば、途中から入ってきた大倉孝二（※）とかは、ある時化けたんだよね。

やっぱり、ちょっとした役で自信を持てると、「あ、ウケるじゃん、これ」みたいなふうにどんどん変わるから。だから、役者はいい気になれることも結構大切かもしれないですね。調子に乗らせるっていうか。

※犬山
犬山イヌコ→P・143

※みのすけ
1965年、東京都生まれ。俳優、声優、ミュージシャン。ナイロン100℃所属。かつて、有頂天、筋肉少女帯、ガガーリンにドラマー、美濃介として在籍。

※大倉孝二
1974年、東京都生まれ。俳優。ナイロン100℃所属。映画『ピンポン』のアクマ役で注目を浴び、その後大河ドラマ『新選組!』やバラエティ番組にもレギュラー出演するなど、活躍の場を広げている。

岡村 あー、なるほど。

KERA 調子に乗ったりしないでしょ。

岡村 しないすね。

KERA なんかわりとずっと冷静でしょ？　大倉もじつはそっちのタイプなんだけど、彼が化けたなと思うちょっと前に若手の公演をやって、その中に大倉は選抜されなかったの。で、大倉が観に来てたから、「これ、自分がやるとしたらどうだよ？」って聞いたら、「いやいや僕なんかまだまだ」と。そこがダメなんだよなーみたいな（笑）。

岡村 あー、そうですね。なんか調子に乗る力みたいなものも必要かもしれませんね。

KERA だからと言ってね、なんかジャズの人みたいに酔っ払ってやられてもね。

岡村 確かに、確かに。演技やコントっていうのは、僕にとってはかなりハードルが高いんです。だから、笑えるだろうなと思ってるんですよね。

KERA なるほど、聴いてる人が。

岡村 僕が苦しんでいるところが。

KERA あー、そこまで考えてるんだね。

岡村 例えば、「昔NHKであった『未来からの挑戦』（※）みたいなのをちょっとやってみて」とか言われて。未来から来た少年の役、っぽいことを言うんですけど、だんだんボロが出るわけですよ。それが笑えてしまう、みたいな。

※『未来からの挑戦』
1977年に全20話が放送されたNHKのテレビドラマ。少年ドラマシリーズの一作で、眉村卓の小説『ねらわれた学園』『地獄の才能』を原作に制作された。主演は佐藤宏之。

モテって難しいでしょ？

KERA 別に経験したわけじゃなく、頭の中で考えたの？

岡村 で、それをこう演技指導していくみたいな様子が笑えるかなあ、と。

KERA そこまで頭の中でシミュレーションできるっていうのは面白いですね。

岡村 作る側としての頭はあるんですけどね。いろいろアイディアは浮かぶんです。いざ、それを演じてみてと言われたら、もう頭がまっ白になりますけど。

KERA うんうん（笑）。

岡村 で、そちらにネタがあると思うんですけども。

KERA あ、これか。すごいいっぱい書いてある。これ全部アイディアなんだ。伝えてく？（笑）でも、読んでもわかんないか（笑）。

岡村 『スネークマンショー』を意識して書いてます。例えばね、80年代感、ニュー・ウェイヴの、例えば伝説の関西のパンクロッカーのPhew（※）さんのインタビューをコントにするとか。

KERA （笑）。Phew……具体的だね。

※Phew
女性ロック歌手。1979年にアーント・サリーのメンバーとしてデビュー。パンク・ロック、ニュー・ウェイヴ、電子音楽のジャンルで活動を続けている。

岡村 あと例えば、えーっとナイロン（100℃）がオーディションをやった時の現場をちょっとコントふうにするとか。

KERA うんうん。

岡村 あと、『スネークマンショー』でありましたよね。連続ドラマとかコメディとかホテルのCMとか。

KERA あー、あったあった。

岡村 「モバエモン」っていう、何かにつけてモバイル系ばっかり出して、安直に夢も、もう機転も利かないバラエティみたいなやつとか。夢がない「モバエモン」とかね。

KERA なるほど、なるほど（笑）。

岡村 あと、日本の大金持ちベスト3に共通点を見つけて、お金持ちの秘密を暴こうとするとか。あと、何ですかね。ここに書いてあるような、いくつかのことですね。

KERA これ、こぶ平（※）について（笑）。不思議とモテる人。

岡村 はい（笑）。それについて討論する。YMO（※）の『増殖』で、最後に評論家の人たちの討論があったじゃないですか。

※こぶ平
林家こぶ平。現在の9代目林家正蔵の前名。1962年、東京都生まれ。落語家。

※YMO
イエロー・マジック・オーケストラの略称。1978年に、細野晴臣、高橋幸宏、坂本龍一によって結成されたグループ。代表曲は『君に、胸キュン。』『ライディーン』など。日本のテクノポップの先駆者であり、新しいサウンド、ファッションが社会現象となった。

83年に散開（解散）するが、93年に再生（再結成）を発表。4thアルバム『増殖』には、スネークマンショーのコントが挿入された。

KERA　「いいものもある、悪いものもある」っていう。

岡村　あれみたいに、モテる人について討論していくとか。

KERA　なるほど、なるほど。

岡村　モテって難しいでしょ？　何をもってモテって決めるのかとか、モテる人の素質っていうのは十人十色だし、それについて笑える感じで討論する、みたいな。

KERA　でもこれ、取っ掛かりにしてはいいんじゃないですか。一応、単純な短いフレーズを、いくつか考えてきて、できれば何か効果音を加えたりとか。もしかしたら、ここで生でできる効果音とかでもいいかもね。

岡村　いいですね。

KERA　机を叩く音とかで成立するようなものだと、たぶん次回（#08）は具体的にできるんじゃないですか。

岡村　確かに。でもそうかもな。

毎回新鮮にお芝居ができる役者のすごさ

岡村　ここでメールを。

「岡村ちゃんがラジオコントをしてみたい、だなんて大賛成です。私の想像を超えていてさすがです。KERAさんに質問ですが、テロップやコミカルな動きなどで、笑いにもっていくことができない分、ラジオコントの脚本はどんなポイントがあるのでしょう。いたって真面目にやっているのに、そこはかとなく面白みがあるのも岡村ちゃんっぽいなと思ったりしますし、落語のようなオチに向かって緊張感が増すようなドキドキするのも聴いてみたいなと思います。それともコントだと複数人が出てくる脚本になるのでしょうか。いろいろ想像を膨らませて放送日を楽しみにしています」

――東京都

KERA　「落語のようなオチに向かって緊張感が増すような」って。これは俺も聴いてみたいけど。

岡村　ものすごくハードルが高いっすね（笑）。

KERA　そう一朝一夕にできるもんじゃないですよ。

岡村　全然できるもんじゃないですね。現実的にね、次回にちゃんと一つの作品になるぐらいのクオリティにしておくってことですね。

KERA　僕もその時は一つ二つ、短いもの考えてきますよ。いろんなやり方があると思うんですけども、さっき言った、短い設定が何度も何度も繰り返されるみたいなものの場合、やっぱり振り回される側をやったほうが楽しいでしょうね。ずっとボケてる人よりも、それにイライラしていく、みたいなほうが。

岡村　はい。（小声で）難しそう……あのー、例えば、それってKERAさんが相手役をやってくれるんですか？　それとも、誰か一人……。

KERA　誰もいなかったらやってもいいですけど（笑）。

岡村　本当ですか！　お願いします。

KERA　自分ができる範囲のものを書こう（笑）。

岡村　それはそれで、貴重で楽しそうですね。

KERA　もう僕、最近やってないからね。自分が役者として舞台に出ると、演出家としての目を失ってしまうので、もうドキドキしちゃって。歌うよりはるかに緊張する。よく役者さんはセリフとか覚えて、あんな毎回、毎回リセットして、新鮮にできるなあって。でもリセットしないと結局……嘘になっていっちゃうもんね、芝居がね。それが役者さんの一番のすごいところだと思います。

岡村　なるほど。でもモンティ・パイソンとかもね、全部自分たちで脚本を書いて、自分たちで演じてるじゃないですか。

KERA　あの人たちはすごいですね。まあ、インテリ。オックスフォード（大学）とケンブリッジ（大学）。で、みんな医者か弁護士の免許を持ってるんだよね。作家が役者やってんだか、役者が作家やってんだか、よくわからないですけどね。なんだろうな、あれだけいるとさ、一人ぐらいへたくそな人いてもいいようなものの、本当にみんなうまい。

岡村　テリー・ギリアム（※）でさえも、うまいですもんね（笑）。

※テリー・ギリアム
1940年、アメリカ・ミネソタ州生まれ。映画監督、アニメーター。モンティ・パイソンのメンバーの一人。主な監督作品に『未来世紀ブラジル』（85）、『12モンキーズ』（95）などがある。

KERA　そう。テリー・ギリアムでさえうまい（笑）。ちょっとね、飛び道具みたいなところに使われがちだけどね。

岡村　そうですね。

KERA　次回に向けても、あんまり事前に打ち合わせとかせずに……オンエアの中である程度作り上げられるようなやり方を選んだほうがいいんじゃないですかね。もう読み上げられる程度のものの繰り返し、みたいな。『スネークマンショー』ってまさにそうですから、ずーっと。大体二人のネタが多いし。だから、A・B・C・Dどれにしようかっていうのを選んで、あとはもうやるだけ、っていう。役作りとかがあるとしたならば、酔っ払いとか、眠い人とか、プライドの高い人、ぐらいな感じで。あんまり、バックボーンはいらないんじゃないですかね。何年どこに生まれ、みたいなことは、意味がないと思う（笑）。それでやって、やったものに対して……四の五の言えばいいんでしょ、俺が（笑）。

岡村　そうそう、それは面白そう（笑）。

KERA　「辞めちまえー！」とか言やあいいんでしょ（笑）。でも、その手のコントはたぶん、ミュージシャンの人は、あ、今ちょっと入りが遅かったなとか、自分で感じると思いますね。音感みたいなものもね、あると思いますし、さっき言った、どこか冷静なのでね。

岡村　どこか客観的だとね、そういうものの外し方や、いい意味で我の失い方みたいなのが必要かもしれませんね。

KERA うん。でもラジオコントと言えども、半分はその状況の人間になりきるというかさ、コントの人間になりきるっていうのも、おかしな話だけど、やっぱり、どれだけ全然イライラしてないのにイライラしたふりをするんじゃなくて、半分は気持ちをそこにもっていくっていうことが必要になると思うんですけどね。聴いてる人が面白いのかなあ、なんか難しいこと言ってるなって思われないようにしないとね。

岡村&KERA （笑）。

岡村 楽しみにしたいと思います。

やっぱり、ある程度もがかないと

KERA このさ（笑）、「パンクPhewのインタビュー」ってさ、具体的にどんな感じ？

岡村 いや、どんな感じなんだろうなと思って。想像もつかないんですよね。でも、KERAさんが、「こうじゃない？」「Phewさんってこうだよね」とか。真面目にこんな……っていうふうに、修正していく過程が、結構面白いかなと思って。

KERA これ、インタビューって面白いよね。俺、自分がね、スポーツ音痴で、野球とかいまだにルールがよくわからないんです。なんか遠くに飛ばせばホームランだな、とかしかわからない。例えば、まったく野球を知らない人が、ヒーローインタビュー受けるとか。で、なんか答えなきゃいけない。でも困るとかじゃなくて、しれーっと、知らないくせに答える。「ボールはあのー、バットで打ちますからねー」みたいなことを（笑）。そんな言わずもがななことを（笑）。そうしてみたら面白いね。

岡村 だから、聴いてる人は少年少女もいるでしょ。勉強になると思うんですよね。実際、KERAさんこうやって演出するんだ、とか。

KERA あー、そうですね。

岡村 だから、昔のNHKの『YOU』（※）みたいな、ちょっと勉強になるよ、という。

KERA 俺、『YOU』的な番組で、「ちょっと司会者に演出してみてくださいよ」って言われて。その時にやってた稽古の台本を読んでもらって、演出したことあるんだけど、それは公開録画であとで編集するから、「時間は延びてもいいですよ」と言われたら、1時間ぐらいやってたもんね。「もうやめてください」みたいなことになって（笑）。

※『YOU』
1982年4月から87年4月まで、NHK教育テレビ（当時）で土曜日の深夜に放送されていた10～20代に向けたトーク番組。初代司会者に糸井重里、テーマ曲に坂本龍一、タイトル画には大友克洋を起用するなど、従来のNHKにはなかった感覚が話題に。

岡村 なるほど、なるほど。だから聴いてる人のことをかなり考えて、面白いものになればな、と思っております。

KERA うん。わかりました。じゃあ、具体的なセリフを書いてきて。

岡村 ……そこからは、まあ、面白くなると思いますよ。惨めなこともたくさん起きると思います。

KERA だから、できそうもないことを書いたり、中に入れたりしてね（笑）。そこまで考えてやるならば、やっぱりちょっと、ある程度もがかないとね。

岡村 そうなんです。

KERA ね！

岡村 そこが、聴いてる人は面白いかなと思って。

KERA いいじゃないですか。一発で決まっちゃったら、ちょっと面白くないもんね。

岡村 そうですね。だから青年とかがね、勉強にもなって、あ、こうやってやるんだーとか、あ、夢があるなーとか、いろんな気持ちになると思うんですよ。演技やりたい人とか。

KERA まあ共演者一人ぐらいなら連れてきても、面白いかもしれないですね。僕は音だけのコントっていうのは、CDを作ったりしてます。楽しいですよ、それは。『駄々録～Dadalogue』も、音楽ネタと考えれば音楽ネタだし。高野寛（※）に歌ってもらって（笑）。僕と慶一さんのユニットなのに、ボーカルは高野寛っていう（笑）。

※高野寛
1964年、静岡県生まれ。シンガーソングライター。86年に高橋幸宏、鈴木慶一主宰の新レーベル・オーディションで絶賛され、翌年のツアーにギタリストとして参加。88年に高橋幸宏プロデュースのアルバム『HULLO HULLOA』でデビュー。代表曲に『虹の都へ』『ベステン ダンク』などがある。

岡村 次回までに何か準備しておくことありますか？

KERA 準備しておくことってのはとくになくて、まあ『スネークマンショー』をあらためて聴いておいてもらう……ぐらいかな。

岡村 そうすね。聴いときます。もう1回。

KERA うん。あと、自分できっと繰り返して聴きたくなるフレーズってことで、何か考えておいたほうがいいかもしれない。

岡村 わかりました、了解です。

KERA それ、歌と同じかもね。

岡村 そうですね。でも確かに、『スネークマンショー』って聴いてて気持ちいいですもんね。

KERA うん。だから別にもうおかしくはないんだけど、何度も聴きたくなっちゃうんだよね。

岡村 音感的な気持ちよさ……。あと、あれもすごくなかったですか？ スネークマンショーの『（死ぬのは嫌だ、恐い。）戦争反対！』かな。一番最後のやつで、「（囁くように）戦場から……」って。

KERA そうだね。スネークマンショーは、反戦、それから、セックス、ドラッグ、ロックンロールみたいな（笑）。タブーに切り込んでくみたいなところがあったんで。しかもなんかこう、ギリギリのところをうまーく笑いに変えるから。あれね、元ネタがチーチ&チョン（※）っていう二人組がいて。

※チーチ&チョン
チーチ・マリンとトミー・チョンによるユニット。コメディアン、ミュージシャン。1970〜80年代にかけてマリファナとヒッピーを題材にした映画や音楽で人気を博した。代表作に映画『チーチ&チョン スモーキング作戦』がある。

岡村　あー、そうなんですか。
KERA　その人たちもコントのレコードを出してるのね。それをかなり翻訳して、自分たちなりにちょっと作り替えてるとこがあって。モンティ・パイソンの血脈にある人たちなんですよ……。ただ笑えるだけじゃなくて、なんだろう、そういうものがチラチラ見えたほうが、ドキドキするかもしれないね。
岡村　はい。じゃあ次回、よろしくお願いします。
KERA　よろしくお願いします。
岡村　今夜は、KERAさんにお付き合いいただきました。最後に、今後の予定などをおうかがいしてもよろしいでしょうか。
KERA　緒川たまき（※）さんと夫婦演劇ユニットを組みまして、この期に及んで。

※緒川たまき
1972年、山口県生まれ。俳優。93年に女優デビュー。97年には、つかこうへい原作の舞台『広島に原爆を落とす日』でゴールデンアロー賞・演劇新人賞を受賞。以降、ドラマ、舞台などさまざまなジャンルで活躍。

岡村　いいですね。
KERA　「ケムリ研究室」という名前のユニットで、公演が9月に東京の世田谷でありまして、10月に兵庫に行って、北九州を回るという予定です。これもコロナ情勢との追っかけっこというか。いろいろ変更もあるかもしれませんけど、今やれることを信じて邁進してます。
岡村　なるほど。お二人、本当に仲いいですよね。
KERA　うん、仲よしですよ。
岡村　僕、お二人でいらっしゃるとこをお見受けしますが。仲いいなあって思いながら見ております。好きなものも、嫌いなものも一緒で……あっ、はい、じゃあメールを読みます。

「女優さんと暮らすってどんな感じでしょうか。KERAさんは緒川たまきさんとお仕事も一緒にされたりしていますが、職場の緒川さんは女優に見えて、家での緒川さんは奥さんに見えてるんですよね」——長崎県

KERA　職場の緒川さんは、その他の役者さんと一緒で、同じ立場に見えますね。特別に奥さんに見えるというよりも、ずーっと緒川さんは緒川さん、なんですけどね（笑）。僕、「緒川さん」と呼んでるんですよ。だから、家でも、稽古場でも、どこでもずーっと緒川さんだし。うーん、そんなに何も変わんないですけどね。

岡村　外から見てると、好きなことや大事なことが結構重なってらっしゃるんだろうなーって。

KERA　そうそう。たぶん、一緒なんですよ。嫌いなものも。

岡村　なんかそれが感じられます。

KERA　だから、楽ですよ。とても。

岡村　たまに仕事してる時なんかもきっとそうなんでしょうけど、同志的なとこもあるでしょうし。

KERA　普通に仕事上で、例えば表現の仕方とかいろんなことで衝突することはあるけど、別に他の人とも衝突することはあるから、それは当たり前のことで。特別に彼女だからどうってことでもないですね。

岡村　ＫＥＲＡさんから聞いたんでしたっけね。ＫＥＲＡさんが慶一さんとスタジオで音楽を作ってらっしゃって、たまきさんが車の送迎をして、っていう話。

KERA　そうそう。慶一さんと僕の家近いんで、よく迎えに来てもらって、緒川さんが運転して、僕と慶一さんを乗せて、高速走って帰るんですけど、その時に僕のためというよりは、慶一さんを喜ばせるための選曲をしたＣＤを聴きながら帰るんですよ。

岡村　それが絶妙なんでしょ。

KERA　それがね、もう慶一さんがね、逐一喜んで。なんていうの？　曲を調べるアプリあるじゃない？

岡村　Shazam（※）。

※Shazam
アプリケーションソフトの名称。スマートフォンやパソコンなど、デバイスに装備されているマイクを使い、短時間のサンプル音から音楽、映画、広告、テレビ番組を特定することができる。

KERA　それで全部、後部座席で調べてて。だから曲がかかって20秒ぐらいするとうしろからまたそのイントロが聴こえてくる。だから慶一さんは、緒川さんにとって、選曲を聴いてくれるすごくいい観客です。また、それがね、通好みなんですよ。シリアルナンバー入りの、もう１０００枚しか作ってなくて、１０００分の２８１とか書いてあるような、スタンプで押してあるようなＣＤなの。

岡村　えぇー。

KERA　そういう意味ではちょっと変わった人なんですけどね。変わった音楽が好きだし、徹底的にマニアックなところがあるし。でもなんかそれは、どちらかというと大雑把すぎる人よりは僕には向いてるんじゃないかなー。あんまり大雑把で最大公約数的すぎる人は、もっと細かいところを楽しまない？　みたいな気持ちになるからね（笑）。

岡村　（笑）。そのエピソードがね、僕すごく印象に残ってて。簡単な言い方すると馬が合うんだろうなと思うし、あとはやっぱりセンス？　あ、いいセンスしてるなあとか、やっぱりこういうとこ気が利いてるな、みたいなところの肌が合うんだろうなっていうことを表すいいエピソードだったと思うんですけどね。

KERA　そうですね。結婚をテーマにした対談の時にさ、言ったかもしれないけども、初めて緒川さんと話した時に、「友だちって誰がいるの？」って聞いたら、あがた森魚（※）さんと、Ｐｈｅｗって言ったね（笑）。

※あがた森魚
1948年、北海道生まれ。シンガーソングライター。72年に『赤色エレジー』でメジャーデビュー。74年には映画『僕は天使ぢゃないよ』を手掛ける。俳優としても多数の映画やドラマに出演。

岡村　あ、そこでもＰｈｅｗさん出たんですね（笑）。

KERA　そこでもＰｈｅｗが出てて、2回もＰｈｅｗが別のことで出てくるってすごい！

岡村　面白い（笑）。

KERA　面白いでしょ。僕はもっと芸能界の同い年、同年代の女優さんとかの名前が出てくるに違いないと思って聞いたのに。

岡村　あがた森魚と（笑）。

KERA　Ｐｈｅｗって。

岡村　（笑）。楽しかったですね。今夜はケラリーノ・サンドロヴィッチさんをお迎えしました。次回はオリジナル台本でぜひラジオコントの演技指導などをお願いしたいと思います。今日は本当にありがとうございました。

KERA　ありがとうございました。

岡村　ＫＥＲＡさん、お元気そうで。本当に多忙みたいで、このスケジュールをとるのも結構大変だったとＮＨＫの方々がおっしゃってましたが、それを乗り越えて、次回のね、放送の時には、コメディ、ラジオ劇みたいなことができたらなと思っております。

役者をするってセリフも言わなきゃいけないし、大変なことなので、演技指導を受けた僕が、それじゃダメだとか言われて少しでもできるようになるのか、全然できなくて、やっぱり俺には向いてないと笑える感じになるのか、その過程を一つのドキュメントにできればいいかなと思っていろいろ企画を提案して、いろんなお話をしましたね。

同世代なので、奥様の話なんかもしました。＃08では、いよいよKERAさんがコントを用意してくれて、犬山イヌコさんをゲストに迎えて、ショートコントを実践することになります。

岡村靖幸のカモンエブリバディ

＃06

2020年9月21日放送

やっぱり健康ですかね

今日は、岡村がたっぷり、みなさまからのご質問やご相談にお答えしていきたいなと思っております。今回の放送の告知をしてから、今日、この収録の日まで400通以上のメールをいただきました。ありがとうございます。さっそくお答えしていきたいと思います。今日は敬老の日ということでね、それにちなんだ質問もいただいております。

「岡村さんは、どんなおじいちゃんになりたいですか？　かわいい癒やし系、ワイルドちょい悪系、キリッとクール系など、理想像はありますか？」——埼玉県

健康な感じでいきたいなと思ってます。今ほら高齢化でね、何歳からおじいちゃんと定義するんだ、っていう話なんですよ。ミック・ジャガー（※）って、おじいちゃんなんですかね？　おじいちゃん感ないですよね。なんかこうヨボヨボしてないし。ちなみに、ミック・ジャガーが今75だか6だか7だか忘れましたけども、今まで考えられていたおじいちゃん像とはまた違った、ネオおじいちゃんたちになってきてるので、世界全体で。おじいちゃんの概念もちょっと決めづらい感じですけどもね。ただ、やっぱり健康ですかね。みなさん健康でいてほしいし、僕も健康であればなと思っております。

※ミック・ジャガー
1943年、イングランド・ケント州生まれ。ロックバンド「ローリング・ストーンズ」のボーカルであり、リーダー的な存在。63年、シングル『Come On』でデビュー。個人としては俳優、映画監督も行う。

「以前、雑誌のインタビューで、岡村さんは、おばあちゃんが旅館を経営されていて、お正月によく遊びに行ったとありましたが、おじいちゃん、おばあちゃんにまつわる思い出はありますか」——埼玉県

そういうこともありました。毎年、旅館にね、親戚全体で集まるみたいなことがあったんですけど、子どもの頃に海外で過ごしていたので、当時海外と日本でいくつか違うことがあって、今もそうなのかもしれないけど、まず年齢制が違うんですよね。小学校1年生の年齢が、海外と日本だと違ったはずです。だから、あっちで小学校2年生ぐらいになったんですけど、こっちに来たら、小1だか幼稚園だかに戻されたりとか。あと、靴ですね。家の中で靴を履く習慣があったので、戻ってきてから親戚の家に行っても、靴のままで入っていっちゃって、笑われたりとか。そんな経験がありましたね。

「岡村さんは、以前雑誌の連載（『結婚への道』→P・96）で、いろんな方に結婚とは何かというテーマでインタビューし、今回ついにテレビの中で妄想結婚式を挙げられました。そ

の後、結婚について心境の変化などありましたら教えてください」——東京都

今ね、なかなかそういうことを健康的に考えられる季節ではありませんが、ニュースとかを見ると、逆に結婚する人が増えていたりしますね。人間や動物って不思議ですね。危機感を覚えるんですかね（笑）。なんかね、ニュースとかを見るとね、「結婚しました」「妊娠しました」と、この季節を乗り越えていってる人たちはたくさんいますが、見習いたいものでございますね。はい、そんな気持ちでいっぱいです。ここで1曲お聴きください。リクエストもいただいております。最新アルバム『操』より。

♪岡村靖幸『インテリア』

『ルパン三世』みたいな人生

（2020年）7月25日にはNHKの『SONGS』（※）にも出演しました。番組全体として、妄想の結婚式を行うという個性的な構成でお送りしました。なかなか貴重な経験でした。不思議でしたね、あれ、なんか不思議な番組でした。ありがたい。NHKのね、本当に底力、気合い、そしてやっぱりクオリティがすごい高いものになるんだなっていうことを思い知らされたし、ありがたい気持ちでもいたし。みんな熱量入れて、豪華なメンツでやらせていただきました。本当に豪華な『SONGS』になりました。

いろいろ感想いただいてますが、一番多かったのは、**『ルパン三世（※）みたいな人生を歩んでいる』と言ってましたが、どういうことですか」**

ということなんですが。あれは、番組全体として、妄想の結婚式を行うという個性的な構成だったわけですよね。でも、『ルパン三世』っていうのは、いつまで経っても結婚せずに怪盗ルパンとしてお宝を探したりね。（峰）不二子ちゃんを追っかけたりしている人生なわけですよね。ルパンのことを見ながら、ずっとそんなことやってるな、似てるなみたいなね、そんな感じで、ルパンみたいな人生と言ったわけなんでございますが、どうでしょうね。

※『SONGS』
2007年からNHKで放送されているクオリティの高いサウンドと映像で構成される音楽番組。大泉洋を番組責任者に、さまざまなアーティストをゲストに迎える。

※ルパン三世
1967年から『漫画アクション』で連載されたモンキー・パンチのマンガ作品。怪盗アルセーヌ・ルパンの孫、ルパン三世が主人公。71年にアニメ化されて以降、映画やゲームなどさまざまなメディアで展開されている。

「現在の妻とは、大学生の時に知り合ってから30年、結婚してから20年になりますが、彼女は私と知り合う前、つまり高校生の時から岡村ちゃんのファン、いわゆる『ベイベ』というやつです。彼女の影響もあり、私自身、岡村さんの楽曲はもう何千回と聴いていますし、ライブにも何回もうかがいました。岡村さんの楽曲を聴き続けて30年、一応、私も岡村さんのファンだと自認したいのですが、いつも隣に熱狂的なベイベがいるとどうもイマイチ自分がファンと名乗っていいのかは気が引けてしまいます。そこで、質問です。この私も、岡村さんのファンと名乗っていいのでしょうか。アーティストご本人から見て、どこからがファンなんでしょうか」——東京都

うん、それはあなた次第ですね。だから、ちょっと好きでもファンと言ってもいいし、すごい好きだから、初めてファンと設定する人もいるし、ちょこっと好きなぐらいでも、「僕、あの人のファン」って言う人もいるし、あなたの感性や、あなたの設定次第だと思いますよ。どちらでもかまいません。

「断食道場に行かれたとのことですが、効果効用はどうですか。興味深いので、教えてください」——神奈川県、他

断食はね、あるタイミングから不定期で行っております が、お友だちと最近は行くようになって。前は一人で行ってました。まずはデトックスですね。普段、栄養を摂りすぎたりとか、生活のリズム、身体のバイオリズムがかなり乱れてるので。そりゃそうですよね。仕事で朝早い日もあります。全然早くない日もあります。全然整ってないので、真夜中にトレーニングする日もあります。1週間とか5日間とか、そういうところで体調を整えるだけで、随分よいものです。

あと、ああいうところに行くと、本当になんにもないので、ネットもつながらないんですよ。だからね、もう集中。集中というか、静かに本を読んだり、自問自答する日にちが数日あって、まあ暇でしょうがないって言えば暇でしょうがないんですけど。今回のコロナでね、吸収の季節と言いましたけど、何か吸収しようとか、何かに自問自答してみようとか、あんまりできていないですけど、瞑想してみようとか、あと、30分、1時間かけてちょっと散歩してみようとか、みたいなことは思います。

そういった意味じゃ断食中は非日常なので、それだけで十分、何か心も体もデトックスできる気がします。いろんなこと考えますよ。地方に行ってするので、地方ってこんな感じなんだ、みたいなことも思いますしね。ダイエットという意味でいうと、画期的な効果はあんまり期待しないほうがいいです。ダイエットの失敗の法則ですけど、食事の量をものすごく減らすと、体が飢餓感を覚えるんです。そうすると、体って不思議なもんでね、食べないと細胞や脳が吸収しよう、吸収しようとするんですよ、逆に。で、また何週間かしてちょっと食べ始めると、すごく吸収しやすい体になって、まいったなーとまたダイエットするみたいな。そういうネガティブなスパイラルに陥りやすいので、ダイエットという効果で考えるのであれば、極端な断食はおすすめしません。

静かな生活を送るとか、自分の仕事から離れてみて、ちょっと全然違う暇な修学旅行みたいな感じで、そんな目的ならおすすめです。知らない人ともしゃべりますし、交流が生まれるという意味でも楽しいですし、普段だと、絶対出会わないような人とも出会うし、そんな非日常を味わう意味ではいいと思います。あと、デトックスの意味でもおすすめです。1曲、聴いていただきましょう。

♪ビリー・アイリッシュ『My Future』

一人とは思わずに、みんなで戦ってる

「私は疲れてます。一体、何に疲れているのか、不自由だからには違いないのですが。今回、一人住まいの父が待ちわびる帰省を、話し合いで取りやめました。母が他界してから、毎年実家をピカピカに磨くことで、自分勝手に引っ越しをした罪悪感、過去、反省を浄化させていたんだなということにたどり着きました。その仕切り直しができないまま過ごしているせいか、余計もやもやが募ってしまいます。新しい生活様式を自分なりに守ってはいます。でも、まったく馴染めません。コロナブルーにどのように対処して暮らしているのか教えてください」——東京都

そうですね、いろいろおもんぱかる気持ちもあるでしょうしね。それと、自分の人生もあるでしょうしね。ケアや介護みたいなこともあるでしょう。で、確かに、コロナの状況で、いろんな気持ちになるでしょうし、楽しくない気持ちになったりすることも多いでしょう。その気持ちはわかります。

収束のね、シナリオが見えないから不安でしょうが、歴史の本でも読んでみてください。歴史を見ると、人類は必ずね、こういった疫病みたいなことを乗り切ってきてるので、見事に。社会や文明とともに。だから大変だと思いますが、ただ、みんなそうなので、自分一人とは思わず、みんな戦ってると思って、できれば気を強く持ってほしいなと思います。僕もそうするようにします。

「私は、この春のステイホーム中、前からやってみたかったギターを始めました。まったくの初心者です。最初は教則本やYouTubeを見たりしながら楽しくやっていました。でも、だんだん何度やってもできないことが増えてきて、ここ最近はすっかり行き詰まってしまっています。この年齢からのスタートなので、のんびり楽しくやっていきたいと思ってましたが、このままではそう遠くない未来に挫折してしまいそうです。何かおすすめの練習方法や、飽きのこないギターとの付き合い方があったら教えてください」——東京都

どういうギターを弾きたいかによりますね。まず、自分

が大好きな曲、これが弾けるようになりたいなという楽曲を練習すると、やる気になると思います。これを弾ける俺、みたいなことを夢に見ながら、テストや勉強じゃないですけども、向かってやってみると、その目標に計画性が持てる。練習ができるような気がします。ギター弾くだけだと、だんだんだんこう飽きてしまうこともあるでしょうね。だから、例えば歌の楽曲、一緒に歌いながら弾くみたいなものを練習してみたらどうでしょう。そうすると、歌う楽しさも付加されて、楽しさが2倍、3倍になります。

昔ね、僕が小学生の頃、アイドル雑誌みたいのがあって、おまけとして雑誌に教則本やね、歌本みたいなものが毎月付いてて。楽しく、楽しく練習したりしてましたけどね。だから、自分が歌いたい曲や、最新の曲を練習できるみたいなことで、自分でドキドキしながら、歌もやりながら練習してみたらどうでしょうかね。

「前々から気になってたことがあります。岡村さんの中で、かわいい、かわいらしい、かわいげがあるは、どのようにニュアンスの違いがあるのでしょうか。丁寧に使い分けられている感じがしたので、それぞれどういった意味合いがあるのか教えてほしいです」――北海道

それは違うでしょうね。かわいいっていうのは、まあ、いろんなニュアンスがありますけども、動物を見てもかわいいと思うでしょうし、人を見てもかわいいと思うでしょうね。かわいいは、もう感情の吐露ですね。かわいらしいっていうのは、「a kind ofかわいい」ってことです。かわいいに極めて近い、かわいいムードをまとってる、ぐらいの感じですかね。感情として我は失ってない感じ。かわいげがあるというのは、また全然違います。〝げ〟があるっていうのは、例えばね、たぶんお子さんがいらっしゃる方は当然よく感じてると思いますが、子どもの態度とかね、子どもとの生活の中で、「この子、かわいげがあるわ」って思ったりとか、「かわいげがないわ」っていう言葉をよく聞きますよね。そこがベーシックだと思ってください。かわいげっていうのは。

つまりですね、かわいげがある子どものパターンってありますね。あの、本当になんかこう無邪気に、あまり作戦も考えずに、あまりにもエゴイスティックにならずに、「お母さん、好き」と言ったりね。何も考えずに好きで好きでしょうがないみたいな感じだと、かわいげがあるでしょ。「お母さん好きだ、何かもらえるから」って言ったらかわいげがないでしょ。そんな感じでございます。みなさんはみなさんで、また別のように認識してみてください。僕はこのように認識しております。

「私は今年（20年）の3月に台湾旅行を計画していたのですが、コロナの影響でキャンセルしました。初めての台湾旅行をとても楽しみにしていたので残念です。もしよろしければ、以前、岡村ちゃんが台湾に行った時の話を聞かせてください。美味しかった食べ物、飲み物、訪れた場所のこと、などなど。

エア台湾旅行を体験したいです」——東京都

撮影でね、川島小鳥（※）さんと、スタッフと台湾に数日行ってましたが、レコメンドしてくれる人がいたので、美味しいところに連れてってくれる。どこに行っても素晴らしく、美味しかったです。あと、人間性。よくわからないけど、人間性も本当に、あの素朴ないい人たちっていう感じがしましたし。国民性なのか、たまたま行ったところがそうだったのか、ちょっとよくわかりませんが、非常になんかこう素朴ないいものを感じました。あと、カップル。カップルも、東京のカップルとは、まったく違う雰囲気の人たちが多かったですね。

それで、台湾はね、雑誌で、台湾のＩＴ大臣オードリー・タンさんと対談（『週刊文春ＷＯＭＡＮ』２０２０秋号）しましてね。そこで、いろんなことをおうかがいしました。台湾はコロナを制圧することができて、それもすごく早い時点で。それについてもおうかがいしましたし。

今ね、日本はエンタメの世界がなかなか通常運転に戻れてませんけども。それに対するヒントや、収束のシナリオについてとか、あと、どういうふうに感じて生きていけばいいですか、とか。あと、こういうことをするといいというティップスですね、日本にアドバイスしてくださいみたいな感じでいろいろおうかがいしました。ここで細かくは話せませんが、ぜひ雑誌を読んで、いろいろ感じてほしいなと思います。

曲、いってもいいですか？　いきましょう！

※川島小鳥
１９８０年、東京都生まれ。フォトグラファー。大学卒業後、写真家・沼田元氣に師事。２００６年、第10回新風舎平間至写真賞大賞受賞、07年に『BABY BABY』を発表、11年に『未来ちゃん』で第42回講談社出版文化賞写真賞を、14年刊行の『明星』で第40回木村伊兵衛写真賞を受賞。

♪valknee、田島ハルコ、なみちえ、ASOBOiSM、Marukido & あっこゴリラ『Zoom』

14歳の自分に言いたいのは……

「としまえんが閉園するようですが、『彼氏になって優しくなって』のミュージックビデオ（以下、ＭＶ）の撮影場所としてて印象に残ってます。私は地方に住んでいるので、としまえんには行ったことがなく、一度行きたいと思っていたのですが、今年は、県外移動がなかなかできず、行けませんでした。閉園をすごく残念に思っています。岡村さん、このＭＶの撮影はいかがでしたか。乗り物、絶叫系は得意ですか。何か撮影であったことなど、エピソードを聞かせていただいたら嬉しいです」——愛知県

何年の歴史なんでしょう、すごく長い歴史なんですかね、としまえんって。で、閉園してしまうということでね。とても残念に思いますし、例えば、毎年毎年としまえんの広

告が夏に出てましたが、いつも機知に富んでてね、面白い。あ、ちなみにデザインやっているのは僕の知り合いですけども。そんなことを思いつつ、閉園してしまうことは、一つの歴史が終わってしまうことで、悲しいですけどもね。MVではね、なんかいろいろ乗りましたね。急降下したり、急上昇したりするようなものに乗りましたけども。撮影してるんでね。怖いも何もないっていう感じで、撮影に集中しておりましたけども、そんな感じです。

「ライブが延期になりましたが、バースデープレゼントのリボンを外す瞬間のごとく、ときめく気持ちを抱きながら、お目に掛かれる日を待ち望んでおります。NHK『SONGS』、身悶えしながら拝見いたしました。私は、14歳の一人息子を持つ母です。息子は、小学校2年生からお付き合いしているガールフレンドがいながら、この夏休みに別の女の子にも接近。そばから見て、とてもふらふらしております。という状況を母が知っているということは、なんだかまだまだ子どもなんだなと思ってしまう今日この頃。今の岡村さんが、14歳の青年の自分にアドバイスするとしたら、何を伝えたいですか？　ちなみに、私は14歳の自分に世界は広いよと伝えたいと思います」——神奈川県

そうですね、それはいいことだと思います。本当に世界は広くてね。東京どころか日本も広くて、世界にはいろんなことがあって。で、その世界が広いっていうことを楽しむためにも、14歳の自分に言いたいのは、英語を勉強しろってことですね。英語さえ勉強しておけば、インターネットで、海外のサイトでいろんなことを学べる。海外に行ったら、海外のいろんな人と話ができる、世界中にいろんな友だちができる、それを14歳の僕に言いたいです。

恋の相談もきてるということなので、そういうものにもお答えしていきたいと思っております。

「恋ではないのですが、私の主人は、今海外に単身赴任しておりまして、コロナのせいでいつ日本に帰国できるかわからない状態になってしまいました。不安で、さみしくてしょうがないのですが、お互いに同じ気持ちだと思うので、相手には笑顔で『大丈夫！』と言ってます。が、もうストレス溜まりまくりで、陰ながら泣いている私です。『会いたい』『さみしい』って目を潤ませながら、自分の気持ちを伝えてもいいものでしょうか。あ、でも、そんなことを言ってもどうにもできないし、若い子ならまだかわいらしいセリフだけど……とか考えてしまったり。岡村ちゃんなら、こんな時、素直な気持ちを相手に伝えますか？　それとも、相手のことを思って、グッと我慢しますか？　早くコロナが収束して、好きな人に会える日が来ることを願っております」——広島県

こんな悩みで苦しんでる人、たくさんいるでしょうね。この質問のポイントですが、今、苦しい、悲しい、さみしいっていう気持ちを伝えたい。あと、ご自身の齢から考えると、そんなことはかわいらしくないんじゃないか、まあ、この状況下、そういうタイミングじゃないんじゃないかと思ってらっしゃるということですよね。いくつかの答えがあります。

まずね、ストレスは身体によくないです。病気になりますしね。美容にもよくないですし、ストレスが溜まらない生活を送りましょう。で、相手に負担にならない程度に、自分の気持ちや、さみしい気持ちを訴えることは大丈夫です。それは、別に電話じゃなくてもいいんじゃないですか。手紙でもいいでしょうしね。手紙をしたためると、文章を書くっていうことで、また1回冷静になったりね。文章を推敲するっていうことで、言いたいことを凝縮して書けるでしょうし。そんなこともおすすめしてみたいな。それでまた自分のことがわかったりして。私はこう思ってたんだ、で、どうしてもこのことは伝えたいんだ、みたいなことはわかるかもしれませんね。手紙、書いてみたらどうですか？

今言ったいくつかのことを考えてみてください。とりあえず、ストレスが溜まらないように、うまくやってみてください。

「ずばり出会いって、どうやって見つけるものなのでしょうか。そもそも、探しに行くものなのか、焦らず待つものなのか。私は今、彼氏がおらず、自分がこの人だと思える人に出会えた時に後悔しないようにいそいそとダイエットや美容に気を使っているのですが、いざそんな人に出会えないままだったら、どうしようと、ふと不安になってしまいました。『好きになったら、アタックするべきだ。告白するべきだ』と言っていた岡村さんのお言葉は、肝に銘じておりますが、そもそも好きな人と出会うには、やっぱり社交的になるしかないのでしょうか」――大阪府

まあ、いろんな方法があるでしょうね。あなたが、出会いにどういうものを求めてるかによって違います。例えば、真剣に結婚を前提に誰かと出会いたいと思うんだったら、そういうシステムがありますね。そういう会社があったり、出会いの何かがあるかもしれません。で、ただただその恋愛をしたいっていうことだったら、今の若者だったら、アプリとかね、いろんなことやっているのかもしれません。それを僕はおすすめするか、しないかは、ちょっと置いといてください。経験がないので。ただ、そうやって出会っている人たちもたくさんいます。あと、そういう人たちがいるような場に行くこともいいでしょうね。なんか街でみんなでこう人と出会うためのそういうイベントみたいな、街コンに参加するのもいいのかもしれませんね。あなたが、どういう出会いを望んでるかによって、深刻さによってもまたいろいろ変わってきます。

あと、あなたのゴールの見定め方によっても変わってきます。それを自分でこう見定めて、考えてもらえればなと思っております。いかがでしょうか。もう1曲聴いていただきましょう。

♪カレン・ソウサ『LESS IS MORE』

NHKでは、医療従事者のみなさまをはじめとして、新型コロナウイルスと向き合う方々を応援、支援するためのウィズコロナプロジェクト「みんなでエール」を行っているそうです。私、岡村靖幸もその一環として、松任谷由実さんの名曲『やさしさに包まれたなら』を全18組27名で歌い継ぐというプロジェクトに参加しました。

ありがたいことでしたね、光栄なことでした。こういうことに参加できたことにも意義ありますし、あと、まあ僕にね、声かけてくれたことに関しても、ありがたいなと思っております。少しでもこういうことが、みなさんに届けばなと。まだまだ収束のめどはたってませんから、みなさんができることから、参加されることもよいのかもしれません。それではお聴きください。

♪家入レオ、今井美樹、岡村靖幸、岸田繁（くるり）、GLIM SPANKY、ゴスペラーズ、さかいゆう、JUJU、田島貴男（ORIGINAL LOVE）、Char、NOKKO、元ちとせ、秦基博、一青窈、平原綾香、山口一郎（サカナクション）、横山剣（クレイジーケンバンド）、Little Glee Monster（50音順）
『(みんなで）やさしさに包まれたなら』

今日はね、一人で放送したわけですけども、みなさんの質問に答えるという回でした。どう思ったんでしょうね、ちゃんとみなさんの望み通りに答えられたのかしら。不安と期待といろんなものが入り混じりながら、そんな感じでございますが、みなさんが喜んでくれればこれ幸い、と思っております。

岡村靖幸のカモンエブリバディ

＃07

2020年11月23日放送

どの職業も素晴らしい

2020年、リスナーのみなさんがいろいろ気づいたことなどを中心にご紹介してみたいと思います。勤労感謝の日ということで、こんな質問をいただいております。

「今日の放送日は勤労感謝の日ですね。岡村さんは、以前仕事をしている時が一番幸せとおっしゃっていましたが、今でもその気持ちは同じでしょうか?」――東京都

そんなこと言ったんですかね。楽しいことですよね、仕事が健康にできるってことは。だから、仕事を楽しくやるためにもね、健康でなくちゃいけないですし、仕事をやってるだけじゃなくて、充足感や、それによっていろんな人が楽しんでるとか、他の人も一緒に幸福を感じてるとか、そういういくつかの状況、条件があるんじゃないですかね。もちろん根っこには健康がありますけども。そんな感じだと思います。

「大学3年の娘が就活を始めたのですが、コロナの影響で、希望していた業種が経営悪化していたり、先細りだったりと、根本から考え直さないといけない状況です。もし、今、岡村さんが就活をするとしたら、どんな職業・企業にいってみたいですか、悩み多き娘によきアドバイスをお願いします」――静岡県

なんでしょうね。子どもの頃は、探偵とかやってみたかったですけどね。スパイになってみるとかね。今、何をやってみたいかはちょっとわかりませんが、ドキュメンタリーとかを見て思うけど、それぞれが匠の人だったり、こだわりの人だったり、いろんな職業があるなということがわかりますね。それこそ、『プロフェッショナル 仕事の流儀』(↓P・45)とか見ると痛感しますけども。あの番組、本当に素晴らしいですね。みなさんも見てみてください。本当にね、どの職業も素晴らしいです。それを痛感させられます、あの番組は。

「ラジオ、とっても楽しかったです。思わず3回も聴いてしまいました。なぜかというと、岡村さんの声に催眠効果があるのか、ラストまで聴こうとしても、途中で眠ってしまったからです。3回目で初めて最後まで聴けました。内容も楽しくて、次回もあるのなら、ぜひとも聴きたいです。現在、新型コロナの影響で、とくに子どもがセンシティブになっています。岡村さんの音楽で、世の中にちょっと刺激を与えてほしいです」――岐阜県

催眠効果あるんですか? ちょっとわかりませんが。寝る時にね、よく言うのは、完全な無音じゃないほうが熟眠できるみたいな人がいますね。YouTubeとか小さなラジオの音とかを聴きながら寝る、みたいな人も多いらしいです。あと、自然音、環境音にも催眠効果があるらしく、無音よりそういうものが熟眠できる人もいるそうです。僕はうっすらラジオとかYouTubeとかをかけて寝ることもありますね。お笑いとか。そういう日もあります。

♪岡村靖幸『赤裸々なほどやましく』

世界中が乗り越えようと頑張ってる

ここからは、リスナーのみなさまから、2020年を迎えて、生活様式のさまざまな変化から気づいたこと、新しく始めたことなどをご紹介していきたいのですが、その前にね、最近あったことをちょっと話したいと思います。テレビをね、よく録画して見ているのですが、いつも録画してるものに、NHKの『又吉直樹のヘウレーカ!』(※)と『アナザーストーリーズ 運命の分岐点』(※)という番組があるんです。最近、それが両方とも素晴らしくてね。

『アナザーストーリーズ』で、「名人がAIに負けた日人間VS将棋ソフト」という回を見たんですけど、何十年か前からね、将棋がAIの時代になって、ゲームみたいなところから、プログラムの能力も上がっていて、だんだん勝っていくんですけど、そのエキサイティングな様とか、プログラミングの人たちの意地とかがあって。一方で、将棋棋士の、プロの人たちの面子もあるわけですよ。絶対負けるわけにいかないわけです、歴史の中で。そのドキュメントが面白かったのは、その何年か前かに、アメリカで、チェスのすごいプレイヤーに勝っちゃってたんですね、AIが。で、チェスと将棋を比べると、チェスのほうが全然プログラミングが簡単なんですって。なんでかと言うと、将棋って、いわゆる捨て駒を使うじゃないですか。あれはチェスにはないらしく、捨て駒を使うっていうことがシステムに加わると、もう倍、倍、倍、倍、倍ぐらいプログラミングを組むことも難しいし、勝率ってことで考えると、もっと難しいと。ということをどのようにプログラマーの人たちが乗り越えていったか。あと、将棋連盟や棋士の人たちがそれを不快に感じながらも(笑)どのように戦っていったかっていう凄まじさがすごかったですね。素晴らしかったですよ、その番組。

『ヘウレーカ!』もね、毎回面白いんですが、「かけばかくほどかきたくなるのはなぜ?」というかゆみのメカニズムを放送してて。非常に面白かったです。かゆみって、わかってないことが多いらしくてね。例えば、痛みとかって、SOSなわけじゃないですか。そこは危ないよとか、状態がよくないよ、ほっとくとなんか悪いことになっていくよというシグナルとして痛みって出るわけですよね。でも、かゆみっていうのは、まだちょっとわかっていないらしくて。例えば、かさぶたができると、人ってかゆくてかいちゃうじゃないですか。あれって理屈に合ってないですよね。だって、悪化しちゃうわけだから。それはどうしてなんだ、みたいなことを研究していて、大変面白かったです。素晴らしい番組でした。

※『又吉直樹のヘウレーカ!』
お笑いコンビ、ピースの又吉直樹をパーソナリティに、

２０１８年４月から21年３月までEテレで放送されていた教養バラエティ番組。「ヘウレーカ」とは古代ギリシャ語で「わかった」「発見した」という意味。

※『アナザーストーリーズ 運命の分岐点』
２０１５年から放送されているＮＨＫのドキュメンタリー番組。残された映像や決定的瞬間を捉えた写真、さらにインタビューを加えて構成し、事件に迫るマルチアングルドキュメンタリー。

「私は『5年日記』をつけ始めました。コロナ禍にある今、自分がどう暮らしていたか、あとから振り返ってみたいと思ったからです。実際は、コロナのことは大して書いておらず、今日の気分はどうだったか、この音楽がよかったとか、どこそこのお店でご飯を食べたとか、ありきたりな内容がほとんどです。でも、未来の同じ日に、過去の自分の姿を見ることができると思うと、ちょっと神秘的な気分です。５年目の最後のページを書き終えたら、たとえ大した日記でなかったとしても、毎日書いたこと自体が偉かったと自分を褒めたいです。いつか日記に、『コロナ収束』と書ける日が来ることを願いつつ、ちまちまとよしなしごとを綴り続けたいと思います」――東京都

ということですが、いいんじゃないですかね、日記書くのはね、とても素晴らしいことだと思います。結構、偉人たちはつけてるらしいですよ。だからあの、「偉人　日記」で検索すると、結構出てきますね。僕はつけたことないですけども。子どもの時はあるのかな。以前、取材でも話しましたけど、『富士日記』（※）っていう本を僕は愛読していて、読んでない人はぜひおすすめなので、読んでみてください。面白いです。５年前なんてね、もう全然自分の考え方が違うかもしれないし、変わらないね、自分、と思うかもしれないし、そういうことを確認するためにもいいと思いますし、世の中のことを書くと、あ、こんな時、こんなだったな、みたいに思い出すこともあるかもしれませんね。５年だと、随分変わってるかもしれませんね。

※『富士日記』
１９７７年に刊行された小説家・武田泰淳の妻で随筆家・武田百合子（１９２５-93）の作品。夫の死後、その日常を綴った日記を清書したうえで出版した。

「去年末に医療系の仕事に転職し、２０２０年に入ると、業務を覚えることはもちろん、コロナウイルスと隣り合わせの日々です。また、これまでのようにコンサートや遠出などをしなくなり、心身ともに疲弊することも多くなりましたが、逆に今までやったことのないことに、少しずつチャレンジしてみようかと思い、コロナがあけたらこれができるようになったらいいなと明るく未来を考えるようにしています。最近はデイキャンプにチャレンジして、いつか、がっつりソロキャンプしてみたいです」――福岡県

この状況下だからなんですかね、キャンプしたりとか、意外とアウトドアが流行ってるらしいですね。健康的な感じするんですかね。ストレスも解消されるでしょうし、ディスタンスという意味でもね、人と離れながらもできますでしょうし。ソロキャンプなんつったら、もう一人で自然と戯れるわけですから、素晴らしいですね。そんなことができたらいいと思いますし、日々ね、そういうことをすると健康になる気がします。

この方はね、医療系の仕事をしてるということで、ストレス発散も、仕事とのバランスも難しいでしょうね。でもまあ、食べる。あと睡眠はちゃんと取る。そういうことで整っていくような気がしますけどね。あとは、本当にいろいろ思うことあると思いますが、みんな戦ってるので、世界中が乗り越えようと思って頑張ってるので、そういう認識をしてもらえるといいかなと思います。大変だとは思います。僕の知らないね、現実や日々に疲弊することもあるでしょう。そういう人が頑張ってるからこそ、我々も安心していけるっていうことを認識しつつ、頑張ってもらえるととても嬉しいなと思っております。

料理は「温かい芸術ね」by大貫妙子

「2020年、シャイン・マスカットの美味しさに目覚めてしまいました。外食もあまりしないし、まあいいかという言い訳をしながら、1000円近くもするシャイン・マスカットを毎日のように買って食べてしまいました。岡村ちゃんは、ステイホーム期間中、今まで知らなかったけれど、あらためてその美味しさにハマってしまったものなど、何かありましたか?」——北海道

あらためてはちょっとないですけど、あの、自炊はね、こういう季節もあって、自炊をよくしてました。つい最近だとね、出汁を一から作る。昆布を入れて、理想は丸一日湯煎せずに置いて、そこから低温で温めると、昆布はいいらしいです。あと、かつお出汁もやってみました。かつお節を買ってきて、それでやると手間がね、本当にかかりますが、ああ、みんなこうやって手間をかけてやってるんだな、みたいなことも思いましたし、あと健康にいいんじゃないですかね。手を使っていろんなものを作るっていうことが、自分の脳や毛細血管にいい影響を与えるような気がします。出汁は、味噌汁を一から作ってみようぜ、って企画でした。作ってみようぜって、僕一人しかやってませんけどね。

料理は本当に脳にいいので、健康にいいので、体調悪い人とかも自炊すると治ったりするらしいですよ。いや、本当ですよ(笑)。料理は「温かい芸術ね」by大貫妙子(『RECIPE〈調理法〉』の歌詞)、ですけども。料理ってね、例えば、シャシャッと作る、手際よく作る、誰かのために作る、あと、季節のものを考える、いろんなポテンシャルがあるわけです。で、それを自分の気持ちで整えて作ってるわけなので、すごく脳は回転してると思うんですよ。だから、自炊はいいですね。

僕はスタジオでたくさん作りました（笑）。いろんなものを作りましたよ。カレーも一から作りましたし、キムチ鍋も作りました。キムチ鍋もね、みなさんどうやって作っているかはわかりませんが、一から作りましたけど。キムチは一から作ってないですよ。買ったキムチを使って、キムチ鍋を作りましたけども、まずニンニクを炒めて、そこにキムチを入れて、豆腐を入れたりとかして、あと水を入れるのか、出汁を入れるのかによってまた味が違ってくるので、まあ、何パターンか試しましたね。で、あと豚肉です。豚肉も細切れみたいのを入れるのか、豚しゃぶみたいなものを入れるかによって味わいも変わってきますし、肉も煮込んじゃうとかなり硬くなるので、寸前に入れるのか、それとも煮込むことでその肉の素材みたいのを味わいに出すのかによって全然違ってきますけど、僕はね、食べる寸前がおすすめです。で、非常に薄い肉を入れることがおすすめです。人によってはネギ、ニラみたいなものを、えーシャキシャキ感がいいんであれば、食べるちょっと前に、本当にくたくたのほうがいいんであれば、結構前のほうに入れるといいんじゃないですかね。

キムチ鍋はおすすめですよ。何にしろね、やっぱり免疫力を上げていこうってことでね、大量にニンニクを買い、大量に刻み、粛々とやる感じが、脳や体や手足、全部にいい気がします。免疫力も上がるし、そのニンニクを細かく刻んだものは何にでも使えるので。鍋にも使えますし、炒めものにも使えますし、非常にいいです。で、自分に余裕がない時に、ニンニク買ってですよ、ニンニク剥いてですよ、あれ、1個ずつね、こうちっちゃいのを切ってっていう手間を考えるとなかなかできないものなんで、やっぱりスタジオでやるといいものです。スタジオで本当にいろんなものを作ってみました。みなさんもぜひこの機会にね、やってみてください。おすすめです。

「コロナでいろいろな変化がありましたが、新しい生活の中で、とくにときめいたもの、おすすめしたいものは椎茸栽培キットです。成長が早いので、毎日毎日育っていく様が目に見えて、ワクワクが止まりません。退屈で単調な日々でも、確かに自分は進んでいるんだと実感できるところが、もうたまりません。そして、料理にも使えるので、一石二鳥です。収穫が終わっても、あと2、3回楽しめるので、捨てないでね。ぜひ、岡村さんも椎茸栽培してみてください」

――大阪府

これはね、じつは随分前、何十年か前にやったことあります。椎茸の菌をね、木に植え付けて、非常に湿気が必要なので、お風呂とかに置いとくと、数日なのか1ヵ月なのか忘れましたけど、ある日、椎茸ができてるんですけど。巨大な椎茸ができました。椎茸って、ちっちゃいほうが美味しいんじゃないのかとか思いつつね、本当にこんな巨大な椎茸です。こんな？　30㎝近くのができました。でかすぎて、食べなかったかもしれません。随分前なので、記憶が曖昧ですけど。楽しいんじゃないですかね。

僕も一時期思ったのが、盆栽やってみよっかな、と。部屋に盆栽あったら、超かっこいいんじゃないの、と思って。そんな時期もありました。超面倒くさそうなんで、手を出しませんでしたけど。やってみてはいかがでしょうか、みなさん（笑）。で、やってる人がいたら、ぜひ教えてほしいですけどね。どのぐらい手間がかかるのか。

「私は2020年、自粛期間中に弾き語りの録音を始めて、動画を投稿するようになり、音楽の機材について勉強したり、動画の編集など、ゆっくり時間があったからこそ、知識や技術が身につきました。細かい作業はすごく楽しくて、音楽を編集したり、動画にテロップを入れたりしている作業が自分にとっては息抜きの時間になってます。ずっと継続していけたらなと思ってます」――愛知県

とてもいい趣味なんじゃないですかね。自分で演奏したりとか、演奏する勉強をして、それをまた投稿したりして、反応もあると楽しいでしょうね。今の期間中なので、まあまあいろいろ思うことがあって、外に出ることを自粛してたりとか、でも人とつながりたいっていう時には、いいアイディアだと思いますよ。まあ、大袈裟に言うと、世界中から反応をもらえるかもしれませんね。囲いがないので、どこからでも、自分のびっくりするようなとこから連絡があったり、反応があったりして楽しいかもしれませんね。

昔だったら、雑誌で文通募集みたいなことしかできなかったのに、今は世界中の人から連絡がきたり、自分がやったことを見てもらって、面白いって言ってもらったり。子どもとかもそういうことやってみると楽しいかもしれませんね。あの、踊ってるとこを見せてみたりね。僕もね、投稿をたまに見たりもするのですが、YouTuberみたいなのはあんまり見ないんです。ちょっとね、YouTuberの人たちって、短期間で興味持ってもらおうと思ってるからか、落ち着きないじゃないですか。ワー！　ってやってる。そういう気分になれないので、YouTuberの人は見ないんですが、エクセプトがあって、一人だけ見てるのが、「世界一のゆっけ」（※）という人がいて、その人はもうすごく見てます。みなさんもぜひ見てください。じゃあ曲いってみましょう。

※「世界一のゆっけ」
酒村ゆっけ、。栃木県生まれ。自称ネオ無職。2020年からYouTubeに投稿開始。著書に小説『酒に溺れた人魚姫、海の仲間を食い散らかす』、エッセイ『無職、ときどきハイボール』がある。

♪アリー・ブルック&アフロジャック
『What Are We Waiting For?』

浮かれるだけが人生ではない

「マスクをつけたままのコミュニケーションって難しいなと思っていたのですが、その生活が長くなるにつれて、悪いことばかりでもないなと思い始めました。一人ひとり、伝えようとする気持ちの表れに特徴があるなと気づいたんで

す。目と眉の表情がとても豊かな人、いろんな声色で機微を表す人、派手なジェスチャーに思いを乗せる人など、人間観察的にちょっと面白いんです。お顔が隠れていても、チャームポイントはにじみ出てしまうのかもしれませんね」
――東京都

まあ確かにね。最初の頃は奇異な感じもありましたけども、それを乗り越えて、目の表情でみんな工夫してたりね。まあ、口が見えないわけですからね。笑顔なのではないか？とか、よくお店で思いますね。笑顔なのかはわからないけど、やっぱり、こう気持ちよく対応してくれる雰囲気を出してくれるように、ジェスチャーや声色、目の表情とかで示してくれてる人たくさんいますね。確かに、確かに。いろんなこと思いましたね。

中東だと、もともと宗教上の理由ですかね、鼻や口を覆ってる方が多いですけど、ああいう方々の気持ちみたいのも考えてみたりもしましたし。どういう気持ちなんだろうな、みたいなことも少しわかりましたし。ずっとああいう状態なわけですからね。で、ああいう状態で恋愛したりするわけですからね。あ、そっかー、でも、ここから恋愛とかどうするんですかね、みなさん。学校でとか、出会いとかどうするんですかね。随分、鼻から下で印象変わるみたいですね、人間って。あと、目だけだと、ほとんどの人は魅力的に見えません？　なんか、そんなことを感じたりもします。みなさんもでもこれを乗り越えて、いろいろ工夫してもらえたらなと思うのですが（笑）、いかがですかね。

「否応なしに現在のような状況になって、半年以上が経ちました。いかに通信手段が発達しようとも、実際に顔を合わせてコミュニケーションを取ることが心身にとって重要かを思い知る日々です。相手を大切に思えば思うほど会えないというのがつらいですね。岡村さんは、近年活発に社交を広げてらっしゃいましたが、最近はどのようなスタイルで、親しい方々との交流を続けてらっしゃいますか。会えないことで、あらためて感じることなどありますか。
以前から私がお会いした方々、とくに久しぶりに会って、その後しばらく会えそうにないかなという方は年齢、男女問わずに別れる時に握手するようにしていました。そうすると、手の温もりや感触が、記憶に強く残るのです。今はなんとか会うことはできても、握手ができなくなってしまったので、とても残念でさみしいですね」――千葉県

ということですが。ね、まあ、みなさんそんな感じでしょうねえ。この状況なので、あんまり人とも会っておりませんけどもね、仕事をしてる時以外は。自主的にあんまり会ってませんし、そういう会自体が少ないと思いますけどもね。会えなくても、例えば、ＬＩＮＥしたり、メールしたり、まあ、いろいろなことで相手のことを思ったりとか、考えたりすることはできるんじゃないでしょうかね。あとは、戯れに会わないことによって、この人はこうなんだなとか、ああ、この人会ってないけどこうだなとか、そういうふうに思うこともできるんじゃないでしょうかね、逆に。

「前回の放送も、岡村ちゃんの声が聴けてとても嬉しかったです。ちょうど聴いた日に、仕事で少しいろいろあって落ち込んでいたのですが、ちょっと元気をもらえました。ありがとう、岡村ちゃん。かけていた曲も、とても素敵でした。前からワクワクしていました。とても興味深い対談だったと思います。岡村ちゃんの問いかけも、タンさんの岡村ちゃんの質問をさらりとかわすような受け答えも、とてもロマンチックで素敵でしたね。もっと岡村ちゃんの質問もたくさん聴きたかったので、またお二人で対談してほしいです」

――茨城県

ちょっと前に、台湾では、200日間、感染者ゼロというニュースが流れていましたが、この件に関しても大きく関わっていらっしゃるオードリー・タンさん。素晴らしい業績をあげて、台湾に貢献なさった方ですが、その方と対談することができたんですけどね。こちらはね、8月の半ばに収録されたものですけど、いろんなことについて聞いてましたね。あそこから3ヵ月以上経ってるわけですから、また今とは状況も変わってきてますけども、人の気持ちも含めてね。例えば、健康でいなくちゃいけないし、マナーも守らなきゃいけない、経済も回していかなくちゃいけない。いろんなことがこう回っていかなくちゃいけないっていうバランスについても、みんないろいろな考えを持ってるんじゃないですかね。で、まあ、明快な答えが出てませんけども、それについてのヒントをオードリーさんは答えてくれてたような気がします。

コロナについていろいろ聞いた印象では、台湾という国自体の歴史があって、コロナの前にSARS（※）が大流行した時に、台湾はそういう菌や感染みたいなことに関してシステムを見つめ直して、すごい一大プロジェクトを立ち上げたみたいなことを言ってました。だから、他の諸外国と危機感が違うのかもしれませんね。例えば内戦のことか、隣国のこととか、やっぱり危機感や感覚みたいなものは我々とちょっと違うのかな、というふうなことを感じました。とっても意義深い内容で、大変勉強になりましたね、オードリーさんも、非常にユーモアのある人だったし、天真爛漫なとこも持ってらっしゃる方だなっていう。すごく才能のある天才と言われてますけども、そういう人特有の天真爛漫さみたいなものも感じました。まあ、意外と楽観的じゃないシビアな面も見ましたけど。それでは1曲聴いてみますか。

※SARS
Severe acute respiratory syndromeの略称。重症急性呼吸器症候群。2002年に中国で最初の患者が確認され、のちに東アジアを中心に感染が拡大。インフルエンザに似た症状から肺炎に進行し、呼吸不全に至ることも。03年3月12日にWHOから「グローバルアラート」が発令され、7月5日に終息宣言が出された。

♪安全地帯『萌黄色のスナップ』

今回は内容がちょっと偏りましたが、こういう日も必要なんじゃないですかね。あの、浮かれるだけが人生ではないので、真摯にね、こう現状を受け止めることも、しっかり必要なのかもしれませんね。みなさんはどう思ったんでしょうか。

例えば一人で悩んでるとか、ちょっと気に病むとか、焦燥感を募るとかいうことがあれば、少しでもこの番組を聴いて、少し気の紛らわし方を含めて、今日は料理もリコメンドしましたが、いろいろトライしてみてもらいたいなと思ってます。ちょっとね、料理するだけでも気分変わりますし、ＮＨＫのドキュメンタリー見ると、本当に素晴らしい！　本当に素晴らしいなＮＨＫ！　って思いますしね。そんな感じで生きてってもらえたら。生きてってていうのが大袈裟ですけどね。そんな感じで日々を過ごしてもらえたらなと思います。

岡村靖幸のカモンエブリバディ

STAFF TALK

「ちょっと不思議でかわいい大人の男性の話を聴きたい人たち、集まれ！」
番組制作スタッフ、2人の女性に番組スタート時のエピソード、
制作の裏側など、番組では放送されなかった
「岡村ちゃん」の素顔についてうかがいました。

TALK

鎌野瑞穂（かまの・みずほ）
NHKエンタープライズの演出プロデューサー。ラジオ特別番組『岡村靖幸のカモンエブリバディ』や『ヴォイスミツシマ』、Eテレ『ワルイコあつまれ』などを制作。

増田 妃（ますだ・きさき）
フリーランスのディレクター。主にNHKの音楽特番を制作。テレビ・ラジオの垣根なく、さまざまな番組を手掛けている。

圧のない男性のトークが聴きたくて

鎌野　2017年頃でしょうか。2児の母をしながら、男性の多い職場で働いていて私自身が結構疲れていた時期で。忙しい同世代の女性が癒やされつつ笑える番組って、じつは少ないのかなと感じていたんです。需要はあるはずなのに、と。その頃、たまたま、岡村さんとあるバーで偶然お会いして一緒に飲む機会があって。お話をした時に、なんて奥ゆかしさと危なっかしさと恥じらいがある丁寧な人なんだ！　と感じて。この人がラジオで語ってくれたら、一つの音楽を聴いたようないい気持ちの番組になるんじゃないかと直感的に思いました。当時、価値観の決めつけや押し付けに対して敏感に反応する自分がいたんですが、岡村さんはそういう圧がまったくない人だったので、ぜひ一緒に仕事をしてみたい！　と思いました。「ちょっと不思議でかわいい大人の男性の話を聴きたい人たち、集まれ！」というスタンスで、自分が今聴きたい番組をやるぞ！　と提案しました。運よく、制作することが決まって、すぐ、フリーでディレクターをしている増田さんは、岡村さんを好きに違いない、と声をかけたんです。

増田　覚えてます。局の廊下ですれ違った時に、急に「岡村ちゃん、好きだったよね？」と聞かれて。「番組やるとしたらやる？」と。「やります！」と即答しました。岡村ちゃんが好きということは話してたんですかね？

鎌野　いや、聞いてはなかったけど、カマをかけたんです。絶対好きな人が作らないと！　と思っていたから。

増田　多少なり、仕事の場で自分の嗜好を表に出しておくのは大事なんだなと今回思いました。

鎌野　どんなコーナーを作るかは、岡村さんともしっかり話をして、『とにかくいろんなことを体験したい』とおっしゃっていて。岡村さんが体験して、不器用に聴こえると思わせたり、すごく天才的な面を見せてみたり、そういう様子をリスナーのみなさんに楽しんでほしいという意向が強くあったんですよね。まずは季節特番として始まって、岡村さんだけの回が続いたら、ゲストを入れるという流れで進めていきました。

増田　「何を学びたいですか？」と岡村さんに投げて、そこから人選を提案することが多かったですよね。

鎌野　最初に学びたいテーマがあって、ゲストは誰が相応しいかをディスカッションしながら決めていきましたが、岡村さん発信の場合もあれば、こちらが推薦することもあって、本当にケースバイケースでした。増田さんと私という女性2人で作っていた番組だったので、自分たちが聴きたいものに正直でいれば、リスナーであるベイベのみなさんもきっと喜んでくれるはず、と信じてやっていました。

増田　編集作業でも、岡村さんに対するキュンポイントを、いかにナチュラルに残すか、そのバランスも意識しました。

鎌野　岡村さんは、リフレインしながら自分の言葉として理解していくというプロセスを踏んでいるのかな？　と感じることがよくありました。ブースで話しながら、いきなり味のある絵を描き出したり。本当に、大人子どもみたいな方だから、母性本能をくすぐられました。こちらが強めに言うとほんの少しだけムキになったり、そういう不器用さにツッコミを入れたくもなるし、同時にすごくキラキラもしてる。岡村さんを困らせながら、彼の持つかわいらしさを引き出したい！ という欲求はありました。

増田 残念ながら、書籍には収録できませんが、咀嚼音（※）とかもそうでしたよね。食レポしながら食べる岡村さんを愛でるという。

鎌野 当時、ＡＳＭＲ（※）が流行っていたので、トークのペースを変えるフックになるし、岡村さんがやれば、気持ち悪くならずに上品になるはず！ と踏んで。ベイベのみなさんを、ちょっとしたエロスの世界へ誘う企画だったんです（笑）。

増田 きっとヘッドフォンをして、耳元で咀嚼音を楽しんだ方も多かったはずですよね。放送後、「ずっと続けてほしい」という反響メールがかなり届いて。

鎌野 放送中もTwitterでリアルタイム反応を見ていましたけど、ネガティブな声がまったくなく、これは継続だと決めました。

増田 最初は、岡村さんも「本当に需要あります？」と懐疑的でしたが、後半から前のめりになってきて。音楽家らしく、よりよい音を出そうと工夫してくれましたよね。

鎌野 私たちも回を重ねるごとに学んで、いい音が出やすいご当地グルメを選べるようになったしね。

※咀嚼音
番組内のレギュラーコーナーで、リスナーからおすすめの銘菓などを実際に岡村が食べ、その咀嚼音を放送した。

※ＡＳＭＲ
Autonomous Sensory Meridian Responseの略で、自律感覚絶頂反応と訳されることが多い。聴覚や視覚への刺激によって感じる、心地よい反応や感覚。

岡村靖幸は常識人である

鎌野 最初の打ち合わせで思ったのは、岡村さんはテーマを決めるととことん勉強して掘り下げきる方だな、と。ベースとして知性という豊かな土壌があるから、リスナーから届いた言葉やゲストとの交流で、音楽家としての何かを刺激されて、ピっと何かつながるんだなという気がしました。そもそも番組を始める前までは、生み出す歌詞や音楽はもちろん、ステージで歌って踊る姿を見るにつけ、私は岡村さんって天才で感覚派だというか、奇をてらった方なのかと勝手に思っていたんです。でも、全然違うんだなって。

増田 じつは、すごく地に足がついていますよね。

鎌野 そうそう、常識人なんですよ。

増田 包容力があって、人が好きなんだろうなと感じました。少年少女に聴いてほしいと言っていたのも印象的で。

鎌野 きっと一人で作業して曲を作る時にも、いろんな人へ思いを馳せている人だからこそ、自分も少年少女の気持ちを持っていて、そういう発言ができるんですよね。自分が若かった頃に、こういうことやってくれるおじさんがいてくれたらよかったな、という。

増田　なのに、まったく上から目線じゃないのがすごい。

鎌野　基本が優しいし、柔軟なんですよね。仕事にプライドはしっかり持ってはいるけど、巨匠ぶったり偉ぶることはしないし、常に謙虚でフレッシュ。あとは、いろんなことを決めつけたりしない。私が決めつけるような言い方をしがちなほうなので、「そういうふうに決めつけないほうがいいですよ」と言われたりして（笑）。若い頃のイメージを見ると、ともすれば繊細で壊れそうな青年みたいなイメージを持たれてもおかしくないけれど、そんなことはなく、逞しさもあるし、ベースの哲学に、かなり損得勘定があるんですよ（笑）。こちらの提案をダメ出ししたり、否定したりすることはもちろんないんですけど、需要と供給、メリット、デメリットで冷静に判断されている場面は多かったですよね。

増田　そういう時は、「それの何がいいんですか？　本当に聴きたいですか？」と詰められてましたよね。

鎌野　「私は聴きたいです！　とにかくやってください！」で押し通しました（笑）。

忘れられない、放送時のエピソード

鎌野　宇多丸さんゲスト回（＃03）は、二人の間に流れる活気がたまらなかったし、痺れました。

増田　ラジオに慣れている宇多丸さんの懐に、ツッコミ待ちの岡村さんが入っていくモードでしたからね。

鎌野　おふざけ担当なんですよね、岡村さんって。真面目な宇多丸さんが軌道修正してくれるから、心置きなくふざけられる。それが、めちゃくちゃ楽しいんだろうな、と。

増田　その場の瞬発力で、思いもかけないセンスのワードが出てくるのも面白かったです。

鎌野　メールの答え一つとっても、予想できないことが返ってくるんですよね。石臼を買ったとか、スーパーボールを買ったというエピソードも面白かったし。

増田　鎌野さんは、（構成）作家であり聞き手役としてブースの中で岡村さんの向かいに座っていたので、私は外の小窓から二人のトークを映画のように面白がって眺めてました（笑）。

鎌野　本当に腹がよじれるくらい笑いました。収録中、笑いを堪（こら）えるのにもう必死（笑）。そもそも私という存在の影は出さないほうがいいだろうと考えていたので、あくまで盛り上げ役というか、岡村さんに変なことを言わせる装置としてブースにいて、もうちょっと押したら何か出てきそうだなと思ったら、「何、ふわっとしたこと言ってるんですか？」とツッコミを入れることをやっていました。

増田　岡村さんが、唐突に鎌野さんに質問しているのを見るのも面白くて。曲間で、いきなり「母っていうのは、一体どういうものですか？」って聞いたりとか。

鎌野　親子という関係に興味があるんでしょうね。大体2ヵ月、3ヵ月のスパンで収録で会うたびに、私の子どもが元気にしているか、コロナ禍でまいってないかを聞いてくれるんですよ。聞くのが仕事なので聞かれる機会ってそうないんですが、岡村さんからはいつもインタビューを受けているようで、すごく刺激的な時間でした。

いくつになっても学ぶという姿勢

増田　コロナ禍の時期だったからこそ、「みんな何買った？僕はこれ買った」みたいな、すごくラジオらしい距離の近いトークの広がりがありましたよね。あらためて振り返ると、ラジオならではの楽しみ方が凝縮された番組だったなあと思うんです。一般的に、ラジオリスナーは男性の数が圧倒的に多いけれど、岡村ちゃんをきっかけに女性リスナーが集まって、習慣としてのラジオを楽しんでくれたんじゃないかと。ラジオという空間は、いつもはちょっと遠い存在のアーティストを、一普通の人間として対峙させてくれるので、ラジオだと岡村ちゃんのこんなところまで知れちゃうんだ！　という発見もあったでしょうし。

鎌野　私たち自身も、女性リスナーの一員という感覚で、「Twitter上でみなさんが私たちと同じように反応してくれていることが、すごく嬉しくて。岡村さんと増田さんと一緒に作ったものを放送し、リスナーのみなさんが満たされている感覚を共有して、それを確認するまでが私にとってこの番組でした。「岡村ちゃんがこういうことを言ってくれるから、私たち明日も頑張れるよね！」と、リスナー間で連帯感が言わずもがな育まれているのが実感できたし、ツイートしてくれた方たちにすごく感謝しています。唯一無二の才能がある人と組みながら、自分に正直に番組が作れたという経験も貴重でしたし、岡村さんとは、何かの機会でまたご一緒したいなと思っています。

増田　岡村さん、番組でNHKのドキュメンタリーを宣伝しまくってくれてたじゃないですか。あれ、コーナー化できそうですけどね。見たくなりますもん、岡村ちゃんのレビュー。

鎌野　全部の番組録画してるからね。本当に、この世の人でこの世の人でないみたいな（笑）。不思議な方だよね。最終回、ゲストに満島ひかりさんを迎えたのは私からの提案だったのですが、満島さんと面識がない岡村さんにとっては、挑戦でもあり、歌詞の朗読という挑戦もダブルであって。岡村さんは、恥ずかしいことをやりたくないけど、やらなきゃいけないという複雑な感情がいつもあるんですよね。岡村さんがどんどん成長して、新しいことを吸収しようとしているその姿勢は、高齢化社会が進む世の中でめちゃくちゃ大事なメッセージになっている。番組をやっている間、ずっとそう思っていました。「いくつになっても苦手なこと、恥ずかしいことをやらなきゃいけない、恥ずいけど」という学ぶ姿勢だから、何が飛び出てくるかわからないし、ちょっと溜めたあとに出てくる言葉が爆笑を誘う。いろいろな方とお仕事をさせていただいていますけど、あんなにユニークな人はなかなかいない、と思っています。

岡村靖幸のカモンエブリバディ

＃ 08

2021年1月2日放送

ケラリーノ・サンドロヴィッチさん、犬山イヌコさんとラジオコントに挑戦します

「正解は本当に無数にあってさ、
こういうふうにやらないとダメっていうことは、
とくにないんだけど、
こういうふうにしたほうが笑いやすい、
みたいなヒントはいくらでもあるでしょ」

IMAGINATION

ケラリーノ・サンドロヴィッチ

→ P.99

犬山イヌコ（いぬやま・いぬこ）

東京都生まれ。女優、声優、ナレーター。ケラリーノ・サンドロヴィッチを中心に「劇団健康」を旗揚げし、後継の「ナイロン100℃」でも旗揚げから参加。声優としては代表作にTVアニメ『みどりのマキバオー』のミドリマキバオー、『ポケットモンスター』シリーズのニャース役など。近年は海外ドラマや洋画の吹き替えでも活躍中。

前回は好き勝手なこと言ってればよかったけど…

岡村　今回は、僕が念願のラジオコントに挑戦する様子をお届けします。去年8月にケラリーノ・サンドロヴィッチ（以下、ＫＥＲＡ）さんをお迎えして、企画会議の様子を放送しましたね（#05）。今回は、ＫＥＲＡさんに演出、俳優の犬山イヌコさんにお相手をしていただいて実践編をお送りします。

というわけで、今回のゲストをご紹介します。東京都出身、劇作家、演出家で、映画監督。そしてミュージシャンで劇団も主宰するこの方、ＫＥＲＡさんです。よろしくお願いします。

ＫＥＲＡ　明けましておめでとうございます。

岡村　そして、もうおひと方スタジオにお迎えしてます。俳優の犬山イヌコさんです。ＫＥＲＡさんとは、劇団旗揚げの頃からお仲間で、声のお仕事なども数々こなされてきた大ベテランということで、今回お手合わせをよろしくお願いします。

犬山　よろしくお願いします。犬山イヌコでございます。

岡村　夏に放送した回では、ＫＥＲＡさんとのコントの企画会議をしてみました。そして、なぜ僕がコントに挑戦してみたいか、ということを含め、お話ししました。それを受けて、今回実際に僕がコントに初挑戦する様子や、ＫＥＲＡさんの僕への演技指導の様子などをお届けしたいと思ってます。（小声で）貴重ですねこれは……。と、言うのはね、ＫＥＲＡさんの演技指導を生で聴けるってことが本当に貴重なので、僕にとっても貴重な機会になるかと思っております。

ＫＥＲＡ　本当に……変わった人だねえ（笑）。それを自ら望むっていうさ。前回は、ああでもないこうでもないと好き勝手なことを言ってればよかったけど、今日はいよいよ本当にやるということで。半分リスナーの人は置いておいて。

岡村　本当ですよね。ちょっとピリッとしてますもんね。

ＫＥＲＡ　うん。あんまり聴いてる人のことを考えてるとね、そんな余裕ないから（笑）。

岡村　前回の企画会議では、１９７５年に小林克也（→Ｐ．２５９）さんと桑原茂一（※）さんによって始まったプロジェクト、伝説のラジオ音楽番組として名高い『スネークマンショー』（→Ｐ．１０５）のようなコントを目指そう！という話になりましたね。伊武雅刀（※）さんやＹＭＯ（→Ｐ．１０９）のみなさんも参加されていて、僕たちの世代は本当に影響を受けた番組でしたよね。

※桑原茂一
１９５０年、岡山県生まれ。プロデューサー。73年、アメリカの雑誌『ローリングストーン』日本版創刊に参加。75年にスネークマンショーの活動をスタート。82年、原宿に日本で初のクラブ「ピテカントロプス」をオープン。以降、フリーペーパーの創刊など、ジャンルを問わず幅広く活動を続ける。

※伊武雅刀
1949年、東京都生まれ。俳優、声優、ナレーター。『スネークマンショー』で一世を風靡。その卓抜した声の魅力で以後、俳優を中心に活躍。主な作品にドラマ『白い巨塔』、映画『ゆれる』などがある。

KERA　そうですね。一部の人だったのかもしれないけど、僕らはずーっと真似してましたからね。
岡村　毒気も含めてね、すごく刺激でしたね。
KERA　『スネークマンショー』以降もね、桑原さんはずっとラジオコント的なことをやってらして。ずっと過激でしたよね。
岡村　前回、KERAさんがおっしゃってて、考えてみればそうだな、と思ったんですけど、やっぱりリズム芸なところがありますよね。往復だったりとか、何回もリピートしたりとか、ループすることによって、同じなのにだんだんおかしくなってきちゃう……。で、映像がない分、こちらはだんだんイマジネーションで勝手に画を描いちゃう、みたいな。面白みやおかしみや、何か不思議な感じ、シュールとは？　みたいなことも、子ども心に『スネークマンショー』で結構学んだような気がします。
KERA　犬山はあんまり……聴いてなかったの？
犬山　聴いてたよ（笑）。やっぱり、「だーれ」とかああいうのは。
KERA　あれ有名だったね。「ドンドンドン。警察だ！」っていうやつね。わかんなくても面白かったよね。
岡村　子ども心にね。

演出はすげー楽しそうにやってますもん

KERA　今日、犬山を連れてきたのはね、さすがにコントを作るっていうことになると、前回「いざとなったら、俺が相手役やりますよ」なんて言っちゃったけどさ。俺、俳優じゃないしさ、岡村くんも違う（笑）。
岡村　はい。俳優じゃない。
KERA　一人プロフェッショナルな人を入れておいたほうがいいんじゃないかと思って。
岡村　あー、そっか、そういうことか。
KERA　もう30年前ぐらい、劇団の旗揚げから、ナイロン（100℃）の前の健康（※）から一緒にやってるので。

※健康
劇団健康。1985年、バンド有頂天のボーカリストであったケラ（当時）を中心に、犬山犬子（当時）、田口トモロヲ、みのすけらによって旗揚げ。90年に劇団名を「劇団健康」から「健康」に改名。92年解散。その後、2005年に復活公演を行っている。

犬山　長いですな。
KERA　だから、ちょっとお願いしますよ、犬さん。初見の台本には慣れてるでしょ（笑）。
犬山　そうでごじゃーすね。

KERA　いつも切羽詰まるとね、配ってすぐ1回読んで立ち稽古する。

犬山　そうそう。1回読んだらすぐ立ち稽古っていう。そうしないと間に合わねえっていう（笑）。

岡村　すごいなあ。劇団をやられてたり、演出されたりしてて、もちろん原作があろうがなかろうが脚本書くことも大変でしょ？　あったらあったで、どうやって自分流にするんだろうとかもそうだし。役者の方々、どういうメンツでやるかによってまた全然変わってきちゃうでしょうし。で、膨大な脚本を書くわけじゃないですか。シナリオを。

KERA　うん。しかも稽古しながらね。

岡村　プラス演出もやるわけでしょ？　大変だわー、って思うのはどっちですか？　演出と脚本を書くことと。

KERA　えーっとね、脚本のほうが大変かな。

犬山　だって、演出はすげー楽しそうにやってますもん。

KERA　本当？　そう見える？

犬山　この間のも、楽しそーでしたよ。

岡村　そうですか。嬉々として。

KERA　台本書くのは一人の作業じゃないですか。奥さん（緒川たまき）に手伝ってもらったりしてますけど。一方で、稽古場は誰かがなんとかしてくれるっていうか、みんなで力を合わせれば乗り越えられる、っていうのは……ありますよね。

岡村　一人で対峙して戦わなくちゃいけないですもんね。だから、音楽で言うと、詞。自分で詞を書いて、自分で曲を書いて。

KERA　原作ものならまだいいけど、オリジナルの台本の時は、もう俺次第っていうか、全部自分の責任だから。

岡村　脚本が根っこですもんね。

KERA　そう。幕が開いて、知り合いが観に来てくれたりして。コロナで面会もできないから、楽屋で感想を聞くことも、最近なくなりました。最近はTwitterの感想とかも読んでるけど。

岡村　あ！　今、そうなんですか。

KERA　そうなんです。

岡村　もう、あの楽屋参りはないんですか。

KERA　ないんです。

犬山　楽屋参りって。

一同　（笑）。

岡村　あれ一番楽しいのに……。

KERA　知り合いに「面白かった」って言われても、嘘か本当かわかるからね。お世辞かどうかは。「つまらなかった」ってわざわざ言う人はあんまりいないんだけど。本当に楽しそうだな、とか思うと、そういう表情を見て、一つ仕事を終えたって感じが僕はするわけです。

岡村　はいはい、わかります。そうか……そういうのも変えてしまったんですね。

KERA　だから、来たか来てないかもわかんなかったりするんだよね。ほら、Twitterなんかもさ、いろんな彼女らの事情でさ、呟けなかったりするじゃない。俳優さんだったら、こっそり入っているドラマの現場を抜け出して観に来てくれたりとかさ。

犬山　他の仕事との兼ね合いでね。
ＫＥＲＡ　とかね。やっぱり、こいつ出歩いてんじゃん、コロナ持ってこねえだろうな、みたいなプレッシャーもあるんじゃないの？
岡村＆犬山　うーん。
犬山　そうね。差し入れも禁止だからね。
ＫＥＲＡ　ケータリングも禁止。
岡村　え――。
犬山　美味しいものがいっぱい食べられるやつなのに。
岡村　醍醐味なのに。
ＫＥＲＡ　食べられるやつ、ってなんだ（笑）。
犬山　だって……普段食わねえような、なんか美味しいものが集まってくるでしょ？
ＫＥＲＡ　集まってくるねえ。
岡村　頑張って頑張って頑張ってリハやって、頑張って頑張って頑張って本番やって、ご褒美として「いやよかったよ〜。やばいね、最高だね」って言われたりとか、美味しいお土産があったりとかして（笑）。
ＫＥＲＡ　あとね、お酒飲む人はさ、お酒を集まって飲むことも、打ち上げとかもないから、基本終演後はみんなバラけて家に帰る……。
岡村　それもすごいご褒美の一つなのに……。
ＫＥＲＡ　楽屋でさ、軽く缶ビールの1杯も飲みたいでしょ？
犬山　それも、一切なかったからね。
ＫＥＲＡ　本当に飲兵衛の人、かわいそうだよね。
犬山　だから家ですげえ飲んでるんだね。
ＫＥＲＡ　だろうね。もう走るようにして帰っていくもんね。みんなね。
岡村　……早くこのパラレルワールドから抜け出したいですね。
ＫＥＲＡ　本当ですよ。
岡村　勘弁してほしいですね。

奇跡のレッスンではないですか？

岡村　それでは、ここでメールを紹介しようと思います。

「ＫＥＲＡさんとの放送を楽しく拝聴しました。岡村さんが冷静なので『我を忘れるぐらい演技でコントをやってみたい』『ＫＥＲＡさんの演出指導を受けたい』という熱望にとても共感しました。私も同じ世代です。だからか、これから挑戦したい、しごかれたい、いろいろやってみたい、の気持ちが強いです。コロナで先は不安定ですが、なぜか気持ちは前向きでチャレンジしていこうと思っています。岡村さんが、演出の指導を受ける過程を放送することで、若い世代が影響を受けたり、勉強になる、ということも、共感します。奇跡のレッスンではないですか？　と思うし、岡村さんのリズム感もすごい！　ＫＥＲＡさんの演出はすごい！　と想像してます。演劇って世界を変えてくれそうな気がします」――愛知県

犬山　結構大層なことになってますよこれは……。
KERA　奇跡のレッスン……。大層な期待を受けちゃったね。まずいな、この過度な期待は。
犬山　結構な（笑）。
岡村　ヘレン・ケラー（※）的な（笑）。

※ヘレン・ケラー
1880年アメリカ・アラバマ州生まれ、1968年没。幼くして病気で視力と聴力を失うも、家庭教師のサリバン先生の献身的な教えによって大学に進学。以降は、障害者の教育・福祉の発展に尽くした。また、ヘレンを題材に戯曲や映画『奇跡の人』がある。

KERA　ヘレン・ケラーって、長期にわたってやるやつでしょ？　でもね、前回はまったく準備する時間がなくて、でも今日は少しだけ台本を書いてきたので。
犬山　お、やったあ。
岡村　すごーい。
KERA　いや、まあまあまあまあ。

ただ繰り返すことで生まれる「おかしさ」

岡村　じつは、ケラリーノ・サンドロヴィッチさん、1月3日がお誕生日なんですね。おめでたい。おめでたい時期に生まれた方なんですね。ここで1曲お聴きいただきましょう。KERAさん、おめでとうございます。

♪KERA『LANDSCAPE SKA』

KERA　『スネークマンショー』って、きっと丸一日録って、みんなでなんか雑談しながら、例えば壁を叩いたら、こすったらこんな音がするとか。で、この音ってちょっと、左官屋さんみたいだねとか。じゃあ左官屋が壁を塗ってるコントどうかな、みたいな。そうしたら、「シンナーに気をつけてカベ塗んな」っていうのを繰り返したらどうかな、みたいな発想だと思うんだよね。
岡村　そうですね。
KERA　ギャグとかじゃないんだけどさ、ちょっとやってみて。例えば、犬さんが女の人で、ドアがあって「あたしちょっと着替えてくるね～」って言って（笑）、パタンと閉めて、またガチャって開いて「どう……？」って聞いてくれる？　そしたらリアクションをするから。1回いなくなって、「バタン」って自分で言って、また出てくればいいの。
犬山　「ちょっと、着替えて……」。この声じゃないほうがいいの？
KERA　もうちょっとニュートラルな声。素でしゃべってるほうがおかしいっていうのはどういうことなの（笑）。
犬山　「ちょっと着替えてくるね」
KERA　「ああ、そうして」
犬山　「……バタン。ガチャ。どう？」
KERA　「いい……似合うと思うよ」

ＫＥＲＡ　で、繰り返して。
犬山　「ちょっと着替えてくるね」
ＫＥＲＡ　「うん、そうしな」
犬山　「バタン……どう？」
ＫＥＲＡ　「似合う……（笑）似合ってる、似合ってる……と思うよ（笑）」
犬山　「ちょっと着替えてくるね」
ＫＥＲＡ　「ああ、そうしな」
犬山　「バタン。ガチャ。どう？」
ＫＥＲＡ　「ひひ。いいと思うよ（笑）」
ＫＥＲＡ　……みたいなさ（笑）。こういう、ただ繰り返してるだけなんだけど、どんどんリアクションだけが大きくなってってって。
犬山　うんうん、うんうん。
岡村　面白いすね。
ＫＥＲＡ　演劇だと、犬山さんは笑われたことに対して、なんで笑ってるんだろうと不穏になっていくじゃない。それは、ちょっと違うんだよね、今回僕が考えてることと。
犬山　いらないんだよね。
ＫＥＲＡ　いらないんで、そこは。こっちだけが変わっていく。
犬山　同じでいいんだ、わしは。
ＫＥＲＡ　そうそうそう。で、あるいは、変わってくとしても、相当遅れて変わってくる。もう爆笑になってから、ちょっと変だ、と思うようなね。
岡村　あー、なるほど。
犬山　うんうん（笑）。
岡村　あと、音ネタありましたよね。同じことをずーっと言ってるんだけど、音楽が上手にこう……効果を上げてて。
ＫＥＲＡ　そうだね。あと、間が半拍、１拍あって、ドーンと音楽入るとか。
岡村　そうそうそう。例えば、あの……ここに今シンセがありますけど、「私は人間を信じてる」って言うとするじゃない。
ＫＥＲＡ　うん、うん。
岡村　「私は、人間を、信じている…（シンセの音が流れる）私は、人間を、信じている…（コードが変わる）私は…人間を…信じて…いる…私は…人間を…」。みたいなね。
ＫＥＲＡ　絶対信じてない！　絶対信じてない！（笑）
岡村　こういう感じですよね（笑）。で、おかしいな、シュールだなってなっていくという。
ＫＥＲＡ　そうすると、なんか真似したくなる。
岡村　そうそうそう。
ＫＥＲＡ　ちょっと本当に……、ワークショップやってるみたいな気持ちになるね（笑）。
岡村　楽しみですけどね。

これ……お手本じゃないよ

KERA　台本が配られております。

岡村　すごーい！

KERA　台本の種類としては、2種類しかないんですよ。一つは手品の本で、この間やってたお芝居の一部を膨らませたものなんだけど。

犬山　うんうん、うんうん。

KERA　それは、わりとシュール度はあんまり高くない。で、もう1個のほうは、なんだかよくわからないものなんですよ（笑）。わかるものから先にやってみたいんだけどさ、本当に犬山さんも岡村くんも、今初めて台本を見てるから、じゃあどうしようかな。手品をする女を……。犬山イヌコって書いてある台本あるでしょ？

犬山　これをやってみる。

KERA　こういう台本ですよっていう意味で、僕が1回「男」をやってみますんで。これ……お手本じゃないよ。

岡村　なるほど、なるほど。

KERA　それで、今度は逆のやつを二人でやってみてもらっていい？

犬山　わかった。

KERA　じゃあ……トランプ手品のコントです（笑）。

犬山　初見でございやす。

KERA　はいはい、本当に初見なので。

犬山　「……暇ねえ。正月っていうのは」

KERA　「暇だねえ。正月っていうのは」

犬山　「トランプ手品でもする？」

KERA　「できるの？」

犬山　「できるわよ。そのぐらい」

KERA　「おいおいおい。やってやって！」

犬山　「いいわよ。ここに、1組のトランプがあります」

KERA　「はい」

犬山　「1枚引いてください」

KERA　「はい」

犬山　「はい。では戻して……」

KERA　「……はい」

犬山　「では、よく切りまーす」

KERA　「はいー」

犬山　「さっきあなたの引いたカードは……これね？」

KERA　「へ？」

犬山　「これ、さっきあなたの引いたカードでしょ？」

KERA　「いやー、覚えてないよ」

犬山　「えー？」

KERA　「覚えてない！」

犬山　「覚えなさいよー！」

KERA　「いやだって、覚えろなんて言われなかったからさあー」

犬山　「言われなくたって、覚えるのよー、普通は！」

KERA　「わかったよ……もう1回やって」

犬山　「ふーん……ここに1組のトランプがあります。引いて？　1枚」

KERA「はい」
犬山「覚えた？」
KERA「覚えた」
犬山「戻して」
KERA「はい」
犬山「じゃあ、よく切ります……あなたの引いたカードは……これね！」
KERA「……」
犬山「えー？」
KERA「……たぶんそうだと思う」
犬山「たぶんってなに⁉」
KERA「たぶんそうだよ。君がそうだって言うなら……」
犬山「そうなのよ！」
KERA「いやだから、じゃあそうだよ！」
犬山「覚えろっ、つったよねえ⁉」
KERA「言ったよ！」
犬山「じゃあ、なんで覚えないの⁉」
KERA「覚えたよ！　覚えたけど忘れたの！」
犬山「バカじゃないの⁉」
KERA「……もう1回やって」
犬山「ここに1組の……」
KERA「それは、もうわかった」
犬山「引いて」
KERA「うん」
犬山「覚えた？」
KERA「覚えた！」
犬山「……」
KERA　あ、覚えたじゃねえや……（笑）。「今から覚えるとこだよ！」
犬山「早く覚えなさいよ！」
KERA「……覚えた」
犬山「覚えたら戻す。切ります。はい。これですね！」
KERA「……」
犬山「えー！　忘れたのー⁉」
KERA「忘れた…」
犬山「なんで忘れるのー⁉　えー、どうすれば忘れられるの⁉」
KERA「もう1回やって。もう1回やって」
犬山「引いて！」
KERA「覚えた」
犬山「戻す、切ります、これね？」
KERA「……」
犬山「ええ——⁉」
KERA「もう1回！」
犬山「引いて覚えて、戻して切ります。これでしょー⁉」
KERA「……」
犬山「え————！」
KERA「もう1回！」
犬山「引いて覚えて戻して切ります、これね？」

……僕がやるんですか？

KERA　これがずーっとできるっていう……。
岡村　（笑）。面白いなあー。（拍手）
KERA　ありがとうございます。これは、たぶん、だんだんエキセントリックになるのは、手品をやるほうなので。この男と女が逆転したものをやってみてください。犬山さん、俺の真似しなくていいからね、別に。
犬山　うん。
KERA　いやまあ、こういう手品ですよ、じゃない……（笑）。こういうコントですよ、っていうサンプルだから。
犬山　（笑）。
KERA　じゃあ……1回やってみましょうか。はい、どうぞ。
岡村　……僕がやるんですか？
KERA　そうだよ。
犬山　（笑）。
KERA　そうそう、そうそう。また俺がやったら、これなんの番組かわかんなくなっちゃう（笑）。では岡村さん、どうぞ。
岡村「暇だね。正月ってのは」
犬山「暇だねえ」
岡村「トランプ手品でもする？」
犬山「できるの？」
岡村「できるよ、そのぐらい」
犬山「へえー。やってやって」
岡村「いいよ。ここに1組のトランプがあります」
犬山「はい」
岡村「1枚引いてください」
犬山「……はい」
岡村「はい！　では戻して」
犬山「……はい」
岡村「では、よく切ります」
犬山「はい」
岡村「（トランプを切る音）あなたがさっき引いたカードは……これですね！」
犬山「……え？」
岡村「これ！　さっき引いたカード、これでしょ？」
犬山「覚えてないわよ、そんなの」
岡村「え――――」
犬山「覚えてない。覚えろなんて言わなかったじゃない」
岡村「だって、言わなくたって覚えるでしょ？　普通は」
犬山「わかったわよー……もっかいやって」
岡村「（舌打ち）チッチッチ……ここに1組のトランプがあります。引いて1枚」
犬山「はーい」
岡村「覚えた？」
犬山「覚えたー」
岡村「じゃあ戻して」
犬山「はい」
岡村「よく切ります。（トランプを切る音）あなたの引いたカードはこれですね！」
犬山 「……」
岡村 「えええ！」
犬山 「たぶん、そうだと思うよ」
岡村 「たぶん、って何!?」
犬山 「だから……そうなんじゃない？」
岡村 「そうなんだよお！」
犬山 「だってだから、もう、じゃあそうよー」
岡村 「覚えろっ、つったよね？」
犬山 「言ったわよー」
岡村 「じゃあなんで覚えないの？」
犬山 「覚えたわよ」
岡村 「バカじゃあないの？」
犬山 「覚えたけど忘れたの！」
岡村 「バカじゃないの？」
犬山 「人の話聞いてよ、もうちょっと。もう1回やって」
岡村 「（怒りに震えながら）ここに1組の……」
犬山 「わかったわよ、それはー」
岡村 「んー、じゃあ引いてください！」
犬山 「はーい」
岡村 「……覚えた？」
犬山 「今から覚えるところよー」
岡村 「早く覚えろよ……（だんだん小声になる）」
犬山 「覚えたわよー」
岡村 「覚えたらさっさと戻す……切ります！　……はい！　これですね！」
犬山 「……」
岡村 「え――！　なに――（笑）。忘れたの!?」
犬山 「忘れたー」
岡村 「ええ、なんで忘れるの！」
犬山 「あなたがワーワー言うからよー。もうちょ…」
岡村 「引け――！」
犬山 「……もう、覚えた」
岡村 「戻す切ります、はいこれですね！」
犬山 「……」
岡村 「お――い！」
犬山 「もう1回！」
岡村 「……ひ、ひ、引いて、覚えて、戻して。切ります！　はいこれね！」
犬山 「……」
岡村 「え――！」
犬山 「もう1回」

さっきやればよかったなー、と思ったことを見事に

KERA はいはい、はいはい。これ、最後のパートをループさせてもいいんだよね。ずーっとループを続けて。
犬山 一生続く……（笑）。
岡村 いま早めに（怒りの）スイッチ入りましたけど、これでいいんですかねー？
KERA 最初がいかにも食うのが早すぎたね（笑）。でも、素晴らしいよ。

岡村　本当ですか。
犬山　すごーい（笑）。あと……トランプを切るやつ……わしがさっきやればよかったなー、と思ったことを見事に。
KERA　あー、そう。
犬山　大事な音。
KERA　これ、最初がいかにも、まだ何もおかしくないところで異変が起こるのっていうのがね。
岡村　そうなんですよね！　僕1回ネタを聞いてるから、面白みがもうわかっちゃってるから。
犬山　そうだ。
岡村　早め早めってなっちゃったんですよね……。
KERA　ここまでは、聴いてる人は、何が起こるかな、って興味だけでもつ尺だと思うので。
岡村　どれぐらいのタイミングで温度上げるのが正解だったんですかね。
KERA　温度上げるのは……覚えてない、っていうのが、「覚えてないわよ、そんなの」っていう最初の……セリフ。最初の異変に対しての「えー」って言うのが早すぎたよね。
岡村　これね。そこはもう、ただ意外で、まだ怒りにはなってない。
KERA　え！　え!?、って。
岡村　なるほど。
KERA　で、それに対して、覚えろなんて言わなかったじゃないか、っていう言い分がくるから、それに対して初めてちょっとカチンとくるから。
岡村　この「言わなくたって覚えるだろ、普通は」ってどのぐらいの温度ですか？
KERA　これはね、たぶん、呆気に取られる感じは強くほしい。あの……「言わなくたって覚えるだろう普通……」っていう。ええー？　っていう。
岡村　キョトンみたいな。
KERA　なぜそうしたほうがいいかっていうと、だんだん変化をつけていくためには、先にあんまりヒートアップしちゃうと、最後がもうもたなくなる。
岡村　そうですよね。今そうだったと思うんですよね。ちょっと早かったような気がするんですよね。
KERA　うんうん。でもなんか、最初の「暇だね、正月ってのは」ってのは、さっき俺も若干急いだけど、どっちかっていうと、うしろになんらかの音楽が流れてる、ぐらいの気持ちで、「退屈だなー……」っていう感じの。ちょっと気怠い感じでね。
岡村　それが出るといいんですかね（笑）。
KERA　そうそう。
岡村　例えば……ピアノみたいのが……。
（シンセの音）
KERA　あー、いいねえ。すごいね（笑）。生で演者が弾くって。
岡村　でも、これは無理ですけどね。演じながら、弾くっていうことは。
KERA　正月だからちょっと……、そういうようなのがあっても。

岡村 今、最後のほう、僕、怒号がワーっとなりましたよね。どのあたりでなると……正解ですか？

KERA えーっと……正解（笑）っていうのは俺もわかんないんだけど。

岡村 最後のほう、「引け！」とか言ってますよね。「おーい！」とか。

KERA たぶん、「だからそうなんじゃない、あんたがそうだって言うなら」っていう……相手の出方に対しては、イラっときていいと思うのね。そんな言い分はないじゃない。手品をやってくれって言われて。

岡村 うん（笑）。

KERA で、「そうなんだよ」「じゃあ、そうよ」っていう……そういう売り言葉に買い言葉みたいな部分もあって。

岡村 あと、間が難しいなあと思いました、やっぱり。こういうことやったことない人間には。今、僕かなり被せちゃいましたけど。被せるとわかんなくなりますよね。

KERA そう、この被せないというのもすぐには、みんなできないっすよ。やっぱり感情は前のめりになってるから、早く言いたいってなっちゃう。

岡村 言いたいんですよね。

KERA でも、相手のこの単語までは言わせてあげないと、何を言わんとしたかがわからないから。

岡村 絶対そうですよね。

KERA っていうようなことは、どの作品でもあるよね。

犬山 ある。KERAさんの場合は多いですね。だけども、単語を聞かせようと思っていると、遅いタイミングになっちゃったりして。

KERA なんか感情が嘘になっちゃったりもする。

岡村 なるほど。

KERA そういう場合は、一つ単語を切って詰めたりもするけどね。あと、お客にバレちゃうというのもあるんですよ。あんまりじれったいと。

岡村 あー、なるほど。

犬山 この本にも「被せて」ってト書きがあるんだけど（笑）。

KERA そうね。しかもその、「はい」っていう2文字のあとに、被せてっていうセリフがあったりしたから、実際「はい」に被せるとほぼ同時ってことになるじゃない。

犬山 そうですな。

KERA だから……俺の気持ちで書いてんだよ、これね。

犬山 あ、被せるぐらいの感じでっていう。

KERA うん、でも「ここに1組のトランプがあります」というセリフが繰り返されてるから、「ここに1組のトランプがあります」まで全部言わせて、「もうわかったよそれは」って言うよりも、言い出すなり……またそれを言ってるっていうことが聴いてる人にわかるなり「もうわかったよそれは」と被せるなり。

岡村&犬山 うんうん。

KERA でもさあ、俺もこんなこと言っときながらなんだけど、俳優さんってさ、これをさ10分とか1時間とかさ、2時間とか、連続して……継続してやってる……。俺、この3行についてはもっとこうして、とか言えるんだよね。その瞬間はこの3行のことだけ考えてればいいから。すごいよね。犬山を褒めるために呼んだわけではないんだけど。
岡村&犬山　（笑）。
KERA　すごいと思うよ。俳優さんって。
犬山　いやー、そうねえ。みんなすごいね。
KERA　ドラマとかだとさ、ワンカットとか、そこだけ覚えればよかったりするでしょ？
犬山　そう、舞台は忘れちゃいけねえから、それが大変ね。
KERA　大変。もう1回、やってみる？　これ。

技術だけじゃなくて気持ちを作る

岡村　はい。あの、もうちょっと冷静にやります。「あー！」って怒るところ、もうちょっとあとにしますね……。
KERA　そうだね。それで、これもとても難しいことなんだけど、ある程度、技術だけで怒るんじゃなくて……気持ちを作る……。
岡村　それが……難しいですね。
KERA　コントで気持ちを作るっていうのも難しいんだけどね（笑）。
犬山　（笑）。
KERA　気持ちを作るには、相手の言葉にちゃんと動かされる、っていう。
岡村　あと、呆れてるんですよね。
KERA　そう、最初はね。
岡村　その、呆れてるとこから怒りはじめるところへのバランスが難しいですね。
KERA　そうだね。これ正解は本当に無数にあってさ、こういうふうにやらないとダメっていうことは、とくにないんだけど、こういうふうにしたほうが笑いやすい、みたいなヒントはいくらでもあるでしょ。で、1回目に覚えてないことは、わりとあるかもしれないじゃないですか。で、「覚えて」って言ったんだけど、また忘れてる。ということは普通ないじゃない？　そこからはリアリズムというよりは、異常な領域に入っていく。異常な領域が描かれている以上、演技もデフォルメしていっていいんだけど、技術だけでするんじゃなくて、「ありえないだろ！」っていう感情になってくと、不思議なもので、やっぱり説得力が出る。
岡村　さっきの反省を込めて、落ち着き気味にっていうのが一つと、あと、さっきは盛り上がって被せましたけど、被せないっていうことに腐心してやってみていいですか？
KERA　やってみてください。犬さんも、そんないい子いい子じゃなくていいよ。嫌なやつである必要はないけど。
犬山　そうね。
岡村　ちょっとゆっくりめでやってみましょうか。
KERA　どうぞ。
岡村　「……暇だねえ。正月ってのは」
犬山　「暇だねえー」
岡村　「んー……トランプ手品でもする？」
犬山　「できるのー？」
岡村　「できるよ、そのぐらい」
犬山　「へえー。やってやって」

岡村「いいよ。ここに1組のトランプがあります」
犬山「はーい」
岡村「1枚引いてください」
犬山「はい」
岡村「はい！　では戻して」
犬山「……はい」
岡村「ではよく、切ります」
犬山「はい」
岡村「(トランプを切る音) さっきあなたが引いたカードは…これですね」
犬山「……え？」
岡村「……これさっき引いたカードでしょ？」
犬山「覚えてないわよ、そんなの」
岡村「……ええ？」
犬山「覚えてない。覚えろなんて言わなかったじゃない」
岡村「い、い……言わなくたって……お、覚える、だろ？普通は」
犬山「んー。わかったわよ。もっかいやって？」
岡村「ここに、1組のトランプがあります。引いて、1枚」
犬山「はい」
岡村「覚えた？」
犬山「覚えた」
岡村「戻して。じゃあ」
犬山「はい」
岡村「よく切ります。(トランプを切るような音) あなたの引いたカードは……これですね」
犬山「……」
岡村「え！」
犬山「んー、たぶんそうだと思うよ…」
岡村「たぶんって何！」
犬山「だから……そうなんじゃない？　あんたがそうだって言うんなら……」
岡村「そうなんだよ！」
犬山「だからじゃあ、そうよー」
岡村「覚えろっつったよな？」
犬山「うん、言ったわよ」
岡村「じゃあなんで覚えないの」
犬山「覚えたわよ。覚えたけど忘れたのー」
岡村「バカじゃないの……」
犬山「もっかいやってー」
KERA　いやー、いいですね。
岡村　うわー、すごい体力使いますね。
犬山　そう。体力と集中力がすごい。
KERA　うん。体力使うの。今日、体力使うほうの役割をしてもらおうと思って。
岡村　いやあ(笑)、でもあと4回ぐらいやったらクオリティ上げられる気がします。
KERA　いやいや、素晴らしい。
犬山　面白かった。やってて(笑)。
岡村　すごい汗かきました。
KERA　でも、さっきより生々しかったしね。

岡村　本当ですか。
KERA　うん。気持ちがよくわかった。
岡村　気怠い音楽が流れてると面白いでしょうね。
KERA　うん、面白いと思う（笑）。
一同　（笑）。
犬山　どこでやってんでしょうね、これね。
KERA　家なのかねえ。
岡村　おもしろーい（笑）。演技って大変だなあ。すごくわかった。汗びっしょりになる。
KERA　本当？　でもね、本来はもっともっと時間かけてやる。
岡村　そうでしょうね。はあー……。
KERA&犬山　（笑）。
岡村　勉強になってます、今。

読んでもなんだかわかんないっす、たぶん

KERA　じゃあ、もう1個のほういっていい？　これはね、もうなんだかよくわからないんですよ。単にシュールなものだから、バックにどんな音を入れるか、どんな音楽を流すかによって、だいぶ印象が変わると思うんだよね。これ、僕じゃなくて……もういきなり岡村さんと犬山さんでやってみましょうか。
犬山　えっと、司会者とこの先生は……？
KERA　料理の先生。
犬山　お料理の先生。じゃあ、ちゃんとした人のほうがいいのかな。
KERA　そうだね。
岡村　ちゃんとした人。なんとなく大体の年齢とかは？
KERA　年齢は……、それぞれ実年齢ぐらいでいいです。
岡村　堅めですか？
KERA　えーっとね……、先生はあんまり動じない人で、ニュートラルをずっと貫いてみてください。
犬山　わかりました。
KERA　で、これ、読んでもなんだかわかんないっす、たぶん。
犬山　読んでもわかんないの……（笑）。
KERA　とりあえず、ちょっとやってみてもらっても、いい？
岡村　はい、いきましょうか。
KERA　どうぞ。
岡村　「明けましておめでとうございます。ラジオ『クイック・クッキング』。新年第1回の本日は、簡単おせち料理のレシピをご紹介しましょう。おせち料理は、日本の伝統的な文化です。難しいイメージを払拭する、大変簡単なレシピばかりなので、えー、このお正月は手作りおせちに挑戦してみてはいかがでしょう。では先生、よろしくお願いします」
犬山　「はい。では本日はまず、甘くないだし巻きを」
岡村　「いいですねえ。甘くないだし巻き」
犬山　「はい。甘くないだし巻き。さっそく材料です。まず、

卵3個ですね。それから……（笑）、だし汁を大さじ3杯。お塩をひとつまみ」

岡村「……ん、え、先生、先生?」

犬山「なんでしょう」

岡村「見てください、あれ。数の子が……」

犬山「いいんです」

岡村「あ、いんですね」

犬山「いいんです」

岡村「あ、はい」

犬山「甘くないだし巻き。材料です。卵3個、だし汁大さじ3杯、お塩をひとつまみ。みりんを大さじ2分の1。濃口のお醤油をこれもやはり大さじで……」

岡村「先生? 先生?」

犬山「なんですか?」

岡村「先生? あ…ん…数の子が、数…数の子が」

犬山「いいんです」

岡村「いいんですか?」

犬山「いいんです。美味くないだし巻き、材料です…（笑）。卵9っ…9個…（笑）。だし汁大さじ12杯…（笑）。おし…（笑）お塩を20つまみ。みりんを鍋2分の1。濃口のお醤油をやかん2分の1……」

岡村「っ先生! 先生? 先生……」

犬山「なんですか?」

岡村「っか、か、数の子…が…数の子、が…先生っ! 数の子が…先生っ! か、数の子が……」

犬山「いっ（笑）いいんです」

岡村「いいんですか?」

犬山「いいんです。だらしないだし巻き、材料。卵を何個か、だし汁大さじ何杯…お塩を（笑）2、30つかみ。みりんを……っはははははは（笑）敷地2分の1。濃口のお醤油を、へき地2分の1…」

岡村「（小声で）せんせ——! せんせ———! 先生、かっ…数の、子…数の子。先生? 数の子、先生? 数の……」

犬山「いいんです」

岡村「……いいんですか?」

犬山「いいんです」

岡村「……いいなら、よかった……ではまた来週。みなさま素敵なお正月をお過ごしください」

犬山「ごきげんよう」

間はちゃんと作ったほうがいい

KERA ああ、素晴らしい。初見で、どんなコントかもわかんないのに。

岡村&犬山 （爆笑）。

犬山 だめだ、笑わないで読めなかった。

岡村 いやー、これ面白いですねー。

KERA これもうなんだかわかんないけど（笑）。

岡村「数の子がっ…」（笑）

KERA 数の子に異変が起きてるんですね。

犬山 数の子の異変の伝え具合が最高でしたね。ソフトな感じで（笑）。

岡村　異変が（笑）。

ＫＥＲＡ　よかった、よかった（笑）。最後のほうは、まあ、ずっと同じ甘くないだし巻きの、普通の説明を繰り返していくのでも成立はするんですよね。

犬山　うん、うん。

ＫＥＲＡ　だけど、ちょっと……なんか、少し面白くしちゃった（笑）。

犬山　いや、わし、読んでて、普通に同じことを繰り返すと思ってたから、急に変わってびっくりしたよ（笑）。

ＫＥＲＡ　少し面白いことを壊さない程度に、もうちょっと早めに、「先生…先生…」っていうのが入ってきても（笑）。

岡村　なるほど。

ＫＥＲＡ　これ聴いてる人には、何が起こってるかわからないからこそ面白いわけで、だから、この人の口調によってどんなことが起こってんのか……（笑）、最後もう、「数の子が――――！　せんせ――――！」ってなってるっていう。

岡村＆犬山　（笑）。

ＫＥＲＡ　ただ、きっと、どんなに興奮していても、間があって、「先生ー！」に被らないように間はちゃんと作ったほうがいいんだよね。「先生」に被ってきて「いいんです」だと、ちょっと意味が違って、「先生ー！」と言い切って、間があって、「いいんです」って言われると、相当興奮していても、10だったものが2ぐらいに収まって、「いいんですか……」と。ここリアルにやっちゃうと、「いいんですか？」ってまた食い下がっちゃうんで、そうじゃなくて。

岡村　ああ、そうそう。1回戻すんですね、ここでまた冷静になるんですね。面白いなー。

ＫＥＲＡ　この繰り返しになってく。ちょっと慣れたでしょうから、もう1回いってみましょうか。

岡村　「明けましておめでとうございます。ラジオ『クイック・クッキング』新年第1回の本日は、簡単おせち料理のレシピをご紹介しましょう。おせち料理は、日本の伝統的な文化です。難しいイメージを払拭する、大変簡単なレシピばかりですので、このお正月は手作りおせちに挑戦してみてはいかがでしょう。では先生、よろしくお願いします」

犬山　「はい。では、本日はまず、甘くないだし巻きを」

岡村　「いいですねー。甘くないだし巻き」

犬山　「はい。甘くないだし巻き。さっそく材料です。まず、卵を3個ですね。それから、だし汁を大さじ3杯。お塩をひとつまみ」

岡村　「つせ、先生？　先生？」

犬山　「なんでしょう」

岡村　「見てください。数の子が……」

犬山　「いいんです」

岡村　「あ…いいんですね」

犬山　「いいんです」

岡村　「んー……」

犬山　「甘くないだし巻き。材料です。卵を3個、だし汁大さじ3杯、お塩をひとつまみ。みりんを大さじ2分の1。

濃口のお醤油をこれもやはり大さじで…」
岡村 「先生？　せん、せん、先生？」
犬山 「……なんですか？」
岡村 「先生？　数の子が…数の子が…数の子が…」
犬山 「いいんです」
（リピート）

演出があって、役者の人がやって、何倍にも面白くなっていく

KERA ありがとうございます。いやいやいや、これ長くしろと言われれば、3倍ぐらい長くできる……（笑）。
岡村 でしょうね。これ面白いですね。勉強になります。
犬山 面白ーいですね。
KERA うん。面白い。
岡村 延々とやっていきたいような気がする……。
KERA 岡村くんがでしょ？
岡村 はい。
犬山 そうそうそう。
KERA 面白いね。
岡村 延々やっていきたいすけどね、これね。延々できますよね、これ。
KERA できる、できる（笑）。
岡村 「いいんですか？」って。
KERA 「まじ、いいんですか、いいんですか？」って……。

岡村＆犬山 （笑）。
KERA 大体もう決まっちゃえば、アドリブでもいけるしね。
犬山 はあー。
KERA 俺もちょっと汗かいちゃった。
犬山 すごーい、これ。なんか想像力を掻き立てる台本ですね。
岡村 掻き立てますね。
犬山 〝すばらかしい〟ですね。
KERA でも、これも最初の「明けましておめでとうございます」。このなんでもない、手作りおせちに対する説明っていうのは、焦らずに、むしろ、まだ全然面白いことはありませんよ、と余裕でやる。「いいですねえ、甘くないだし巻き」とかって（笑）。
岡村 そうなんだよね、ここからもうおかしいんですけどね（笑）。
KERA そう、そのなんでもなくやってることが面白かったりするじゃん。
岡村 脚本最高です。
KERA いやー、ありがとうございます。
岡村 今日やらせていただいて、いくつか思ったことが、やっぱり本当に大変なんだなあ。本当に役者の仕事や、こういう演劇みたいなことって大変なんだな、ってのを痛感させていただき……、非常に勉強になり……、ケミストリーだから、この場で脚本があって、演出があって、役者の人がやって、この2倍、3倍、4倍、5倍に面白くなってい

くんだなあという。

KERA&犬山　うんうん。

岡村　相乗効果みたいなことも学ばせていただいたし、んー……本当に大変なんだな、と思いました。

KERA&犬山　（笑）。

KERA　楽しくなかったですか？

岡村　いやあ、めちゃめちゃ楽しかったし、あと勉強になったし。

KERA　本当？　じゃあよかった。

岡村　ただね、僕としては……音楽をやってるんだけど、役者もやる、みたいな人が何人もいて、羨ましいなーと思いつつ、どのぐらい役者の仕事って大変なんだろう、と思ってたんですね。そうやって、二股三股できる人がいるから。

犬山　ああ、ああ、ああ。

岡村　で、今、ちょっと……かじった程度ですけど、かじってみた結果はですね、本当に大変だと。汗噴き出る、と思いました。で、ここで、カメラが回っててね、そこにプロデューサーがいてね、また、いろんなスタッフさんがいたら、5倍、6倍、7倍……ストレスもあるでしょうし。

KERA　そうだね。

岡村　そこになんかね、大きい事務所のマネージャーがいたりしてね。これはもう、本っ当に大変な仕事だなあって。

KERA　そうね。えらいスターがさ、終わるの待ってたりとかさ。もう……たまんないよね。

岡村　あと、役者の仕事って朝早い仕事多いでしょ？

犬山　ああ。

KERA　嫌だよね。それこの前も話したかもしれないけど、本当にそれ、俺、嫌で。

岡村　いや、もうね……。

犬山　ＫＥＲＡさんもね、夜型だからね。

KERA　大っ嫌い。大っ嫌い。

犬山　岡村さんも、夜人間？

岡村　夜型です。

犬山　はあー。

岡村　みたいなことを、本当大変なんだなあ、っていうことを、今日痛感させていただきました。

KERA　でも、さすが……すごい。とくにね、料理のやつの初見で何も見ないで、すごいなと思いましたね。

岡村　いやいやいや。だからといって、役者に手を出そう、っていうのは絶対やめよう、っていうことを今日、身に沁みてわかりました。

KERA　身に沁みた？（笑）

犬山　えぇー。

岡村　遠くから見てよう、と思いました。

KERA　あら、遠ざけちゃったよー。

岡村　いや（笑）。

犬山　でも、やったら絶対、面白そうなのにねえ。

岡村　それでですね、今日やったものに関してはですね、僕が音楽を何種類か付けてくるので、それをＫＥＲＡさんに送るので、またディレクションなり、「もうちょっとこうしたら？」なり、「これでいいよ」って言ったりして、まだちょっと時間があるので、いろいろこう、やりとりとかできたらと思います。

KERA うん。わかりました。

岡村 編集も、「ここ詰めて」とか、「ここあれだよ」とかみたいなことやって、非常に完成度が高いものを、最後の最後の最後の最後の最後には聴かしてやろう、と。

KERA&犬山 （笑）。

岡村 現代技術を駆使して……。そう思っております。

KERA 昔はもう、そういう編集があんまり細かくはできなかったから、大変だったけど……ね。犬山とも散々こういうの作ったもんね。

犬山 作ったねー。

KERA ラジオでもやったしね。すっごい時間かかってたよね。

犬山 そう。もともとラジオをＫＥＲＡさんとやってたんだよね。そう言えばね。

KERA うーん。１日がかりでやってたよね。今はもう簡単に間を詰めたり延ばしたりできるから。

犬山 便利な世の中じゃなあ。

KERA 便利な世の中ですよ。こういうの作りたいんだけどな、また。

岡村 いやー、めちゃめちゃ面白かったすけどね。

KERA 今どきこういうコントのCD作るって、誰が買うのかっていう問いはあるけど。そういう時、なんか協力してください。

岡村 あっ、ぜひぜひぜひぜひ。

犬山 あー！　やってほしいですね。

岡村 あと、やっぱこういうことを、１年に１回やってみるとか。

KERA やるとかね。

岡村 うん。僕、１年ごとに少しずつうまくなってく……みたいのであれば。

KERA&犬山 （笑）。

岡村 そういうドキュメントであれば、楽しいし。

KERA なんか、正月っぽいしね（笑）。

岡村 正月になったら来てもらって、「今年もこの季節がやってきました」みたいな感じで。

KERA&犬山 （笑）。

岡村 できたら楽しいなーとは思っておりますけど。いろいろ本当に勉強になりました。

KERA ありがとうございます。

やっぱり、むやみに提案しない（笑）

岡村 ２０２０年は、予想を遥かに超えた年でしたね。いろんなことがあってね。今後の予定や、２０２１年はどんな年にしたいか、などの抱負をお話しいただけますでしょうか。

KERA もう、コロナ……次第ってのはあるんだけど、ワクチンとかさ。去年は散々な目にあったので（笑）。

岡村 うんうん。えらいパラレルワールドに送り込んでくれましたよね。

KERA ４本あるうち、３本公演が飛んだからね。今年は、予定通りに進むっていう……当たり前だと思ってたことが、ちゃんとあってほしいですね。

岡村　演劇って、やっぱりお客さんの反応や、さっき言ったようなご褒美があって（笑）、やっぱり楽しいことだから、醍醐味っていうことで考えると、全部シャットアウトされるとつらいですよね。

KERA　ただね、嬉しかったけどね。9月と10月にやったお芝居は、本当にずーっとシャットアウトされてたものが、生のお客さんを前にして、席は削減されてたけども、お客さんと一緒に空間を作って、反応をちゃんと受けながら、役者さんがお芝居して、カーテンコールでわあーっとなる。

岡村　KERAさん、すごいですよね。この状況で逆に燃えてたでしょ？　逆にやってやるぜって、舞台以外にもいろんなことを考えられたりとか。

KERA　うんうん。リーディングとかね。うーん……いやあ、もうやるしかないからね（笑）。

岡村　本当ですね。

KERA　まあ、今年はもっといい年になってほしいです。

岡村　犬山さんは？

犬山　そうですねえ。おんなじですけどねえ。まあ、舞台がある予定ですけどね。できればねえ、満杯でやりたいですねえ。楽しい……年にしたいです。

KERA&犬山　（笑）。

岡村　このコロナの時期に、なんかこういうことをし始めたよ、みたいなこと、あります？

犬山　わしはもう、早起きをする人になっちゃいました。日の出とともに大体寝るっていう夜型だったんですけど。人間、やればできますよ。

岡村　へえー、健康的な生活を。

犬山　そうです。それで、空の写真を撮るっていう、なんか……そういう人になってます。

KERA　何時に寝るの？

犬山　寝るのは……わかんない。知らないうちに寝てる。

KERA　知らないうちに寝てる（笑）。赤ちゃんじゃないんだから。

犬山　家にいたら、9時ぐらいとかに寝てたりとかして。3時ぐらいに起きちゃったりとか。ちょっと早すぎるんだよね、それはね。

KERA　お豆腐屋さんやればいいのに。

岡村&犬山　（笑）。

岡村　3時、テレビがやってないっすね、面白いテレビが。その時間帯ね。

犬山　4時から時代劇やってたりするからね、びっくりするね。

岡村&犬山　（笑）。

岡村　KERAさんもこの時期にすることになった新しい生活習慣あります？

KERA　俺はね……散歩するようになった。

岡村　いいですね。健康的ですね。

KERA　うん。お芝居やってるとなかなか……そういうことも、忙しくてね。気力もなくてね。でも……なんか歩くのが日課になって。そこで、いろいろ考えたりとか。

岡村 いいでしょうね。いろいろアイディアが浮かんだりするでしょうね。
KERA うん。
岡村 ありがとうございます。僕の2021年の抱負はですね……去年どんなことを言ったか覚えてないんですけど……なんか動物に会いたいですね。『又吉直樹のヘウレーカ！』(↓P・129)という番組で、なぜ犬だけが人に懐いたかみたいな放送をやっていて、面白かったすね。それを見て、あ、犬に会ってみたい、とは思いました。飼ってみたい、までは思ってないんですけど。だから、動物と触れ合う……、ちょっと触れ合う感じも出してみる1年、ですかね。そして、通常運転ですかね。あと、これは僕だけじゃなくて、みんなにもおすすめするんですけど、この状況下でありながら……、身綺麗にすること？ を推奨し、自分も頑張っていきたいと、思っております。……今ちょっとよくわからない、状況だとは思うんですが、それを逆に、逆張りでね、だからこそちょっと身綺麗にする。みたいなのはどうでしょう。そんなことを推奨していきたいと思います。今日はコントのご指導、本当にありがとうございました。
KERA いえいえ、こちらこそ楽しかった。
岡村 勉強の勉強の勉強の勉強になりました。本当に。
KERA&犬山 (笑)。
岡村 あと、貴重ですね。KERAさんの指導してるところを、ちゃんと放送できて。
KERA それもそうだけど、岡村ちゃんがこうやってるのが、電波に乗るっていうのも……貴重、大貴重でしょう。
岡村 そんなことないっす。
犬山 聴いてる人も初めて聴く感じなんですかね。
KERA いや、そうでしょう？
岡村 そうですね。あと、恥ずかしいものですね、演技やるのってね。
KERA あんたが提案したんだ(笑)。
一同 (笑)。
岡村 そこも勉強になりました。
KERA やっぱり、むやみに提案しない(笑)。
岡村&犬山 (笑)。
岡村 いろんな勉強になりました。ありがとうございました。ゲストは、ケラリーノ・サンドロヴィッチさんと犬山イヌコさんでした。
犬山 ありがとうございました。
KERA ありがとうございました。

岡村 僕が初めてラジオコントに挑戦した様子はいかがだったでしょうか。奮闘の様子が伝わったと思います。KERAさんがね、本当に忙しい中でね、脚本を書いていただいたことも本当に嬉しかったですし、本当に面白い、笑える内容になってて、みなさんに楽しんでいただけていたらな、と思っております。あと、犬山イヌコさんね。僕のイメージの犬山イヌコさんと違って、本当にいろんな多彩な声を出される方なんだな、と思った次第です。

ラジオドラマの面白いところは、自分の発想力や、自分のイマジネーション？ によって、いかようにも広がるわけですね。「数の子」はどういうふうに変わってったんでしょうね。どういうふうに動いたんでしょうね。そんなこともみなさんの中で（笑）、咀嚼してもらい、考えてもらえたらな、と思っております。どう思ったんですかね、みなさん。僕はね、恥ずい（笑）。ラップをやり、俳句をやり、斉藤和義さんとは曲を作り、ね。自分の中でも、あら？ 俺なんでもできる、なんとなく整えられちゃうなあ、お題があれば、みたいなことを、なんとなく思ってたんですけど、できるできない以前に、恥ずい……と、思いました。

いやー、演技をやってみたら、本当に大変でした。こんなに疲れるんだ、と。完全に音声だからできたな、と。なんだってかんだって恥ずかしいんですよ。この回ではKERAさんが終始笑ってくださっていたので、楽しみながらやることができましたけど、演技もできて歌もうたえる人はすごいとあらためて実感しました。

結論、自分には向いてない、全然ダメだってことがわかりました。こんな恥ずかしがる人は、役者はやらないですよね。舞台や映画、ドラマは、共演者もいるし、演出家もいるし、スポンサーもいるし、登場人物が多すぎてたぶん固まると思う。それで、街に出て「走ってください」とか「泣いてください」とか「急に怒り出してください」って言われるわけじゃないですか。

基本的に無理ですけど、自分が作るコンサートみたいに、一人舞台だったら、自分が脚本を考えて、しゃべりたいことをしゃべって、全責任を自分が取れるんだったらまだできるかもしれないですけど。登場人物が多すぎると、自分はきっと病んでしまうだろうなと。そもそも、僕はやれないから、こういうタイプのアーティストなんでしょうね。もうちょっと他のこともやれていたとしたら、別の感じの音楽をやっていただろうし、別の人間になっていると思います。

岡村靖幸のカモンエブリバディ

＃ 09

2021 年 2 月 23 日放送

テーマにしてほしいことは「逆張り」

もはやニューノーマルとして定着してきたおうち時間。リスナーのみなさんのおうち時間の過ごし方や、その中での発見などをご紹介してみたいと思います。最近の私はですね、自炊ですね。自炊に力を入れて、あと「逆張り」。こういうタイミングだからこそ、身綺麗にして、こういうタイミングだからこそ、ちょっとトレーニングしたり、こういうタイミングだからこそ、本当にこれやるか、みたいなこともやってみました。それでは、リスナーのみなさまからのメッセージ、おうち時間の過ごし方や、その中での気づき、そして、私、岡村靖幸への質問などを紹介します。

「岡村さんは犬に会ってみたいとおっしゃってましたが、あれから犬に触れ合う機会はありましたか。私は、年老いた小さな黒犬を飼っていて、私のおうち時間は犬を中心に回っています。飼い主には責任と覚悟は必須ですが、それを超える愛情と喜びを与えてくれます。言葉にならなくても、健気にさまざまな意思表示をしてくれるのが、たまらなく愛しいです。興味のある犬種、犬と一緒に楽しみたいことなどありますか」――千葉県

いろんな犬に興味あります。ただ、めっちゃでかいみたいな犬じゃなくていいんですけどね。小型、中型に興味がありますが。お便りにもあるように、犬ってこう愛情をちゃんと注ぐ時間が必要だし、散歩も必要だし、軽い気持ちで飼えないですよね。だから、犬を中心にした生活になっちゃったりする人もいるぐらい。やっぱり、時間も必要なので、癒やされたいわーとか思って飼うぐらいじゃダメでしょうね。そんな気はします。だからね、なんか犬の映像見たりしながら、犬ってかわいいじゃんと思ったりとか。

あとね、やたらあの『動物のお医者さん』(※)の犬、シベリアンハスキー、あの映像が出てくるんですよね。なんかね、シベリアンハスキーって軍用に使われたり、南極で探検みたいなのに使われたりとか。たぶん頭がいいから、ちょっとしゃべるのに近いことができるのかな。やたらその映像が出てくるんですよ。で、それがかわいくて、その映像を見て癒やされてますけどね。うん。

ただ、犬と猫だとね、犬と猫って主役でしょ。俺たちは脇役ですって感じじゃないでしょ。それがね、一緒に生活する中で、たまに会うぐらいだったらいいんだけど、主役の座を取られて大丈夫なのかな、とは思いますけど。猫とか主役感すごいでしょ、たぶん。オラー、みたいなね。それと、僕はうまくやっていけるのかとは思ってます。じゃあ、曲いってみましょうか。

※『動物のお医者さん』
1987年から93年にかけて『花とゆめ』に連載された佐々木倫子によるマンガ作品。主人公の飼い犬であるシベリアンハスキーの〝チョビ〟はシベリアンハスキーブームを巻き起こすなど社会現象にも。

♪岡村靖幸『新時代思想』

「いよいよ明後日25日から国公立大学の入学試験が始まります。私も受験生として、高2の頃から受験生活で合格のために我慢をしたことがたくさんあります。しかし、自分の気持ちも自分の言葉だけでは表現しきれないもどかしさを抱えながら、いろんな思いを重ねて、毎日岡村さんの音楽だけは聴き続けてきました。この放送を少し緊張しながら、ホテルの一人部屋で聴いている私にエールを送ってくださいませんか。また、ライムスターのみなさまとMステ（※）でサークルに入ることをおすすめしていらっしゃいましたが、岡村さんが大学生だったら、どんなサークルに入って、どんな大学生活を送りたいですか。最高の結果を出せるように、頑張ってきます！」――北海道

※Mステ
『ミュージックステーション』の略称。1986年からテレビ朝日系列で毎週金曜日に生放送されている長寿音楽番組。放送開始時よりメインMCをタモリが務めている。

おお、ということは、この方は受験生なんですか。なるほど、頑張ってほしいですね。本当に、本当に。あのね、僕がここ数ヵ月テーマにしてほしいことは「逆張り」。なんか困ったな、ストレスを感じてるなと思ったら、逆に、逆に、張ってってくださ い。逆に元気にやってください。だから、こういう環境下ではあるけど、逆に勉強して、逆にいい受験をして、忘れない1年にしてください。

僕が受験で後悔してることはあれですね、短期間で詰め込みすぎて、もっともっと前からやっとけばよかった。あれに自信があったんです、徹夜に。徹夜に自信があって、ラジオを聴きながら、寝ないで集中して詰め込みをして。今の勉強がどんな感じだか知らないですけども、世界史とか日本史とか、化学の記号、反応式とか、ああいうのって頭に入らないじゃないですか。だって興味ないから。あと、古文とか、漢文？ あんなのまったく入らないので、意味もわからないし、メリットもわからないし、全然身に入らないわけですよ。だから、詰め込み、詰め込みでやったら、あのね、全然覚えられませんでした。なので、結構前から勉強することがおすすめですね、今にして思うと。頑張ってください。本当にね、逆張り、逆張りで。で、本当に忘れられない、ヒストリカルな自分の時間や時代を築いてください。

サークルはね、やっぱり普通に音楽のサークルとか楽しそうですけど、僕がいくと有利なのでね、だから、有利じゃないところにいってみたいですね。心理学とか動物行動学とか、あと僕、政治とかよくわかんないので、政治を勉強するサークルとかね。自分は得意じゃないフィールドワーク系で、みんなで外に出て地理を勉強しようとかね。どういうふうに、地理が変わっていったのかをみんなで勉強しよう、みたいなサークルってあるんですか？ そういうものとかね、いろいろ勉強してみたいなと思います。

ある時期に毎月いろんな大学に行って取材する、みたいなことをやってたことがあって、みんないろんなサークルに入って楽しそうにしてましたね。あ、あと芸術、絵を描くところとか、そういうところにもいってみたいですね。いろんなサークルに入ってみたいです。うん、スポーツもいいかもしれませんね、やってみたいかもしれません。いいな、羨ましい。夢が広がりますね、どんなサークルに入るかなんてね。自分が得意なこともやってもいいですし、得意じゃないこともやってもいいですし、そこで出会いがあったりね。友情、恋愛に夢中になっちゃったりしてね（笑）とか、そういうのも青春ですよね、本当に羨ましいと思ってます。だから、本当にね、頑張ってください。最高の結果を出せるように応援してます。

最近はもうガンガンやってます

「最近、近所に八百屋がオープンしました。閉店せざるを得ないお店も少なくない中、若いご夫婦が明るくキビキビと切り盛りされています。農作物という自然相手の商品故に、値段と価値に見合わないものは仕入れしない方針のようで、行ってみないと何があるかわからないドキドキ、ワクワクがあります。買い物中も、わー安い！　何これ!?　料理したことない！　と興奮が。そして、1000円以上買い物すると、ちょっとしたおまけまでいただけるのです。期待を裏切らない、お客様に期待以上の満足を提供する。サービスの基本のキかもしれませんが、なかなかできることではありません。日常の買い出しですが、この八百屋さんは、私にとってちょっとしたお楽しみ時間です」——愛知県

わかります。僕もね、よくいろんなスーパーや八百屋に行って、あ、こんなの売ってんだ、じゃあ、これの料理してみよう、みたいなことはよくありますね。カブが売ってるぞ、カブの料理作ってみるかとか。芽ねぎが売ってた、芽ねぎなんて寿司屋でしか食べないじゃん、じゃあ買ってみよう、なんか作れるかな、みたいなね。最近やりました。いろんなのを買ってみましたよ。

あとね、ここ最近やってみたのが、自分があんまり手を出さなかった牡蠣の料理ね。牡蠣はちょっと怖いじゃないですか。どうするんだ、あたったらみたいな。そういうのがあって、手を出さなかったんですが、最近はもうガンガンやってます。逆張りです。逆に料理やっていくぞ、と。で、えっとね、ほとんどお鍋にしてます。それもね、いろんな鍋。昨日はお味噌でやりましたけども。ここ数日はね、お湯で牡蠣鍋を作ってます。で、ポン酢で食べる。で、わけぎとか万能ねぎとかを散らして、みたいなね。そんなことをやってます。牡蠣はね、本当にゴリゴリにおすすめです。健康的に免疫力をあげる、内臓の調子をよくする。ローカロリー、高タンパク質、いいことしかないので。みなさんも毎日とは言わないけど、牡蠣を食べる生活を送ってほしいなと思ってます。

「コロナ自粛で時間ができたので、小豆を初めて煮てみまし

た。肌寒い日に、コトコトコトお豆を煮るのは温かくて、湯気で部屋の空気も潤うし、いいものでした。そして、自分も一人前の大人の女性になったような気がしました。でき上がったあんは、自分の好みの甘さで、とっても美味しくて、ぜんざいでいただいたあとは、あんトーストでもいただき、ばっちりでした。小豆に病みつきになりそうです」――千葉県

あのね、僕もここ最近ね、いろんなものを煮てます。電気圧力鍋も買って、チャーシューとかいろんな豆を煮たり、いろんなことやってます。本当に楽しいし、健康にいいしね。いいと思います。小豆系で言うとね、僕、いろんなサンドイッチを作ってて、小豆サンドイッチとか、小豆と果物を和えたりとか。

　それと、ちょっと大変だったんですけど、あのフルーツサンドイッチ。これはね、何がちょっと面倒かって言うと、生クリームを作んなくちゃいけないですよね。みなさん、生クリーム、あれしたことありますかね。あの、カシャカシャカシャっていうので、泡立てたことありますかね。カシャカシャってやるの大変なのでね、フードプロセッサーも買いました。いろんなもの買いましたね。で、フードプロセッサーを使って、イチゴやバナナなどのサンドも作りました。手作りでやると、フレッシュなサンドイッチになって美味しいのでね、みなさんもぜひ、やってみてください。

「岡村さんの選曲は、いつも素敵な曲ばかりなので、めっちゃ楽しみですよ。欲を言えば、選曲理由や、どんなところが好きなのか聴けると嬉しいです」――群馬県

　ということで、ＰＪモートンの『Go Thru Your Phone (Acoustic Version)』という曲をかけようと思うのですが、この曲はね、なんでしょうね。どこかで流れてたんでしょうね。で、「Shazam」（→Ｐ・115）して、いいじゃん、って思ったという。深い理由はないのです。

♪ＰＪモートン
『Go Thru Your Phone (Acoustic Version)』

みなさんにおうかがいしたいこと

　ちょっとみなさんにおうかがいしたいことがあるんですが、私の周りの方々に、細かく言うとここ1年ぐらいの間にものすごく流行してるのが、目をよくする、本当に視力をね、ぎゅっとよくする手術があって、それを本当にたくさんの人がやっててね。いろんな理由があると思います。値段も少し落ち着いてきてるんですかね？　まあ、でもそんな安い値段じゃないですけどね。あと、失敗する可能性とか、そのあとどうなっていくんだ、みたいなことのデータが少なすぎるということがあって、決めかねてるみたいな人が多かったんだけど、ここ数ヵ月ですごい増えてね、エンタメ業界は。

　で、私は目が悪いんですよ。近眼で乱視も入ってるんですけど、メガネを外すと（ドラえもんの）「のび太」みたいな感じなんですが、深刻に困ってないんですよ。メガネがあるから。（小声で）これはもう深刻だ、大変なことが起きてる、みたいなことじゃないわけですよね。僕の周りもきっとそうなんですよ、深刻じゃないはず……はずなのに、みんなやるんですよね。何かが起きてる、って感じなんですよ。なんか、そういうことってあるでしょ。このアプリがめちゃめちゃ流行ってるとか、何かが来てる。来てるっていうことは、感じるわけです。

そこでね、みなさんに問いたいのが、みなさんはどう思ってらっしゃいますか。その目がめっちゃよくなる手術はみなさんの周りではいかがですか。巷（ちまた）ではどんな感じですか？とみなさんに問いたいです。で、いろいろメールを送っていただけたらなって思っております、という話でした。

「私は、去年の夏にレコードプレイヤーを買いました。子どもの頃は、レコードは高価でなかなか買えなかったし、そのうちCDの時代がきて、レコードよりも取り扱いが楽チンで、もうずっと長いことレコードは聴いていなかったのですが、このステイホーム中に、中古レコード屋さんで５００円ぐらいで売られているレコードを買って、夜中に一人でユーミン（松任谷由実）や中島みゆきさん、70年代から80年代の音楽をレコードプレイヤーで聴いています。当時は子どもで、歌詞の意味もわからなかったりしたのですが、今聴いてみると、また新たな発見もあり新鮮で、CDで聴くよりもレコードのほうが音がよさそうな気がするのは気のせいでしょうか。アイドルの曲の作詞、作曲、アレンジやサポートメンバーにものすごい人たちが参加していることにもびっくりしながら、一人時間の音楽鑑賞を楽しんでいます」――京都府

確かに、アナログレコードだとね、クレジットがちゃんとあって、プロデューサーが誰だとか、誰がギターを弾いたとか、作詞が誰だとかきちんと書いてありますね。まあ、CDもそうですが。それらを読んだりすることも一つの勉強になるし、なんかこう楽しいね、ディスカバリー、発見になるとは思います。僕はね、子どもの頃、そういう音楽の聴き方をしていたので、みなさんもね、ぜひ、そういう聴き方をしてみたらいかがでしょうか。

おすすめは併用です。だから、なんかね、配信で聴いてみてもいいでしょうし、それだけではなく、CDで聴いてみたり、アナログで聴いてみたりすると、本当に豊かな気持ちになるので。ものとしてもね、アナログレコードってのはいいものですよ。飾ったりしてもかっこいいですし。プツプツプツいう音も味わいになります。それとですね、CDは、周波数帯域が上と下でがっつり削られてるんですね。それに比べると、アナログっていうのは、削られ方がとても柔らかいので、音も柔らかいですし、周波数帯域も広く出てるはずです。そのあたりも、みなさんちょっと調べてみると、より面白い発見ができると思います。本当にね、アナログレコードでしか出てないものもたくさんありますし、値段も安くて、これがこんな値段で売ってる。

ちょっと聴いてみよう、とかね。そういう発見にもなると思います。いい趣味なので、ぜひ買ってみて聴いてみてください。

「ステイホームの時間が増えて変わったことは、読書量です。コロナ禍で、私の本を読む意欲は、明らかに増えました。本を読むことは、内省的な行為かと思いきや、そこから得た知識や見識は、大きな想像力やパワーを生み、その想像力は私のこの小さい部屋の中からはみ出して、どこへでも行けるし、自由を感じるから不思議なものです。岡村さんも、コロナ禍で変わってしまった世界も、そう悪くないんじゃない？　って思うことありますか」——東京都

あのね、まず本の話をしましょう。本を読むのはね、とても素敵なことです。読むことで自分の知識、血なり肉になりますし、あっ、人はこういうこと考えるんだ……とわかる。いろんな本がありますからね。小説もある、なんかの研究の本もある、心理学の本もある、マンガもある、いろんな本があります。いろんな本を読んでみるといいと思いますね。

あの、僕もね、流行ってるもの『このマンガがすごい！』（※）のベスト10に出てるマンガみたいなものも読んでみましたし、いろんな本を読んでみましたけども、確かにこの方が言うようにね、本を読むことは旅なので、読むだけで、いろんなところに行ったような気持ちになれるし、そうか、エジプトってこんなところだったのか、みたいなね。そんな気持ちにもなれて、とても豊かな気持ちになれると思います。そういった意味で、何か吸収するって意味ではいいのかもしれませんね。

だから、「逆張り」ですよ。コロナ禍で状況は悪いですよ、悪いんだけども、「逆張り」だと、負けねえという気持ちが大事です。（弱弱しい声で）あー、もうダメなんだとならないように。なめんな、と。そんな気持ちが必要ではないかなと思います。あのね、だって不思議なんですよ。この地球、この世の中、この世界で困ってるのは人間のソサエティだけでしょうね。動物は困ってないでしょ。犬、困ってない、猫、困ってない。不思議ですね。人間って、人間の社会って、脆いものですね。文明社会の諸刃の剣を感じてますが、私は、さっき言ったように、ストレスを感じるとものすごく料理をしてます。最近、そばの石臼を買いました。コリコリコリコリコリコリみたいなね。石臼を買って、逆に一から料理してやるぜ、と。ただね、重くてやる気がまったく起きません。インテリアになっておりますが。本当にそういう日々も送っております。

あとね、ヨーグルトも作ってやれと思って、そういうヨーグルトを作るものも買ったりとか。すりこぎも買いました。ゴリゴリゴリゴリってね、すり込んでいくぜって、ゴマを買って、すりこぎを買って、いろんなものをすりこぎしております。すりこぐ人の気持ちをちょっと調べてみようと思って、すりこぎしてみたら、すりこぎって大変なのね。意外とすりこぎって簡単にすりこげないということがわかりました。

※『このマンガがすごい！』
２００５年から毎年12月に宝島社が発行するマンガを紹介するムック。有名無名を問わず、さまざまな参加者からとったアンケートをもとにランキングを発表している。

「最近は、昔のＶＨＳのテープで録画していた番組を自宅でテープデッキを使って、ディスクにダビングする作業に時間を当てています。内容の確認のために、録画していた番組を見るのですが、ドキュメンタリーや音楽番組が多いです。今でも、活躍しているミュージシャンの若い時の姿を発見して、びっくりすることがあります。岡村さんは、あらためて見てみたい昔の番組はありますか」――新潟県

本当にたくさんあります、とくにテレビ番組は。あのね、映画とか、ドキュメンタリーとかは、探すとVHSであったりとかね。今ね、某レンタル会社は、こういうVHSでしか発売してないものやレーザーディスクでしか発売してないものを売りにして、レンタルしててね。もうそれをみんな探し当てに行くみたいなことをやったりして、おお、なるほど、面白いアイディアだなとか思ったりしております。

で、一番ね、僕が見てみたいなと思うのは、やっぱりアーカイブものですね。ま、NHKなんかとくにそうですけど、NHKアーカイブがあって楽しいですよね。ただね、あの、昔のアーカイブで、一般の方々が出てるインタビューとか、一般の方々が映像に映っているものが、今出していいですか？って聞けないんだと思うんです。一般の方々にフォーカスしたドキュメンタリーってのは、あんまりないですよね。そういうものを誰か持ってる人が見せてくれないか、みたいな気持ちはあります。だから、黒澤明（※）さんとか、小津安二郎（※）さんのとか、ヴィム・ヴェンダース（※）のドキュメンタリーとかね。えー、ヴィム・ヴェンダースさんが撮った、ヨウジヤマモト（※）さんのドキュメンタリーとかあるわけです。日本に来て、何本かドキュメンタリーを撮ってるんです。一つは小津安二郎さん、一つはヨウジヤマモトさんを撮ってるんですけど、『都市となんとかのモード』みたいなやつだったと思いますが、それはね、たぶんねVHSにしかないはず。VHSの頃に見て素晴らしいと思って、もう1回見たいと思ったけど、DVDが見つからないんですよね。で、僕はそれをつい最近某レンタル会社に行ってレンタルしました。で、黒澤さんのとか、小津さんのドキュメンタリーも借りました。そういうね、ドキュメンタリー系が意外とたくさんあります、VHSでしか出てないもの。みなさんもぜひね、探してみてほしいなと思います。

それでは、また1曲かけましょうか。竹内まりやさんの『HEART TO HEART』。この曲はね、『Miss M』っていうアルバムに入ってるんですが、ロジャー・ニコルスさんが作曲してたと思います。どういう経緯で歌ったのかわかりませんが、とてもいい曲なので。それではお聴きください。

※黒澤明
1910年東京生まれ、98年没。43年『姿三四郎』で監督デビュー。50年に『羅生門』でベネチア国際映画祭金獅子賞、第24回アカデミー賞名誉賞（現在の国際長編映画賞）を受賞、「世界のクロサワ」と呼ばれる日本を代表する監督の一人に。その他、全30作品で監督を務めた。

※小津安二郎
1903年東京生まれ、63年没。27年に時代劇『懺悔の刃』で監督デビュー。戦前から数々の作品を発表し、58年には『東京物語』がロンドン映画祭でサザーランド杯を受賞。生涯で17本のサイレント映画を含む、54の作品で監督を務めた。

※ヴィム・ヴェンダース
1945年、ドイツ・デュッセルドルフ生まれ。映画監督。カンヌ国際映画祭では、『パリ、テキサス』（84）がパルム・ドールに。ドキュメンタリー作品にも定評があり、日本で撮影した『東京画』（85）では小津作品をオマージュしている。

※ヨウジヤマモト
ファッションデザイナー・山本耀司が手掛けるブランド。1977年に東京コレクションでデビューし、81年にはパリコレクションでデビューを果たした。ヴェンダースが撮影したドキュメンタリーは『都市とモードのビデオノート』。

♪竹内まりや『HEART TO HEART』

温かい気持ちになってほしい

「2月から『みんなのうた』で、岡村ちゃんの『ぐーぐーちょきちょき』の放送が始まりましたね。とってもかわいいのに、岡村ちゃんらしさがたくさん詰まった素敵な曲でした。子どもの心にいつまでも残っていく1曲になるだろうなと確信しています。岡村ちゃんが、子どもの頃によく口ずさんでいた、大好きだった童謡はありますか。あれば教えてください」――兵庫県

岡村　ありがとうございます。『ぐーぐーちょきちょき』、本当にNHKさんでやっていただいて、ありがたいことだなと思っております。このお話をいただいて、この環境下、お子さんが聴くってことはとても意識して作ってみました。みなさん、どう思ったのでしょうか。あの絵がかわいかったですね、本当に。癒やされました。日本昔話的な感じもあり、ファンシーな感じもあり、女子ウケもする、子どもウケもするだろうなと思いながら。かわいらしい絵だなと思って、あと、何度も見られると思って感心してしまいました。

あの、今回『みんなのうた』でやらせていただくことになったのですが、なんとですね、今年放送開始60年ということで、素晴らしいですね。60年続いたこともそうですし、あの60年分のアーカイブがきっとあるんです。みなさん、あらためて60年分聴いて、こんな歌があったんだ、あんな歌があったんだ、僕、子どもの時こんな曲で育ったな、とか再発見してもらいたいなと思ってます。僕もしてみます。こんな歌があったんだ、あんな歌があったんだなって、ちょっと調べ直してみたいなと。ぜひ、みなさん、そういうのも聴き直してみてください。

「曲のリクエストがあります。2月から『みんなのうた』で放送の『ぐーぐーちょきちょき』をかけてください。『みんなのうた』は、子どもの頃に好きで、いつもテレビにかぶりつきで見ながら歌っていました。その頃は、単純に歌が好き、というだけで、曲の作者、歌手がどなたかはあまり気にしていなかったのですが、大人になってあの有名な方が作曲したんだ、歌っていたんだと知り、驚いた曲が多くありました。そして、今年は大好きな岡村さんの新曲が流れるとのことで嬉しすぎます。岡村さんの曲を聴いて、育っていく今の子どもたちはとても幸せだと思います。私も、子どもの頃と同じ気持ちでワクワクしています。よろしくお願いします」——長野県

ということですが、どんな気持ちになるんでしょうね。温かい気持ちになってほしいなと思いましたし、この環境下に負けない気持ちになってほしいなとも思いましたし、わかりやすいってことも心がけました。ええ、僕もね、本当にあのNHKの『みんなのうた』のいろんな曲が好きですが、温かい気持ちになるんですよね、『みんなのうた』って。

僕の音楽にもいろんな音楽がありますが、とりあえず温かい気持ちになることや、家族、お母さんであれば、お子さんのこと、お子さんであれば、親のこととか、お友だちのことを考えてみるとか。例えば、上京して、一人暮らしをした時に、ふとお母さんのこと考えてみるとか、兄弟のこと考えてみるとか。もう一度絆とか関係性について、尊いものだよという、そんな気持ちになってくれたらな、という願いや祈りを込めて、作ってみました。じゃあ、聴いてみましょうか。

♪岡村靖幸『ぐーぐーちょきちょき』

今日の感想、みなさんどう思ったでしょうか。料理に関してはね、みなさん積極的にやっていってください。本当に、楽しいですよ。プラス、同じぐらい後片付けも楽しいと思ってください。そして、その後片付けが、なんて言ったらいいんでしょうね、あなたのことをちゃんとしてくれるはずです。雑巾を絞り、床を拭き。お料理をするのと同じぐらい、日々やるとね、それも大事なことだと感じております。たまにやると、そんなことはあんまり思わないですけどね。そのあたり全部、全部つながってますからね。つまり、料理すること、健康、その脳を使うことね。全部つながってます。まだ若かったら、お母さんのお手伝いをするでもいいし、料理の話ばっかりだけど、日々、料理をするとね、何が旬だ、何が健康にいいかがわかる、これね、素晴らしいことですから、やってください。そして『ぐーぐーちょきちょき』、本当にみなさんありがとうございます。

岡村靖幸のカモンエブリバディ

＃ 10

2021年5月4日放送

加賀美幸子さんに言葉をテーマにお聞きします

「『息』と『生き』って、同じなんじゃないでしょうか。息遣いというのはその人の生き方が見えるのですよ。そして、息は実際には見えませんし聞こえませんが、言葉を強めたり、弱めたり自分の思いを入れたり引いたり、これは全部息の力ですよね」

加賀美幸子（かがみ・さちこ）

東京生まれ。63年にNHKに入局し、『7時のニュース』、短歌・俳句の番組などさまざまなジャンルの番組を担当。97年には女性初の理事待遇となる。定年退職後も『NHKアーカイブス』『古典講読』など放送、講演、講座で活動。著書に『こころを動かす言葉』『ことばの心・言葉の力』など多数。現在、千葉市男女共同参画センター名誉館長、NPO日本朗読文化協会名誉会長なども務める。

古典や和歌など、知らないこと、苦手なことに挑戦したいというところから、お話のプロフェッショナルであるアナウンサーの加賀美幸子さんをゲストにお招きしました。対談をさせていただく前、加賀美さんの昔の放送をいろいろ聴いてみたんです。そうすると、報道、ドキュメンタリー、ナレーター、昔出られていたバラエティ、いずれの場面でも声や語気を荒げたりは絶対にしないわけです。NHKという放送局において、しゃべり方のお手本となる礎のようなものを作られた方なんだなという印象を受けました。

身体が求めるものは美味しい

岡村　近況ということで、今ツアーを回っておりますが、コロナ禍ということで観客の数、マスクの着用、歓声を禁止したりなどいろんな制限があります。それを乗り越えてお客さんに来ていただいていて、もっとシリアスな状況を想像していたのですが、冷静に考えると、こういう環境下に置かれること自体、人生で初めてなんですよね。最初は不快だったり訝しげに思ったり、恐怖を感じたりしていましたが、2年目に入って、これには意味があるのかな、と思い始めて。そう思わないとたぶん解決しないようなことだし、今年はオリンピックがありますしね。

そういうことにみんな心配はしながらも、ポジティブに向かっていくのではないかという雰囲気をツアー中に感じております。前回に放送した回の感想メールや私への質問など、みなさんからのお便りを紹介します。

「私も最近になって、前回の放送で岡村ちゃんもおすすめしていた〝レコード〟デビューしました。といっても家に昔使っていたレコードプレイヤーがあり、ずっと物置小屋に眠っていたのを忘れていたのです。でも30年ぐらい経っているし、ずっと使っていないし、さすがに動くとは思っていなかったのですが……。しかし、まったく問題なく音が出てびっくりしました。アナログのよさとはこういうものなんですね、きっと。音も柔らかく奥行きがある感じがしてとても素敵です。ずっと聴いていても耳が疲れないですし、これからもいろいろ聴いてみたいなと思っています。岡村ちゃんのおかげですね、ありがとう。

前回の放送で岡村ちゃんの料理の話が面白くてイキイキしていて、とても楽しく聴きました。私もあれから牡蠣鍋を作ったりして料理を楽しんでいます。今回の放送は加賀美幸子さんとの対談ですね。言葉を文章にするのは苦にならないのに、話す言葉って難しい。どうしたらうまく伝えられるのでしょうね。どんな話をされるのか、私も放送を心待ちにしています」

岡村　今日は本当に素晴らしい方に来ていただいてね、もったいのうございますけども。それでは次のメール。

「最近お料理に目覚めた岡村ちゃんと土井善晴（※）さんと

の『週刊文春WOMAN』（2021年春号）の対談を読みました。一汁一菜のようにシンプルに、余計なものを省くことで身体は健康になり、考え方、生き方もシンプルになる。感受性も豊かになって自信がつくというお話、興味深かったです。対談の中で『昨日と今日は絶対に同じにならないところが料理と音楽は共通している』とありましたが、他にも似ているなと感じることはありますか？　お料理をすることでクリエイティブな感性が刺激されることはありますか？　岡村ちゃんにはこれからも健康的な食事でずっと健やかでいてほしいです」

※土井善晴
1957年、大阪府生まれ。料理研究家。家庭料理の第一人者であった料理研究家・土井勝の次男。92年に「土井善晴おいしいもの研究所」を設立している。父がレギュラー出演していた『おかずのクッキング』（テレビ朝日）を引き継ぎ出演するなど、料理番組に多数出演。

岡村　料理はね、健康ともつながっていますし、どんなタイミングでサッと作るか、自分の感性にも関わってきます。あと自分の身体が求めているものは、水であろうがシンプルな野菜であろうが、本当に美味しく感じます。逆に求めてないんだろうなというものは、デラックスなものでも美味しく感じない時もあります。

「季節のものを食べるといい」と土井先生も言ってましたけど、最近スーパーに行ったら筍（たけのこ）が置いてあって、旬なんでしょうね。旬の筍でなんの料理をしようかなと考えた時に、炊き込みご飯を作ってやれと思って、作ってみました。あまり作る習慣がない料理だったのですが、いいものです。

自分のその時の感覚で、筍に少しの塩昆布とゼンマイを足してみました。そんな感じで今日はちょっと足してみよう、減らしてみようみたいなことは、クリエイティビティに影響しますし、健康にもつながりますし、とてもいいと思います。スーパーに行って、おすすめの旬のものを自分なりの感性で作ってみる、家族がいる人だったら家族のために作ってみるということはすごく建設的な気がします。

また、私がみなさんに問いかけた視力矯正手術についてもメッセージをいただきました。

「前回の放送で岡村さんが視力矯正手術について少し興味があるようなことをおっしゃっていました。私は日本語を教える仕事をしているのですが、学生さんの中にたまたまその手術を受けたという60代後半のアメリカ人の紳士がおりまして、彼曰く『本当に受けてよかった。期待以上。起きた瞬間世界が明るいのは感動的』とのこと。彼も手術を受ける前、いくつかの病院を調べて、料金は高いけれど手術例が多くアフターケアが充実しているクリニックを選んだそうです。他にも私の知人で長年極度の近視や眼鏡で悩んでいた人で手術を受けた人たちは、異口同音にやはり煩わしさからの解放、起きて視界が明るいのは何事にも代え難いと言っていました。

岡村さんもこれからの人生、裸眼で見る世界も素敵なのでは。負け戦にはベットしないとおっしゃっていた岡村さんですが、この戦には勝ちしかないと思います。あと恐怖を乗り越えるには、病院で科学的根拠を説明してもらえればきっと大丈夫なはず。以上参考までに」

岡村　「本当にいい」という声は周りからも多く聞くのですが、僕はね、深刻じゃないんです。「どうしても助けてくれ～、手術！」と思っているわけじゃないので。みんなが一歩豊かな生活を求めてやっているというか……、危機とかではないので、どうしても僕はそのカードが引けないんです。でも、どうなんでしょう。家族がいたら違うかもしれません。家族で遊園地や旅行に行ったりしてプライスレスな時間をいい視力で過ごすのは、素敵なことかもしれませんね。僕はちょっと自信がないのですが。

「息」遣いから、その人の「生き」方が見える

岡村　これまでこの番組には多くのゲストの方にお越しいただきました。どの方も印象深く、挑戦することが多かったです。どれもこの番組で挑戦させていただいて、苦戦、苦戦、苦戦……でしたが勉強になりました。あと、ありがたいことですね。自分が得意じゃないことに挑戦できて、それで誰かが笑ってくれたり、エンタメになっていたりしたら僕も面白いと思います。NHKですから、少年少女も聴いているでしょうし、いろんな人が聴いていると思うのですが、「俳句やってみたい」「歌を作ってみたい」「演技やってみたい」、そういう気持ちになっていただけたら、これ幸いと思っております。

さてさて！　今回はですね、元NHKのアナウンサー、そして今も現役で活躍している加賀美幸子さんをお迎えして、話し手としての心得を学びます。1曲お送りしたあと、加賀美幸子さんをお迎えします。では、聴いてください。

♪岡村靖幸『少年サタデー』

岡村　それではゲストの方をご紹介します。アナウンサーの加賀美幸子さんです。はじめまして。よろしくお願いします。

加賀美　こちらこそよろしくお願いします。

岡村　まず加賀美幸子さんのプロフィールをご紹介させてください。1963年、NHK入局。ニュースから古典までを幅広く担当。現在もライフワークとして『万葉集』『源氏物語』『枕草子』『平家物語』『徒然草』など古典の原文朗読を中心に、今も現役でさまざまな活動をなさっています。加賀美さんはこの番組で僕が話しているのを事前に聴いてくださったそうですが。

加賀美　もちろんです。音楽はもちろん、お話もたっぷりうかがいました。今もね、目の前でのお話しぶりに耳を澄ませました。それで今日は、「言葉」がテーマということなので、私こそ岡村さんにいろいろとお話をうかがいたいです。

岡村　僕、言葉は何もわからないのですが。

加賀美　お話をうかがってますとね、誠に音楽的なんです。お話しぶりが柔らかくて、強い。息遣いがとても伝わってくるのです。

岡村　本当ですか？

加賀美　はい。私、息遣いを一番大事にしていて。

岡村　そうですよね。加賀美さんのインタビューを見ていたら、息遣いとおっしゃってましたね。

加賀美　聴いてくださったのですか？　字は違いますけれど、「息」と「生き」って、同じなんじゃないでしょうか。息遣いというのはその人の生き方が見えるのですよ。そして、息は実際には見えませんし聞こえませんが、言葉を強めたり、弱めたり自分の思いを入れたり引いたり、これは全部息の力ですよね。靖幸さんの魅力というのは、やはり息遣いだなと。だから多くの方が惹かれるのだと。

岡村　例えばニュースなどで原稿を読まれる時に、語気を強めることなく思っていることや感じていること、深刻さを伝えるために、加賀美さんは息遣いを非常に大事になさってきたのではないかと。だから加賀美さんが語気をすごく強めてしゃべっている印象はないんです。

加賀美　ええ、しません。強いって、強い声を出すという意味ではないのですよね。

岡村　息遣いや間で、懸念しているとか、憂いているとか、楽しいといったことを表現なさってきたのではと思っていたんです。

加賀美　その通りです。大事にしてきました。でも私は、それを靖幸さんの息遣いの中にも感じます。本当に自在なんです。

岡村　自在じゃないですよ。僕からも聞きたいことがいくつかあるんです。まず、アナウンサーになろうと思ったきっかけは？　例えば、本を読んで何かに刺激を受けたり、誰かを見たりしてアナウンサーになろうと思われたのか、それとも偶然の積み重ねなのか。

加賀美　偶然でもないし、人から触発されたのでもないんです。じつは、私は音声表現よりも文字表現のほうが好きなんです。今だから言うのですが、小学校高学年の頃には詩を書いておりました。詩が好きでした。普段、友だちと遊んでいる時に、いろんなことを説明しても通じないことがたくさんあったんですよ。ところが文章や詩として書くとすぐ伝わったんですね。「さっちゃんの気持ち、よくわかった」と先生からも言われましたし、それ以来ずっと文章表現を大事にしてきたんです。

岡村　ふんふん。

加賀美　昔は学芸会が年に1回あったんです。私は毎回登場しました。しかし主役ではなく、いつもお母さん役。先生たちも毎回違うのですが、小学生の頃も中学生の頃も選ばれるのはお母さん役。たぶん息遣いとかそういうものが当時からあったのかもしれませんが、自分ではなぜかわかりませんでした。でも声での表現は気持ちよく、音声表現にも興味がありました。しかし、高校時代は文芸部でした。心の中で言葉を扱うという意味では、文字表現も音声表現も大事だと思い続けておりました。

岡村　そうでしたか。

加賀美　どちらかというと私は、司会でも、文章を短く切っていきます。質問もたくさんせずにスパッと。アナウンサーになった頃、当時の上司から「アナウンサーなんだからもっとしゃべりなさい」と言われました。でも、私はそういう気持ちがまったくなく、短く整理した言葉で、何より相手の方の話をとことん聞くということを大事に思っていました。そうしましたら、番組の出演者で対談者の大先生が、「あのアナウンサーはよく聞いてくれる。次回からあのアナウンサーにお願いしたい」と言われるくらいだったんです。

一人ひとりが支える、ＮＨＫの社風

岡村　アナウンサーは語気を荒げずに、非常に遺憾に思っている、悲しんでいるといった感情を出すことがありますよね。ということは、演技という能力も必要なのではないかと思うのですが？

加賀美　演技ではないと思っています。演技をしたら作りものになってしまう。朗読でも、ナレーションでも必要なのは、作品そのものを大事に読み込むことですが、作品の内容もその心も、調べれば、すぐわかることですけれど、その上で自分がどう感じたか、それをどう伝えるか。それも過ぎたら押し付けがましくて気持ち悪いでしょう？　足りなかったら伝わらない。だから、自らの声に自然に乗せて作らずどう聞く人の胸に届けるか。そんなことをいつも感じています。

岡村　なるほど。アナウンスや朗読をされている中で、話す言葉や内容は人となりが出ると思いますか？　それとも単純にテクニックとしてうまいということと、人となりはまた別なのでしょうか？

加賀美　たぶん、ご自分で答えをおわかりになりながら質問なさってますよね？　わかっています（笑）。声は人ですし、言葉は人です。ですから、うまいへたなんてないはずです。私はうまく読もうなんて考えたこともないですね。でも、伝えなくてはならない。じゃあ何を伝えるかというと、自分なりの味です。人間ですから自然に自分が出てくるんですね、息遣いや声の中に。人となりはストレートに出ますね。ナレーションや朗読をする時は、うまいへたではなく、どう自分らしく伝えるかですね。

岡村　わかりました。もう一つお聞きしたいのですが、加賀美さんはＮＨＫという放送局で長い間お仕事をなさって、後輩の育成をされたり、いろいろなことをされてきましたが、歴史のあるＮＨＫという放送局にはどういう気風があると考えていますか？

加賀美　そういう言葉が出てくること、やっぱり岡村さんは独特ですね。気風って、捉え方がいっぱいありますでしょう。言葉をどう選んでいらっしゃるのか、私が質問したいくらいですが、今日は私、答えなくちゃいけませんよね（笑）。答えます。

岡村　ＮＨＫというと加賀美さんのイメージなんですよね。品があって豊かで知的で、加賀美さんがある部分、ＮＨＫというイメージを作った気がする（笑）。

加賀美　いえいえ、とんでもないことです。多くの先輩たちが歴史を作ってきました。そのことは置きまして、放送局の気風とは、いろいろ考えます。やはり特別ですね。放送局は。ディレクター、プロデューサー、アナウンサーがいて、声技術者等々、多くの担当がいて、カメラマン、音みんなで作っていく。相田洋(あいだゆたか)（※）さんというディレクターの先輩がいまして、彼が言った言葉が焼き付いています。「命がけで作った作品を最後にアナウンサーが読むのだが、アナウンサーによって、我が作品はやはりダメだったかとがっかりしたり、こんなによかったかと嬉しさが倍加して納得し安心する時もある」と。

アナウンサーだけでなく、映像、音楽、効果、技術、何人もの放送人が力を合わせて一つの番組に向かう。一人ひとりがプロ性を持ちながらどう付加価値をつけていくか、なんですよ。そうすると、相乗作用で大きくなる。一人じゃない。それが放送局のあり方で、先ほどおっしゃっていた気風に対する答えだと思いますが、いろんな気風の答え方があるので、逆にそれをうかがいたいです。

※相田洋
1936年、旧朝鮮全羅北道（現・韓国）生まれ。NHKを代表するディレクターとして『NHK特集』『NHKスペシャル』など、数々の名作ドキュメンタリー番組を制作。99年の定年退職後はフリーランスとして活動。2000年には紫綬褒章を受章。

岡村　例えば、NHKは非常に良質な印象なんです。少年の頃から見てましたが、アーカイブとしても、ドキュメンタリー番組の最後に加賀美さんがおっしゃるコメントが非常に素晴らしくて、何年経っても良質なものを受けたという感覚が残る。この番組でよくEテレの話をしますが、良質な番組をやっているなと思います。加賀美さんは長い間勤めていらっしゃいましたが、実際の現場はどうなんですか？　NHKとなると、視聴率にもあんまり一喜一憂しなくていいのでは？　と想像しますが、どうなのでしょう。

加賀美　今はしていますけれども、私の頃はしてませんでした。よりよいものをみんなで作ろうというシンプルな思いでしたね。

岡村　そんな感じがします。だからこそ良質なものができているのかな、と思います。今は視聴率に一喜一憂しているんですか？

加賀美　一般的に見ていただく層が幅広く、多いほうが嬉しいですよね。一生懸命やっているからこそ余計に見ていただきたい。素敵な方をお呼びして視聴率を取るとかいろんなことがありましたが、結局は内容です。そして、先ほど気風とおっしゃってくださいましたが、やはり総合力ですから、一人だけが目立ってはダメなんです。でもその分一人ひとりの力は問われますね。

岡村　総合力のすごさはものすごく感じます。

加賀美　みんな放送人として同じ、上下関係はありません。その代わり自分のプロ性はきちんと出す。出さなかったらめちゃくちゃ厳しいですよ。気風、難しい質問ですね。考え込みました。

岡村　ここで、メールが届いているので読みますね。

齢を重ねるほどに考える「総合力」

「岡村さんと加賀美さんのご共演にビックリと同時にとても嬉しいです。加賀美さんは幅広い分野でご活躍ですが、子どもの頃に拝見した『テレビファソラシド』が記憶に強く残っています」

加賀美　そうですか。

岡村　『テレビファソラシド』は1979年から3年にわたって放送。加賀美さんが司会、永六輔（※）さんがアシスタントを務めた異色のバラエティショーでしたね。

加賀美　アシスタントという永六輔さん流の言葉ですが、企画・構成・出演ですね。あえてアシスタント的に楽しんでいらっしゃいました。

岡村　そうだったんですね（笑）。

加賀美　すべての役割を担ってらっしゃったんです。もう40年前ぐらいになりますか。

岡村　あの頃はビデオに録画する習慣もなかったので、その都度見ての印象ですが、加賀美さんと永六輔さんとタモリ（※）さんの絶妙な掛け合いが素晴らしかった印象があります。よくこの3人のトライアングルにしたなという。

加賀美　後半をご覧になったのかと思いますが、前半は私と頼近美津子さんがアナウンサーとして毎回出演していたのですが、翌年頼近さんが民放局に移ってしまったんです。そこで、タモリさんと永六輔さんと加賀美になった。相方がタモリさんですから、どうしたらよいのか、考えました。その時、永さんが「あなたはいつも通りなさい」とおっしゃいました。「タモリさんは天才ですから、無理してあなたが合わせたらつまらない。合わせるんじゃなくていつも通りにしていなさい」と。そうすると、逆にタモリさんは困りますから、いろいろ出してくるんです。そのちぐはぐさがおかしいのだと。人間違うから面白いのだと。この言葉は、本当にホッとしたというか、私のその後の放送生活の基になりました。さらにその頃、ちょうど時代の風が吹いたんです。たくさん素敵な女性アナウンサーの先輩がいましたが、それまではニュースも読まない時代だったんですね。

岡村　そうおっしゃってましたね。

加賀美　そうなんです。永さんが引き寄せてくださったおかげで時代の風が吹きまして、同時に私はテレビの7時のニュースも担当したり、大河ドラマのナレーションをしたり（笑）。私個人の力というより。そういう時代が来たんですね。

※永六輔
1933年東京生まれ、2016年没。大学在学中から放送作家として活動し、以降はラジオパーソナリティ、タレントなど幅広く活躍。作詞家としては『上を向いて歩こう』などのヒット作が、著書には『大往

生』などがある。

※タモリ
1945年福岡県生まれ。タレント。マンガ家の赤塚不二夫にその才能を見いだされテレビデビュー。『森田一義アワー 笑っていいとも!』(フジテレビ)、『タモリ倶楽部』(テレビ朝日)など数多くの番組で司会を務める。現在『ブラタモリ』(NHK総合)に出演中。

岡村 『新日本紀行』(※)はいつ頃ですか?

加賀美 『新日本紀行』はもっとずっと前からです。延々と。

岡村 あの番組もすごく印象に残っています。

加賀美 あの音楽とともに『新日本紀行』というタイトルが出てきて。

岡村 素晴らしかったです。

加賀美 NHKの気風にはそういうことも入りますね。『新日本紀行』も男性が読んでいましたが、ほんの少し担当しました。ちょうど時代の風が吹きました。

※新日本紀行
1963~82年にかけてNHK総合テレビで放送された、日本各地の風土や人々の営みを描いた紀行ドキュメンタリー。

岡村 先ほどおっしゃったように、バラエティに出るようなタイミングがあったり、夜7時以降に女性としてニュース番組に出るようになったり、いろんな時代を経験なさったわけですよね。それを経て、どう思われました?

加賀美 こけたらいけない、きちんとバトンタッチをしなくちゃいけないと思いましたね。

岡村 育成みたいなことも?

加賀美 育成とはちょっと違うんです。私がきちんと仕事をしていけばそれが伝わるわけです。私がこけてしまったら、やっぱり女性はダメだ、ということになるので。

岡村 自分で体現し、表現したことをみんなに感じてもらうということですか?

加賀美 そうですね。それも点数じゃないんです。NHKの場合は視聴者が老若男女ですし、スタッフも総合力ですから、その時代の風の中で自分がどう付加価値をつけることができるのか、という課題は常にありました。今もまた、違う時代の風が吹いてます。その中でどうするかということを感じます。

岡村 僕も齢を重ねれば重ねるほど、総合力みたいなことはよく考えます。例えば、脳だけよくてもダメだし、内臓だけよくてもダメだし、筋肉があるだけでもダメだし。全部が程よくいい感じで、それぞれも総合力で、お互いに切磋琢磨し、刺激を受け、嫉妬し、ある時は感動し。僕の場合だと、スタッフも含めてですが、スタッフがいると3倍も4倍も5倍も自分だけではできなかったようなことができるようになる印象ですね。若い頃はあんまりそう思わなかった。とりあえず自分が頑張ることだけに腐心していたので。

加賀美　そうですか。岡村さんって本当に勉強家で、ありとあらゆることを勉強なさいますでしょう？

岡村　勉強ができないからですね。

加賀美　「逆張り」ですね。これは逆エネルギーですよね。それこそ生きる力だなと思って。本当は勉強がおできになるけれどもできないと思って、それを補おうと次から次へと勉強なさる。それ、私もよくわかります。そういう気持ちで私も動かされますね。

岡村　最近もそういうことがあったんですけど、今の環境が1年以上続いて、不快なわけです。まあ不快という言い方はよくないかもしれないけど、僕にとっては。番組の冒頭でも言いましたけど、何か意味があると思わないとやっていけないところもあって。それで、そう言えば僕、ずっと不快なものがあるなと思ったのが、害虫なんです。

加賀美　あー（笑）。

岡村　子どもの頃からハエと蚊とゴキブリが不快で、ずっと不快なままなんです。で、これももう何かきっと意味があると思わないといけないと思って。

加賀美　その通りです。

岡村　それで調べてみたら、蚊に関して言うと、南米やアフリカのほうではマラリアで今でも亡くなっている人は大勢いて、非常に深刻な問題なんですって。なんとかして遺伝子操作で蚊を減らさなくちゃいけないと動いている方がたくさんいるんですね。ただ蚊に何かの意味があるのかをお医者さんや科学者が調べると、ほぼ意味ないんですって。人間という生物においては、「蚊がいてすごくよかった！」ということは、ほぼほぼないと。

加賀美　（笑）。

岡村　ただ、水が濁ってるところは綺麗になるそうです。それで、読んでいた文書の結論にあったのは、蚊が人口整理をしているのではないかと。人が増えすぎていることからくる問題が今起きてますよね、燃料問題や環境問題とか。人間の力の至らない、知らないところでそうやってバランスをとっているのではないかと書いてあって。実際にそういう結果が出るのであれば納得できるんですけど。

加賀美　ちょっと微妙な話ですけれども、そうかもしれませんね。前回のお話の中で靖幸さんもおっしゃってましたが、昔もペストや天然痘、今はコロナですが、コレラとかいろんな疫病は常にあるんです。コレラは江戸の最後から明治まで何十万人の人が死にました。古典を読みますとね、そういうことが書いてあるんです。『古事記』や『日本書紀』の中にも疫病のことが書かれています。

“いただかせたい力”がすごいんだ

加賀美　『日本書紀』を読みますと、崇神天皇の時代に民の半分が亡くなったとある。子どもが病で倒れれば、抱きかかえますよね。おじいちゃんおばあちゃんだって抱きかかえるし、夫婦だってそう。だから、みんな感染しちゃうわけですよ。今みたいにブロックできない、しないのですから。それから、私たちはしばしば東大寺を訪ねますが、聖武天皇が東大寺を造ったきっかけも疫病が流行らない願いです。天然痘が治るように祈ったわけです。

岡村　昔はすぐには治らなかったですもんね。お子さんが亡くなってしまったり。

加賀美　そうなんです。文化がいくら進んでも疫病はずっとあるわけで、どんなに頑張っても続きますよ。今はコロナ禍で、尚かつ変異ウイルスもあって、下火になってもまた出てきます。ですが、さっきあなた様がおっしゃったようにその中でどう生きるかという、意味を探すことがね、大事ですよね。それは、まさに「逆張り」ですよ。マイナスの状況の中で頑張っていく。

岡村　もちろん、恐れないといけないですし、心配もしなくちゃいけない。でも、そればかりだとストレスを感じて体調を崩したり、疑心暗鬼になって心が弱くなったり、身体に悪い。すごく難しいのはそのバランスで、どのぐらい心配してどのぐらい恐れてみたいなことはよく考えています。もう時間も経っていますしね。

加賀美　そうやってすべてのことを取り入れて勉強していくのですね。勉強というのはそういう意味ですよね。生きるために。

岡村　意味は見つけたいですよね。昔の人は疫病も含めて信心することが多かったわけで、頼らざるを得ないというか。加賀美さんはたくさんの古典を読まれていると思いますが、ご自身にも信心深さのようなものは感じますか？

加賀美　信心深さという言葉も、やはり靖幸さんらしいなあと。普通、なかなかそういう質問されませんよね。でも私にはあります。信仰とかそういうことではなく、すべてのことは意味があるから。そうでしょう？　疫病だって意味があります。その中に何かメッセージを探すんです。例えば、戦争だってつらい。でもどうして人は戦争などするのかというメッセージがあるわけです。考えてみたら、信心っていいですね。岡村さんにとっての信心って何か。教えてください。

岡村　信じることですよね。自分に対する信心でもいいですし、何かの具象や自然に対してでもいいですし、歴史への畏怖を感じるでもいいですし。信じる気持ちみたいなことはいいですよね、健康にもつながりますし。

加賀美　私も、その心に耳を澄ませます。どう捉えるかで、もしかしたら子どもたちや若い人にそこにあるメッセージが伝わっていくのではないかなと思っていて。どんなつらいことにもメッセージはあるので、全部見つめます。あなた様もいろんなことをなさっていて、勉強の量も素晴らしいですが、その分どうやってご自分を広げていらっしゃるか、それは音楽の世界にどういう効果をもたらすのでしょうか。

岡村　定期的に違う職種の方や異なる社会の見方をしている人と対談したり、お話をしたりする機会があると、血なり肉になります。自分の狭い了見だけでものを見てた時期もありましたが、いろんな人と話すのはやっぱり面白い。加賀美さんはずっとそういうことをやってこられたと思いますが、そんな見方があるのかとか、そんな歴史があるのかとか、そういうものは自分を豊かにしてくれますよね。

加賀美　本当にそうです。いただくこと。いくらあなた様のように才能があってもいただくことは大きいのですね。

私なんて最初からいただきものばっかりですから。

岡村　でもね、加賀美さんが非常に気持ちいい空気を出されているから、話している相手も、そうしたいと思う。だから、加賀美さんの〝いただかせたい力〟がすごいんだと思います。この説明、ちゃんと理解してもらえますかね（笑）。相手もついつい告白したい。いい話をしたいと思わせる力がきっとある。

加賀美　聞き方でしょうか。どう聞くかですね。アナウンサーがバンバンしゃべっていたら、相手の方は相槌を打って終わっちゃいます。聞き方によって、相手は話してくださる。インタビューは難しいとおっしゃる方も多いのですが僭越ながら、岡村さんのような気持ちで聞くこと、勉強するという気持ちが伝われば、相手の方は話してくださいますよね。

岡村　なるほど。

最終的には〝かわいげ〟があると思われたい

加賀美　相手の話をよく聞いたあとで、自分の息遣いで、質問や相槌をする、その中に人柄が見えますね。聞き方、質問の仕方、その息遣い。普通、一人ひとりみんな唯一無二、言葉の世界は広いですよね。世界中に一人も同じ人はいないわけですから。でも、岡村さんの場合は誰もがとくに「唯一無二だ」と言うのですね。

岡村　自分では、みんな唯一無二だと思いますけど。

加賀美　みんなそうなんです。でも特別、岡村さんだけは誰に聞いても唯一無二と言われるその理由はわかるのですが、ご本人のお考えを聞かせていただけたらと。

岡村　自分ではわからないですねぇ。

加賀美　ご自分の世界の強さはわかるのですが、でもお話をうかがっていると、広くあまねく周りからいろいろいただいて、そうやってご自身を作っていらっしゃる。

岡村　見られるエンタメという仕事として、こうやって電波に乗ったり、人に楽しんでもらう世界に生きているということは、最終的にこの人をまとめると、かわいらしいというふうにせねばとは思ってます。それはここ数年心がけていることですね。

加賀美　なるほど（笑）。見かけじゃなくかわいらしい人ということですか？

岡村　〝かわいげ〟があると最終的には思われたいなと。だって見られる仕事、聴かれる仕事、人に喜ばれる仕事で、かわいげないってどうなのでございましょう？　と（笑）。

加賀美　やっぱり、「この姿を見て！」とか「見てください！」という主張もありますよね。人間としてかわいらしく見てほしいと。いつも初々しくありたい？

岡村　初々しさも含めてですね。

加賀美　いろんなことを勉強しながら。コロナ禍のそういう中で、『みんなのうた』に登場されたでしょう。私もしょっちゅう歌いますよ。

岡村　そうですか。ありがたいですね。

加賀美　「ぐーぐーちょきちょき　ぱーぱーちょきちょき思い出してよ」という歌詞を聴くと、昔を思い出します。

みんなそうだと思います。ただ今の状況では、子どもたちはお互いそばに行くこともできない。

岡村　触れ合うこともできない。

加賀美　じゃれ合ったり、抱き合ったり、手をつないだりすることもできないんですよね。その時代がないとどうなるのかなと私はとても心配なんです。そういうことも含めて、あの歌を作られたんでしょうか。

岡村　もちろんそうです。それでは、ここで1曲お送りします。

♪岡村靖幸『ぐーぐーちょきちょき』

見た目が華美なすみれじゃなくて、れんげ

加賀美　ある一定の時期をマスクなしで普通に過ごせなかった子どもたち、一番の心配はそのことなんです。

岡村　小学3年生は1回しかないですよね。中学校2年生も1回しかないし、その時の普通だったら、片思いしたり、うまくいって手をつないだり、クラブ活動をしたり、スクラムを組んだり。いろんなことが春休みにできたはず。わからないけれど、今、実際学校の現場はどうなんですかね。

加賀美　中学、高校ならまだ補うことができても、小学1年生になったばっかりの子どもたちに「思い出して」と言っても、思い出せないですよね。それがどうなるか。でも逆張りであの時代つらかったから頑張ろうということになるかもしれない。そういうことも含めてお作りになったんだなと思って。胸が余計に痛んで。

岡村　僕の周りの比較的小さい子どもがいる親たちは、子どもが友だちに会えないことや、放課後に遊びに行けないことなどを非常に危惧していますね。

加賀美　してますでしょう。だって小学校低学年なんてじゃれ合いですから。しかし、これぱっかりは考えても答えはわかりませんね。歌詞に「夕焼け」ってありますでしょう。今、東京じゃビルディングが高くて夕焼けなんて見えませんよ。私の時代なんかは空いっぱいに見えましたし、車がほとんど通ってなかったので、道で遊んだんですよ。けんけんとか縄跳びをして。そして夕方になると夕食の匂いがしてくるわけです。「ご飯ができたよ」という声が聞こえる。今はみんなピッシーと戸締まりでしょ。当時、玄関は開けっ放し、窓も開けっ放しだったんです。

岡村　時代が違うとセキュリティも違いますよね。

加賀美　それがいい悪いじゃなくて、仕方がないんですよね。昔と今では夕焼けも夕ご飯の掛け声も違いますが、「れんげ草」が出てきましてね。今『趣味の園芸』（※）で万葉の花シリーズとして名歌を花とともに紹介していますが、例えば童歌『ひらいたひらいた』で歌われているのも、れんげの花なんです。『春の小川』も、岸のすみれやれんげの花が歌われている。れんげを使われたのはどういう意図があったのでしょうか？

岡村　たんぽぽやれんげって、野に咲いている花ですよね。いわゆるばらのようなゴージャスさはなく健気に咲いている花という印象があって。少年時代からずっと見ている少

女や女性の健気さみたいなもののイメージで、れんげかな、と思ったんです。

加賀美　そうだったんですか。れんげが一番胸にピン！　ときました。私たちの年代もそうですし、次の年代もそうでしょうね。すみれではなくれんげ？

岡村　すみれは見た目が華美じゃないですか。だから、れんげのほうが健気さが出るなと。

※『趣味の園芸』
1967年4月9日に放送開始した趣味番組。季節に応じたさまざまな植物の育て方などを紹介。現在はEテレで日曜8：30〜8：55に放送中。

「万の事は頼むべからず」

岡村　ではここでメールを紹介しましょうか。

「前回の岡村ちゃんのお一人語り放送では、最近頑張っていらっしゃるお料理の話がすごく楽しくて、コロナ禍の今、逆張りで、との言葉にはとても励まされました。そして記念すべき第10回では話し手の心得を加賀美さんに学ばれるということで、岡村ちゃんの放送をよりよいものにしたいと思われていらっしゃる姿勢が本当に素敵です。そこで岡村ちゃんに挑戦していただきたいのですが、加賀美さんがライフワークにしていらっしゃるという古典の原文朗読を加賀美さんに指南をしていただき、少しでもいいので聴かせていただけたらすごく嬉しいです。岡村ちゃんが朗読される古典はとてもロマンチックな感じになるのでは？　と想像しています。ぜひよろしくお願いします」――静岡県

加賀美　ロマンチックですか。古典や和歌のことをロマンチックとか雅と言いますが、万葉集の約1300年間も厳しい時代でした。つらいから憧れの暮らしや恋を詠うのではないでしょうか。説明的でなく、五七五七七に込めて詠う。歌の力ですね。

岡村　読まれていて、延々に変わらないな、人間の理は、と思うものですか？

加賀美　古典を読んでいると、本当に人々の心は変わらないというのが実感です。でも時代は激しく変わっています。その中での人々の生き方・在り方、私は古典を難しい勉強として読まないで、人間取材だと思っています。

岡村　なるほど。

加賀美　音は残ってないので、文字しかないんですよ。だから文字で残っている宝の古典を嬉しく味わう。たくさんありますが、例えば、今の時代にピッタリなのが、吉田兼好（※）さんの『徒然草』ではないでしょうか。鎌倉幕府が崩壊し、南北朝の動乱が始まる頃に書かれたとされる『徒然草』は、今と状況が似ているといつも感じます。今日はその話をしてみたいなと思ってるのですが、どうでしょうか。

※吉田兼好
1283年頃生まれ、1352年以降没。鎌倉・南北

朝時代の歌人、随筆家。出家したことから兼好法師と呼ばれることも。儒教・老荘の思想にも通じ、『徒然草』は随筆文学の代表とされる。

岡村　ぜひ、よろしくお願いします。

加賀美　「よろしくお願いします」と言われると恐縮します（笑）。岡村さんも、『徒然草』読まれましたでしょ。

岡村　ちゃんと記憶にないですね。

加賀美　「徒然なるままに」という冒頭だけですか？

岡村　そうですね（笑）。

加賀美　魅力的な段がたくさんありますが、211段の「万の事は頼むべからず」では。時の権勢があるといっても頼ってはならない。強力なものはすぐ滅びる。財産が多いといっても当てにしてはならない。たやすくたちまち失ってしまうものである。人の好意も頼ってはならない。その心は必ず変わる、という出だしです。ここを読んでいただきたいです。そのあと、何事も頼りにしなければ、順調な時は喜ぶし、逆境になったって恨まない。「左右」が広ければ、ぶつからない。狭いと身が砕けてつぶれてしまう。「緩くして柔らかなる時は、一毛も損せず」。つまり、穏やかにして柔らかな心でいれば少しも傷つくことはないと言っているのです。ゆとりが持てない動乱のあの時代の中で兼好は言います。今も当時も何も頼れない不確実な時代でしょ。だからこそ、余計に心にゆとりを持って、と『徒然草』は語ります。

岡村　ほぅ。

加賀美　これが生き方の鍵ではないか。何が大切か焦らず頼らず考えてみるという心の余裕こそが大事と兼好は言っている。私、この章が好きですが、どうですかこの章は。

岡村　考えさせられますし、よく思うことですね。

加賀美　古典だからと言って特別に読むことはないと思っています。今の時代の自然さで読めば伝わってきます。ということで、読んでいただけますか？

岡村　じゃあ、読んでみます。

「勢ひありとて、頼むべからず。こはき者先づ滅ぶ。財多しとて、頼むべからず。時の間に失ひ易し。人の志をも頼むべからず。必ず変ず」

加賀美　岡村様の読み方で、内容がそのまま伝わってきました。

岡村　本当に変わらないんですね、今とね。

加賀美　そうですね。では、その後の原文を読んでいただけますか？

岡村　わかりました。「原文」っていうのは最初に入れるんですか？

加賀美　入れませんわよ。それはやめてください（笑）。普通に読めばいいので、本番、お願いします。どうぞ。

岡村　「身をも人をも頼まざれば、是なる時は喜び、非なる時は恨みず。左右広ければ、障らず、前後遠ければ、塞がらず。狭き時は拉げ砕く。心を用ゐる事少しきにして厳しき時は、物に逆ひ、争ひて破る。緩くして柔かなる時は、一毛も損せず」

加賀美　パチパチパチ。素晴らしかったですね！

岡村　これは難しいですよ〜。

加賀美　難しく感じませんでした。さすがです。今ぐらいゆっくり読むと、響きがいいですね。冒頭も勢いがあって、引き込まれます。

岡村　非常に感じるものがあります。さっきれんげの話に出てきましたけど、自分の感受性、心、脳の状態が豊かだと何気ないものでも非常に沁みますよね。川のせせらぎでもいいし、下町を散歩してでもいいし、小石が転がってるだけでもいい。そんなに大したものを見なくても自分の豊かささえあれば。食べ物もそうで、そこまで華美なものを食べなくても、心や健康状態が豊かだと、ただのほうれん草のおひたしもとっても美味しく感じますよね。そういうことは日々よく思っていて。この文章も、あの時代にゆとりですもんね。

加賀美　そうですね。どんな時もゆとりの心で。そうしたいと思います。

岡村　人の心は、つい頼りますよね。

加賀美　頼っちゃうんです。そうすると悲しくなったりね、うまくいかないと裏切られたような気持ちになる。

岡村　わかります。過度に頼ったりすると、期待したりがっかりしたり怒ったりする。本当に人の気持ちというのは難しいものですね。完全にそこから逃れられるような、頼らず、期待しない心を持つというのはなかなかできないものです。

加賀美　できなくても頼らず頑張りなさいということでしょうね。頼ったらこの時代乗り切れないよ。無理だよって言っているのですよね。ひどい時代だからこそ、ゆとりを持ちなさい、と。

岡村　すごい話ですよね。

見たこともない時代の人を友とする

加賀美　今日は古典の話が多くなりましたがこのひと言はどうですか。13段ですが、ひとり灯りの下で書物を開いて、見たこともない時代の人を友とする。これがこの上もなく嬉しいこと、と。まさに古典を読む時の心だと、私はいつも思うのですが、いかがですか？

岡村　本当に昔の人と今の人がつながっていきますよね。電気がないですから、ろうそくを灯して本を読んでいる人の気持ちになったり、今その歌を読んだら歴史を超えて人の気持ちを感じて感動したり、その絵が浮かびますね。

加賀美　それが古典でしょうか。ですから、しかも友とするって友だちにするわけです。ですから、吉田兼好さんは少し前の時代の紫式部や清少納言、老子や荘子の書物を読みながら友とする。素敵ですよね。私もそういうふうに古典を読んで友としたいなと思っているのですが、どうでしょうか？

岡村　いやあ素敵なことだと。僕も勉強していこうと思います（笑）。

加賀美　じゃあ、原文読んでくださいますか？

岡村　「ひとり灯のもとに文をひろげて、見ぬ世の人を友とするこそ、こよなう慰む（なぐさ）わざなる」

加賀美　パチパチパチパチパチ。もうばっちりですよ。原文と岡村さんの心、味わえて本当に嬉しいです。原文はやさしく自然で響きが伝わってきますね。みなさまもぜひ声に出してみてください。

岡村 本当ですね。僕も勉強してみたい。なんの文だか忘れましたが、少年の頃に古文か漢文かで読んだ記憶があるのが、髪の毛はとても綺麗なのに1本抜けるととても汚く見えるものなのね、という。これも今と変わらないなあと。

加賀美 またまた古くて楽しい話ですが、縄文時代はどうですか?

岡村 縄文時代のことは何も知らないですけど、縄文時代の器は私も好きです。

加賀美 私もあの土器が好きです。弥生土器のように削ってシンプルにするのは簡単だけれど、あえてあのように残しておくという美学は素敵です。

それからオノマトペ。雨がポツポツとか空がチカチカとか、縄文の言葉らしいんです。時代を遡っていくとあらためてみんな同じだなと嬉しくなります。何かゆとりが出てくるように感じます。

岡村 今、番組を聴いている人たちに本当に感じてほしいのは、僕が正面で加賀美さんを見てますけども、まあ若々しいですよ。

加賀美 いえいえ、年齢自慢です。

岡村 いやいやいや。動画を撮りたいぐらい。話が逸れるようですが、つながってる気がするんです。加賀美さんが思っていらっしゃることや感じていることや、しゃべることもそうですね。そういうことも全部つながって若さや健康を体現なさっているのかなと。

加賀美 もし健康だとしたら言葉でしょうか。発散、発信、言葉の中に感じるんです。岡村さんの場合は音楽がさらなる言葉ですね。心を表す音楽の言葉、どういうものですか?

岡村 例えば曲があって、詞がいいととっても沁み入りますよね。でも、とってもいいメロディでも何言ってんだろうという詞だと沁み入りにくい。だから、やっぱり言葉って大事なんだなということは日々痛感しています。

加賀美 では、音楽と言葉の関係は?

岡村 自分の気持ちを吐露する場合に、いろんな人に聴いてもらうわけです。例えばこの放送だったら、若い男性にも女性にも聴いてもらうということを想定しながら、わかりやすさと自分の思っていることのバランスみたいのはよく考えます。人に伝わらなくてもいいから自分の気持ちは全部吐露するのではなく、ある程度わかりやすいように落とし込みますね。

加賀美 そうですか。だから伝わるということですね。今日はよかったです! いろいろお話をお聞かせいただけて。

岡村 こちらこそ、難しかったし、学ぶことも多かったし、勉強になりました。聴いてる人たちも、これは本当に勉強になって、血なり肉になると思います。何度でも聴いていただいて咀嚼していただければなと。本当にありがとうございました。

加賀美 こちらこそありがとうございました。私も大変勉強になりました。勉強ですよね。いつも!

岡村 はい、勉強です! 頑張ります。

岡村　今日の感想はですね、難しかったですね。勉強不足でしたね。頑張らないとダメです。人生至るところに机がありますね。学んで、もうちょっとクオリティアップして、またお会いできたらなと思います。予習をもっときちんとしますっていう反省が、今日はありました。

加賀美さんは本当にすごくエネルギッシュで若々しい方で、凛となさっていて、怒らせるとちょっと怖い感じもあって、部下の方がついていきたくなるようなカリスマ性がありました。

忌憚なく、NHKはどういう放送局なのかという質問も聞けましたし、例えば陰鬱とするような報道があった時に、私的な感情は込めるべきなのか、そうでないのかという問いに対しても、とても面白い回答をくれましたし、「逆張り」という考え方にもすごく共感してくださいました。この放送も学ぶことがとても多かったです。これからアナウンサーを目指したいという方にも、勉強になる回だったんじゃないでしょうか。

岡村靖幸のカモンエブリバディ

11

2021年8月16日放送

GRADATION

勉強の季節ですから

近況は、ずっとね、レコーディングの作業したりとか、ちょこっと前まではツアー回ってましたね。こういう環境下でも、たくさんの人が来てくれて、とても嬉しかったなと思ってます。お客さんを半分にして、歓声もやめてもらって、拍手だけという内容でしたが、それでもやったことには意義があるし、それを乗り越えて来てくれたファンの方々にも本当に感謝してますし、歴史というものの考え方からすると、こんな事態、時代、時点は初めてなので、忘れられないことになるんじゃないでしょうかね。いろいろ思うことがありますが、意義があるツアーを回れたのかなと思っております。それでは、（メールを）読んでみましょうか。

「第10回は、本当に素敵な放送でした。岡村さん、加賀美（幸子）さんのお互いを尊重した丁寧で素直なやりとりに穏やかな気持ちとなり、岡村さんの息遣いが強く柔らかい、柔らかくて強いという『靖幸さん分析』にはとくに共感。岡村さんの楽曲も息遣いを意識して聴くと、さらに味わいが深くなります。古典のお話は、このご時世だからこその示唆に富み、胸に残りました。あらためて、岡村さんのご感想をうかがいたいです」――千葉県

素敵なお話をたくさんうかがいましたね。やっぱり加賀美さんのいろんな面がたくさんありました。まるで少女のような感じもありましたし、いろんなものを乗り越えて、くぐり抜けて戦い続けた女性として、放送の仕事に携わったベテランの方としての矜持や心強さ、鋼のような強さみたいのも感じましたし。あと、まあね、本当に加賀美さんだけなのかもしれませんけども、強くしゃべらないことによって、逆に、逆説的に人に強い印象を与えるという、人に問いかけるみたいな話し方をなさるのを、僕は子どもの頃から見てたので、とても感動しました。

「前回のゲスト、加賀美幸子さんとの会話の中で、『古典を読むということは、見ぬ世と心を通わせ友とする』というような内容だったと思いますが、心に響きました。学生の頃は、教科書や問題集などで古典文学に触れて、勉強を忘れて読みふけった記憶がありますが、大人になって読み返すと、若い時よりもさらに深く感じられる気がします。加賀美さんと岡村さんの対談は、とても楽しかったです」

――愛媛県

そう言っていただけるとありがたいのですが。僕がね、学生の頃、本当に得意じゃなかったのが、古典、古文だったわけですよ。漢文、これがね、レ点がついて1回戻れとか、中国の古い漢文とかもね、古い言葉で書いてあるのでね、もう何を言ってんだか、いつの時代のなんのことやらっていう感じで、訳さなくちゃいけない時は、もう海外の言葉を勉強してます、みたいな難しさが非常にありましたけども。少し前に対談したロバート・キャンベルさんもそうですけども、すごい人たちだな、と思いますね。読みづらいもん、だって。三島由紀夫（※）さんの『仮面の告白』とか読んだことありますかね。『金閣寺』とか。あれは当時のベストセラーですよね、今の村上春樹ですよ。そう、「ベストセラーじゃん。読もうぜ、夏の100冊！」とか言って読もうとすると、読みにくい、読みにくい。そんな僕がですよ、そのぐらいのことを読みにくいと思う僕がですよ、古文、古典、漢文をHey！って読めるとは夢にも思えないのですが。いつかね、勉強の季節ですからね、勉強してみたらいいのかもしれませんね。ここで、1曲お聴きいただきましょう。

※三島由紀夫
1925年東京生まれ、70年没。小説家。東京大学を卒業後、大蔵省に勤務するも退職。49年、最初の書き下ろし長編『仮面の告白』を刊行。主な著書に『潮騒』『金閣寺』など。作品は翻訳され、ノーベル文学賞候補になるなど海外でも評価された。70年、自衛隊市ヶ谷駐屯地で自決。

♪岡村靖幸『どぉなっちゃってんだよ（Adult Only Mix）』

焦らせてんじゃねえ！

「以前の放送での石臼を購入されたというお話、大変驚きました。あれから、何か面白ショッピングをされましたか。また、これは買ってよかったという商品があれば教えてください」——埼玉県

面白ショッピングはね。みなさんにちゃんと伝わるかわからないけど、学校に外履き、内履きってありましたよね。外履きから内履きに入る時、あるいは内履きから外履きに行く時に、なんかね、校舎の靴箱の近くにあった、アルミとたわしでできた靴を拭いて上がるような、マットがあるんですね、それを購入しましたね。

それと……「スーパーボール100」ってやつ買いました。出店とかね、おもちゃ屋さんとかに行くと、100個ぐらいあるスーパーボールがくじで当たる、みたいな。それをまるごと大人買いしましたね。そのぐらいですかね。かわいげのある面白ショッピングは。あとは、かわいげがないものなので、ノーコメントとさせていただきます。

「石臼はオブジェ化しているのでしょうか」——東京都

もう完全にオブジェ化してます。倉庫に入ってます。あけてもいません。

「この夏やってみたいことありますか。自分は、生まれて初めてフェリーに乗って、神戸から高松に旅行に行きます」——三重県

僕、もう1回英語を勉強し直したりとか、ピアノをあらためて勉強し直したりとか、あと、仏教とかも含めた歴史の勉強してみようかなと思ってます。なんかね、歴史小説とか大河ドラマとか見ても、あれ？　これは、なんとか何年だから、その何年前の何年だと、将軍が誰で……みたいなことがね、ピンと来てないわけです。困ったなこれ、と思って。昔、仏教と歴史っていうのは非常に深く関わりがありましたが、そういうことを学べる個人レッスンを受けてみようと思ったんですが、なかなかないのね、そういうの。2件ほど断られました。断られた……というか、まあ、2件ほどレスがない状態なのですが、どこかの先生に頼んだほうがいいんですかね、なんて思ってたりします。

「岡村さんは、のんびりとゆっくりというイメージですが、急ぐことはありますか？　どういう時に急ぎますか？」——広島県

まあ、あんまりね、急ぐことはありませんが、この環境がね、俺を急がせる。それが頭にきますね。店閉まるのも早いしね、スーパーでさえ、デパートでさえ、飲食店も早い。どこで何を食べるか、食べないで料理するんだったら、もうどっかで何かを買って、ともう4時ぐらいから俺を焦らせる。焦らせてんじゃねえ！　って思っております。穏やかにゆっくり、なんかね、ゴージャスに俺を食事させろ！　バカ！　って思っております（笑）。

「知力、体力、判断力など、何か一つすぐに身につけられるとしたら、どんな力が欲しいですか」——神奈川県

これはまあ、知力というよりも知識力でしょうね。先ほどの話につながりますが、歴史のことがよくわからないので。外国の歴史で、ＢＣ何年、ＡＤ何年とか。あと、十字軍、英語で言うところのクルセイダーズのこととかわかります？　そういうのを勉強したいですね。それに関連した建築とかもたくさんあってね、そこもわかったりすると楽しいでしょうし。この環境下が終わって、歴史を踏まえたうえで、海外のそういう場所へ行けたら、何倍も何十倍も楽しいでしょうね。この歴史を乗り越えて、なんだよ、ポンペイはこういうことがあって、こんな火山があって、これこれを乗り越えて……とかなんかがわかると、楽しくなると思います。

そう思ったきっかけの一つとして、（映画）『ライフ・オブ・ブライアン』があると思うんです。モンティ・パイソン（↓Ｐ・１０３）の昔の笑える話なのですが、中世を民族衣装もその人たちの成り立ちも含めて忠実に描いてるわけですけども、民衆の人たちは、みんな歯が汚いんですよ。歯磨き粉がなかった時代のはずだから、歯に対する美意識も薄かったはずだっていう予想をもとに、歯がなかったり、歯がまっ黒だったりするんだけれども。あとで、モンティ・パイソンの人が調べたところによると、産業革命前は、イギリス人は砂糖を食べてなかった、と。それで、ミイラとか骸骨の歯を調べると、歯は黒くなってない。綺麗なままになってるとわかって、あ、そうか、中世時代や中世前の人たちは歯が綺麗だったんだっていうオチがあって。なるほど、面白い！　って思った次第でございます。みなさんもそんなね、こういうこと知ると面白いでしょ。そんな感じでございます。歴史を知れたらなって、その時も思いました。

「このコロナ禍で、長電話のよさを知ることができました。それまでは、LINEやSNSでのメッセージが主流で、あまり電話をすることもなかったのですが、コロナ禍になってからなかなか会えない友だちに定期的に電話することが増えて、この間は6時間も長電話してしまいました。他愛もない話でも、声を聞いて、話がしたいっていう時はありますか?」――東京都

青年期、少年期はそんなことありましたね。なんか、電話で、もう何時間も話しちゃったりするなんてことありましたね。大人になってなくなっちゃいましたが。まあ、とってもいいことだと思いますよ。今はもっといいんじゃないですか。Ｚｏｏｍがあったり、顔も見えたりしてね。それによって心が救われたり、一緒にいないけども、相手の温かみを感じられたり、あと、ちょっと遠くにいる人、おじいちゃん、おばあちゃんでもいいですし、引っ越してしまった、転校してしまった友だちでもいいですし。とってもいいんじゃないですか。みなさんもやってるんだったら、ぜひ続けてください。

あの、『バグダッド・カフェ』(※)って映画が昔、流行りましたね。最近ね、それがブルーレイ、４Ｋ対応だかなんだかで再リリースされて、たくさん特典映像みたいなのもついてて、楽しみにして観たんですけども、やっぱり素晴らしい内容でね。基本的に、二人の女性の友情の話なんですよ。で、二人はついたり離れたりするんですけども、お互いを思って、あなたのことを心でコーリングしている、まあ、呼んでるよっていう内容の主題歌があるんですけども、それを聴いてみましょうか。ちょっと、今の話ともつながりますね。では、聴いてみてください。

※『バグダッド・カフェ』
1987年、監督・パーシー・アドロンにより西ドイツ(当時)で制作された映画。アメリカの砂漠にあるダイナー兼ガソリンスタンド兼モーテルに集う人々と、ドイツ人女性の旅行者との交流を描いた作品。

♪ジェヴェッタ・スティール『Calling You』

需要と供給、父が望むこと

リスナーのみなさんからのメッセージ、「人に言われて、ハッとしたこと」などを紹介します。

「マッサージ師の中国人のお姉さんから、『あなたは親からとても愛されている。体を触るだけでわかる』と言われました。あまり親と気が合わないので、そのようなことを考えたことはなかったのですが、私のことを大事に思って育ててくれたんだ、感謝の気持ちが足りなかったなとハッと

させられました。また、『どうして日本に来たの?』と聞いたら、『青森という漢字が美しくて、ずっと憧れていた。実際、行ってみたら、とても素敵なところだった』と言っていて、こちらも考えたことない視点でハッとさせられました」

——千葉県

なるほどね、文学的な表現ですね。青森って、有名な文学者が出たところでもありますけども、行くと、確かに自然も多いし、冬は本当に寒くて雪深いところだし、方言も強いし、独特な場所ですけどもね。海外の人が、その場所に、その言葉に、その語感に惚れて、漢字が美しくて憧れたっていうのは、とてもロマンチックな話だと思いますけども。

また、親を思うこと、親と子のコミュニケーションっていうことは、いろいろ思うことがあります。自分の母親のことや父親のことを時々、ハッと思い出してほしいことがあるのですが、昔ね、例えば2歳や3歳、4歳ぐらいの頃ですかね、急に熱を出して、お母さんかお父さん、どちらかがもうおんぶして必死になって病院を探して駆け回ったりとか、きっとしたでしょうね。そういうこともね、大人になると忘れちゃってね。親は利益とかじゃないですよ。こういうことするとメリットがあるとか、こうすると利益が、お金が入るかもしれない、そんなことじゃない。子どもを健康にさせたいだけ。ただただ、ただただ無償の愛で、親は一生懸命、あなたのことを愛したわけですよね。そうしてもらったことをたまに思い出したりすると、いろいろ思うことあるかもしれませんね。

あの、僕の父親がね「もう晩秋まで来てるので、二人で京都旅行に行きたい」とか言うんですよ。そっか、そっかと。「3日間行きたい」と言うから、たまにしか会うこともないし、マネージメントにOKをもらって行って、京都のまあまあすごくいいお店、食事することもないので、もうびっくりするような金額を請求されるようなところを予約して行ったのですが、その一、全然喜ばないんですよ。それで、「ファミリーレストランに行きたい」って言うわけですよ。で、僕はね、「京都の、こんな雅な場所に来て、ファミリーレストランはない」と、「俺は行かないよ」って言うんだけども、「どうしても、ファミリーレストランのピザを食べたい」と言うわけです。こんな場所まで来て、ファミリーレストランのピザ! 何を言ってるんだとは思いましたが、自分のための旅行じゃないですからね。彼のリクエストのためなので一緒に行きましたが、まあね、彼は満足そうだったので、需要と供給が満たされたなと思いました。

で、次の日、「明石に行きたい」って言われたんです。明石って僕、全然馴染みがない場所で。たこ焼きを出汁で食べる、明石焼きの発祥の場所ですかね。港があって、海産物が有名な場所なのですが、そこでもね、「どうしても明石焼きを食べたい」って言うわけですよ。明石焼き、僕、普段は食べないわけですよ。それもね、もう需要と供給、彼が望むことだと思って食べに行きました。そういうことも、親孝行なんじゃないでしょうか。みなさんもやってみたらいかがですか。そんな感じでございます。

「数年前、同郷の友人と話していた時に、彼女が何気なく言ったんです。『これから私たち、年に1回帰省したとしても、親に会えるのってせいぜいあと10回ぐらいじゃない？』と。親孝行したい時に、親はなしと言いますが、彼女の言葉はそれを実感として感じさせてくれるものでした。私は早くに父を亡くしたので、母にはたくさんありがとうを伝えねばと思っています。そして、何よりも親よりも先立つという親不幸をしないように、自分の健康も大事にしなければいけないと日々思ってます」——東京都

うん。なんかね、僕もそういうことはまったく考えないのですが、ロングタームで、あと10年、あと20年先を考える人たちもいますね。そう考えて、親を大事にしなくちゃ、親になるべく会わなくちゃな、エトセトラ……と思ってる人は多いんじゃないでしょうかね。親孝行したい時に、親はなしと言いますが、後悔したくない方は、ぜひ一度そういうことに立ち返ってみてもいいかもしれませんね。

「私は日本語教師です。教え始めて間もない頃、イギリス人男性の学生に、『なぜ日本人は日本語の言葉があるのに、カタカナの英語ばかり使うのか』と言われてハッとしました。確かに、コロナ禍の現在をとっても、ステイホーム、ソーシャル・ディスタンス、クラスターとカタカナ語のオンパレードです。教師歴16年の今であれば、『カタカナ語こそ、日本語の構造的柔軟性、日本文化の創造性を体現したもので、いい意味でも悪い意味でも、日本らしさの一つなのよ』というぐらいのことは言えるかもしれませんが、新米教師時代は、そのような問いに対して、黙り込むしかありませんでした。

ちなみに、その学生さんは、『ビーチ』を『浜辺』というのが好きでした。岡村さんは、『カルリス』など、造語のセンスがすごくあると思うのですが、最近よく使うカタカナ語の造語がありましたら、教えてください。カタカナ語の造語といえば、トラブる、バズる、エモい、ラブい、などの類いです」

これはなかなか難しいです。なぜかと言うとですね、まず、英語という言葉自体が、世界の共用語になってますね。だから、多民族が生活してる場所は、英語のキャッチーな言葉があってもおかしくないでしょうね。あまり、綺麗な日本語を使わなければということに囚われて、無理やりそうする必要はないと思います。例えば、ステイホーム、ソーシャル・ディスタンス、クラスター。これはね、たぶんキャッチーさを狙ってるわけです。僕が子どもの頃も、コマーシャルはそんな言葉で溢れてました。音楽もそうですよ。アルバム、曲のタイトルも英語の言葉で溢れてました。例えば、なんとかの新曲、『情念』とかじゃないわけですよね。新曲の場合、パワーなんとかとか、スーパーなんとかとかのほうがキャッチーだから。そういった世代でもあったのかもしれません。

僕が生まれた20年ちょっと前はまだ戦時中なわけですからね。そう考えると、20年の間で、日本はギュッと欧米化し、ギュッとキャッチーであることや、エンタメっていうものに向かっていったのかもしれませんね。だから、イギリス人の方がそれを奇に感じることもわかるし、まあ、なんて言ったらいいんでしょうね。ちょっと真面目な話になってきてしまいましたけど、そこにこだわりすぎずに、自分でまた勉強し直して、自分なりのしゃべり方をすればよろしいのではないでしょうか。粛々とそう思っています。こんな言い方も、「硬いんじゃないの?」、「今、誰がそんなしゃべり方するの?」みたいなね、そんなふうに思われることもあるので、バランスなんではないかと思ってます。ちなみに、僕は「バズる」っていう言葉は嫌いです。

「自分の親に言われていた『私たちの時代は』を、私は絶対に言わないと思っていたのに、無意識に親と同じような発言をしていて、我が子に『お母さんの時代とは違うから』と言われた時、ハッとしました」——東京都

それはあるでしょうね。時代は変わってますよ。音楽の世界でも、まさかのアナログレコードが何十年を超えて、また売れる時代になってきたりね。CDを買わなくなって、みんなが配信で聴いたりね。それだけじゃなく、みんなレンタルビデオ屋さんに行かなくなって、配信で見るようになってね。時代は変わっていきます。良いか悪いかは置いておいて、さみしさも含めつつ、そこを認識し、許容していきつつ、早い、早い、早い時代の流れの中で思うことあるでしょうね、「私たちの時代は」って。当然、今なんてほら、GAFA(※)とか言われちゃって、そういう情報技術産業が主流ですが、私が子どもの頃は存在しなかった産業ですからね。子どもの頃どころか、僕がデビューした頃、80年代にも存在しなかったですから、いろいろ思うところもございますが、後輩のミュージシャンに、「僕の時代は」とか話したりすることはほぼないです。あ、でもあるのかな。もう酔ってますからね。お酒とか飲む場だったらあるかもしれませんね。

※GAFA
米国のIT企業大手であるGoogle(Alphabetの傘下)、Apple、Facebook(2021年にMetaに社名変更)、Amazon.comの頭文字をつないだ造語。

♪YUKIKA『Pit-a-Pet』

人間はグラデーション

「先日、職場の上司にあることに対して好きか嫌いかを尋ねられ、『私は嫌いじゃないです』と答えたところ、上司に『出た! 君は絶対に好きって言わないよな』と言われ、そうかしらと思いながら、そのことを同僚に話したところ、『そうだよ。あなたは絶対に好きって言わないよ。本当は好きなんでしょうけど』と言われて、私はそんなにも好きって

いう言葉を口に出していなかったのかと、ハッとしました。二者択一には慎重になりがちな性格なのかもしれませんが、無意識に嫌いじゃないという言葉を使っていたようです。岡村さんは、好き or 嫌いという質問に対して、ハッキリ答えられますか」――東京都

僕はね、答えない。意外と答えない。どちらなんだろうなんて思ってることも多いですし、ピシッと言える時もありますし。そのあたりはね、いいんです、ハッキリ言えても言えなくても。人間というものはね、グラデーションですから、こうじゃなきゃダメ、ああじゃなきゃダメ、こういう時は絶対こういうふうにするべき、こうじゃなくちゃいけない、っていう時もある。でも、どちらかしらって、神妙な面持ちになってしまうこともある。いいんです。そんなことは気にせず、人間はグラデーションだと覚えといてください。

「私はよく岡村ちゃんの発言にハッとさせられています。とくに、岡村ちゃんがよく言われる、『どっちもいいと思います』とか『本人がいいと思うならいいと思います』というような発言にハッとします。無意識のうちに、他人の目や他人からの評価を気にして生活しがちな日々ですが、純粋に自分の好きなものを楽しんだり、信念を貫くことの尊さを再認識させられています。一見、少し突き放したかのような岡村ちゃんのこの発言ですが、とても深い優しさを感じています」――兵庫県

どうなんでしょうね。これはわからないんですよ。あの、人それぞれ違いますよね、価値観、美意識、幸福に感じること、許せないこと……。なので、答えをハッキリ出すのは難しいと思った時は、こういうことを言ってるんだと思います。

例えば、つげ義春（※）さんのマンガ『無能の人』で石を売って生活するみたいな話がありましたけど、人によっては、何百万、何千万出しても石を買いたい人もいるし、ただの川に転がってる石ころだと思う人もいるし、人によって、大事にしてることが違いますね。だから、一概には言えないってことはたくさんあります。なので、「どっちもいいと思いますよ、本人がいいと思うなら」って一見冷たく聞こえるかもしれませんが、価値観は多様なので、最近の話ともちょっとつながるかもしれませんが、本人が幸せだと感じる、本人が大事だと感じることが、やっぱり十人十色なので、そのあたりはやっぱり、ハッキリとアドバイスしにくいということはありますね。だから、ご本人で熟考されてはいかがでしょうか。

※つげ義春
1937年、東京生まれ。マンガ家。小学校卒業後、メッキ工場などで働き、54年にマンガ家デビュー。作品に『ねじ式』『ゲンセンカン主人』などがある。2020年にアングレーム国際漫画祭で特別栄誉賞を受賞するなど、海外でも評価が高い。

「岡村さんの『インテリア』の歌詞にある、『カッターナイフみたくスパッと切れるから言葉には愛を持とう』というフレーズは、常に心がけてることではありますが、あらためてこうやって歌にして言われると、ハッと気づかされます。そんなつもりで言ったんじゃないのに、自分が放った言葉が相手を傷つけることもあるし、その逆もあります。とくに気が立っている時には、言いたくなくても思わず口に出してしまうこともあるので、これからもこのフレーズを頭の中で流して、気をつけたいと思います。そんなことに気づかせてくれた岡村さんに感謝しています」――神奈川県

ありがとうございます。他にも同じ意見をいただきました。まあね、あの言葉というものはね、難しいものです。ただ、一つだけ思っておいてほしいことは、軽い気持ちで言ったりとか、憎まれ口を言ったりとか、俺はこんなこと言えちゃうんだぜみたいな感じで、マウンティングで言う人もいるでしょう、人が軽く傷つくようなことをね。ただ、このご時世ね、僕は具体的な内容は言いませんが、いろんなことが起きてますね。それについていろいろ思うことはあります。是も、非も。ただ、自分の思ってること、自分の感じてること以外、自分自身のこと以外は、そんなにあなたは人のことを言えるのですか、みたいなことは、いつも自戒の念として持っておいてもらえると、発言の仕方にも違いが出てくるとは思うのですが、いかがでしょう。ちょっと難しい問題なのでね、僕にもわかりませんが。でも、みなさんどうですか。今、どう思われてますか。

♪小坂忠『機関車』
忘れられない時代になった

「岡村ちゃんの曲『忘らんないよ』をリクエストします。以前から大好きで、心の中でとても大切にしている曲ですが、コロナ禍の今の時代に優しく寄り添ってくれるような、抱きしめてくれるような歌だなと思っています。眠る前によく聴くようになりました。聴いている人がみんな優しく、平和に眠りにつけますように願っています。

『操』ツアーが終わってしまいましたね。私は、東京・中野の公演に参加できたのですが、中野の駅前に降り立った時は、1年前はここまで来られるなんて思ってなかったから、夢のようで感慨深くて、なんとも言えない気持ちになりました。やっぱり、実際のライブの音は気持ちがよくて、人には音楽が必要で、音楽は続けなければならないと感じました。私は音楽を全身で受け止めようと、岡村ちゃんやメンバー、ステージごと抱きしめたいと思って聴いていました。岡村ちゃんは、『ドンファン』を感じてくれていたかな、届いてくれているといいな、と思っています。

岡村ちゃんの歌にいつも助けられています。まだまだ大変なことが多いですが、どうか、岡村ちゃんはライブをやってほしいなと思います。音楽がないと、笑ったり、泣いたりできない時もあるので、どんな時も音楽は必要なんだと思います。岡村ちゃんが健やかで、素敵な日々を過ごしていられますように」――茨城県

ありがたい内容ですね。僕自身はね、この環境下でツアーを回れたことは本当に大事なことだと思ってます。この未曽有の状況下で我々は挑んでライブをやったわけですが、来ていただいた方々は、勇気も必要だったでしょうね、不安もあったでしょうね。それを乗り越えて来てくれたファンの方々には、とても感謝しております。そういうことを全部含めて、忘れられない年になったと思いますし、忘れられない時代になったと思います。みなさんもね、お子さんがいる方、親御さんがいる方々、思うこともいろいろあるでしょう。僕から言えることは、もう1日も早く、こういう環境、状況が変わって、みんなが笑顔になってほしいな。疑心暗鬼の日々が早く過ぎてってほしいなと祈っています。祈ってるという言い方が正しいんだと思います。

♪岡村靖幸『忘らんないよ』

今回はどうでしたか。いろいろとね楽しんでくれたらよかったなあと。優しい気持ちになってくれたりとか、あと、ちょっと気分がブルーな時に、そうじゃない気持ちになってくれたら、この放送を聴いて、そう思ってくれたら、もうそれほど嬉しいことはありません。

岡村靖幸のカモンエブリバディ

12

2021年11月3日放送

河合敦さんに歴史を学びます

「同じようなことって、何度も過去に起こってるんです。
ですから、同じようなことから学べるっていうのが、
歴史のすごさ、面白さだと思うので、
やっぱり昔の人もそのへんを学んで、
生かしてきてるんですね」

HISTORY

河合敦（かわい・あつし）

1965年、東京都生まれ。歴史作家。早稲田大学大学院博士課程単位取得満期退学（日本史専攻）。多摩大学客員教授、早稲田大学非常勤講師。教鞭をとるかたわら、『徳川家康と9つの危機』（PHP新書）など、数多くの著作を刊行。歴史をわかりやすく楽しく伝えることをモットーに、『歴史探偵』（NHK）などにも出演、多方面からその楽しさを世間に伝えている。

NHKの大河ドラマといった時代物の番組は視聴率もいいですが、みなさん、歴史をきちっとわかって見ているのかなあというのが疑問だったんです。放送でも話していますが、僕は、歴史の年号や出来事をぼんやりとしかわかっていなくて、そういった歴史の基礎知識がないと、小説やマンガを読んだり、ドラマや映画を観たりしてもピンとこないというふうに思っていて。しかも歴史は長すぎるので、どこから始めていいんだかまったくわからない。集中学習ポイントを知りたくて、そこも含めて教えてもらおうということで河合敦さんに来ていただきました。

ちょうどコロナ禍だったので、コレラ、ペスト、スペイン風邪といった、これまでの疫病について調べていたタイミングでもあり、加賀美さんの回に続いて、歴史、過去から学ぶという回でもありました。

新たなグラデーションを自分に足したい

岡村　僕はツアーも数ヵ月前に終わり、今は音楽制作中心にやってます。あとは、習い事みたいなことも少しずつ始めようかなあ、なんて思ってたりしてます。そんなことが近況ですかね。前回の感想メールなどを紹介しますね。

「前回の放送、一番気になったのは、100個のスーパーボールはなんのために買ったのか、ということです。いろいろ想像してしまいます。あと後半、言葉にできない気持ちがある中、もどかしくてもリスナーに伝えようとしてくれる姿勢がありがたかったです。単にうまく言えないからスルーしてしまうというより、ずっと大切なことのように感じました。放送を聴いて、いろいろハッとさせられました。これからも寄り添ってくれるようなお話と、吹き出してしまうような面白トークを期待しています」——北海道

岡村　スーパーボールは、明確なビジョンや目標があって買ったわけじゃなくて、いわゆるお祭りとかがあると出店に並んでますよね、スーパーボールがわあーっと。あと、駄菓子屋さんみたいなところとか。それが、丸ごと買えるんだ、と。俺、丸ごとあるぜー、家に、みたいなね。そんな気分を味わいたいだけのために買ってみました（笑）。意外とね、高くない。あとでみなさんも検索してみてほしいんですけども、高くない……ので、買ってみました。

もう1通、選曲についての感想メールをいただいたので、続けて紹介します。

「8月の放送、とても楽しく拝聴しました。とくに今回はこのような状況下ということもあってか、岡村ちゃんの優しさ、品のいい言葉、大変心に響きました。親の無償の愛についてのコメントには、胸が熱くなりました。久しぶりに親に電話しようと思いました。そしてあらためてですが、岡村ちゃんの選曲センスの素晴らしさには脱帽ものです。時代を問わず幅広いジャンルから、選りすぐりの名曲をかけてくださるので、最高に贅沢な気分になります。以前、インターネッ

トラジオでやっていた、選曲大喜利のような曲も聴いてみたいです。心地いいトークと至極の音楽で、素敵な時間を過ごさせていただき感謝しています。次回の放送も心から楽しみにしています」——徳島県

岡村　ありがたいことですね、選曲もね、なるべくその日、その時、その時で、気分で選んでますが、いろいろ考えてますよ。攻めてやれって思う時もあるし、ちょっとはしゃぐ気持ちになれないなあ、ちょっとしっとりしたものをかけていこうって思う時もありますし、あと歌詞にメッセージ性があったら、そのメッセージをみんなに聴いてほしいなあ、みたいなこともありますし。いろいろあります。では、続けてもう1通読んでみましょうか。

「第11回の放送で、岡村ちゃんが『歴史や仏教や英語などを学びたい』とおっしゃっていて、いつも向学心や探究心が旺盛で、本当に素敵だなと思いました。そして、放送中におっしゃった『人間はグラデーションです』という新たな名言は、とても柔軟性のある考え方を表していらっしゃって、心がとても軽くなりました」——静岡県

岡村　本当にそう思いませんか？　日々ね、気持ちも変わるし、こうじゃなきゃダメ、ああじゃなきゃダメ、これが絶対！　って思わずに、グラデーションのように、日々日々、その日の環境で、自然のあるところに出たら、この人に会ったらっていう、いろんなグラデーションがあっていいと思うんですよね。あと年齢、齢を重ねていって、だんだんこういうふうに感じるようになった、というグラデーションを重ねていけばいいし、まるで……油絵のようにね。いろんなふうに自分で色を重ねていけば、あなたらしい油絵が描けるんではないかと思ってます。僕が歴史、仏教、英語などを勉強したいっていうのも、そういうグラデーションを求めていたんでしょうね。そういうものを身につけたい、新たなグラデーションを自分に足したい、みたいな気持ちもあったので……。だけど、やめちゃうかもしれませんよ。ああ、やっぱり違うって。でも、それもグラデーションです。そういうところに腐心する必要もないし、信じ込む必要もない。ただただ、好奇心で触れてみるといいのでは……？　もうちょっと広がるのでは……？　なんて思ってます。

今回は、やはり歴史を学びたい、歴史の学び方、楽しみ方を教えてほしいというわけで、それを教えていただく先生をゲストにお招きしています。今回のゲストは歴史作家の河合敦先生。1曲お送りしたあとに、先生をお迎えします。それでは1曲聴いてください。

♪岡村靖幸『あの娘ぼくがロングシュート決めたらどんな顔するだろう』

歴史を学びたい二つの理由

岡村　それでは、ゲストの方をご紹介します。歴史作家の河合敦先生です。はじめまして。今日はよろしくお願いします。

河合　よろしくお願いします。

岡村　河合敦先生のプロフィール……。1965年……あ、僕とおんなじ歳だ。東京都町田市生まれ。高校教師27年の経験を生かし、講演会、執筆活動、テレビで日本史を解説してらっしゃいます。自由民権運動や日露戦争など近代史を主に研究している。骨董店などで古文書を入手し、朽ちた紙片を部屋中に散らかし研究。いいですね。

河合　奥さんに嫌がられてますけど（笑）。

岡村　いやいや、かっこいいです。昔の文豪みたいで。足の踏み場もない状態らしいですが……。たくさん質問したいことはあるんですけども。まず、どうして私が歴史を勉強したいと思ったか、その理由をお話ししたいんです。二つありまして、一つは歴史考証がわからないと、やっぱり小説を読んでも映画を観ても、例えば中世がどうっていう、そういった時代ものがいまひとつピンときてないんですね。で、第二次世界大戦の何年前はこういう感じだったとか、鎌倉時代はこんな感じだったとか、鎌倉から移ってきたから幕末でこうだったとか、っていう時代考証がきちんとわかってないと楽しめないことが多くて、うむうむって思ってて……（笑）。

河合　なるほど。

岡村　例えばNHKだったら、大河ドラマがありますよね。歴史をもうちょっと知って、そういうものをもうちょっと楽しめたらなあと、ずーっと思ってたことが一つ。

それともう一つは、今のコロナの環境下ですね、疫病がこれだけ流行っていて、ここだっていう終着点がまだ見えてない……。この時代、不安になったり、疑心暗鬼になったり、家族がいる人、お子さんがいる人、いろんな気持ちになってると思うんですけど、たぶん……日本だけじゃなくて、世界には疫病と戦ってきた歴史があると思うんですね。で、いろんなものが疫病と戦って、発達したり、発展したり、改革されたりしてきたと思うんです。

今までの大きな疫病だったり、そういうものと人間はどうやって戦って勝ってきたかみたいなことも、歴史に絡めて先生におうかがいできたらと思っております。そうしたら、聴いてる人も……きっと、心構えも含めていろいろ学ぶことがあると思って。そもそも、河合先生ご自身が歴史を好きになった理由、その道に進もうと思われたきっかけはなんですか？

河合　本当に月並みなんですけど、もともと学校の先生になりたくて、歴史にはあんまり興味がなかったんです。「金八先生」（※）をリアルタイムで見ていて。

※「金八先生」
『3年B組金八先生』。1979年から2011年まで、32年間にわたってTBS系で断続的に放送されたテレビドラマシリーズ。武田鉄矢演じる中学校の教員である坂本金八が、学級担任をしている3年B組内に起こるさまざまな問題を体当たりで解決していく。そんな彼の姿に心を打たれた生徒たちが考えを改め、人間として成長していく様子を描く。

岡村　あー、僕も。同い年ですからね。

河合　本当にあの「腐ったミカン」、第2シリーズ世代で。金八先生が好きで好きで……。そんな金八先生が尊敬している人が坂本龍馬（※）なんですね。それで高校時代に、司馬遼太郎（※）さんの『竜馬がゆく』という小説を読んで、もうすごく感激して。だったら歴史の先生になろう！　と、文学部の史学科という歴史を勉強する学部に入って、歴史の先生になったんです。

※坂本龍馬
1836年、現在の高知県生まれ、67年没。幕末の土佐藩郷士の家に生まれ、脱藩したあとは志士として活動し、貿易会社と政治組織を兼ねた亀山社中を結成。薩長同盟の成立に協力するなど、倒幕および明治維新に大きく関与した。

※司馬遼太郎
1923年大阪府生まれ、96年没。小説家、評論家。産経新聞社在職中に、『梟の城』で直木賞を受賞。代表作『竜馬がゆく』は、映像化されるなど一般的な龍馬像に大きく影響を与えた。他に『燃えよ剣』『坂の上の雲』などがある。

岡村　難しくないですか？　歴史の勉強って。

河合　いや、僕はもう、楽しくて楽しくて……。やっぱり坂本龍馬が好きだったので、幕末って一体どういう時代なんだろう？　他にどんな魅力的な人がいるんだろう？　と夢中になりました。

岡村　幕末は勉強すると、とっても面白いらしいですね。

河合　面白いですよ。龍馬に限らず、例えば僕は町田市の出身なので、同じ多摩地区に土方歳三（※）っていう新選組の副長がいたりとか。自分も教師をしていたので、吉田松陰（※）というものすごい伝説の先生がいたりして、だんだん広がっていって、幕末が楽しくなっていきましたね。

※土方歳三
1835年、現在の東京都日野市生まれ、69年没。江戸時代末期に活動した新選組でナンバー2である副長を務めた。局長・近藤勇の右腕として組織を支え、戊辰戦争では旧幕軍側指揮官として各地を転戦し、榎本武揚率いる旧幕府軍が蝦夷地を支配下に置くと、軍事治安部門の責任者として指揮を執った。

※吉田松陰
1830年、現在の山口県生まれ、59年没。幕末の思想家、教育者。松下村塾では高杉晋作、伊藤博文、山縣有朋らが彼のもとで学び、明治維新で重要な働きをする多くの若者へ影響を与えたが、安政の大獄にて刑死した。

岡村　あとは幕末っていうと西郷さん（※）？　西郷さんもよくあの九州の片田舎から、どうやって……ねえ？　飛行機がない時代ですよ。

岡村&河合　（笑）。

岡村　みたいなこと考えて、僕、鹿児島の人に聞いたんですよ。「当時、どうやってあんなパワーを持って移動してたんですかね？」と。その人が言うには、「鹿児島は日本で唯一食肉をしてた歴史がある。スタミナが全然違ったんじゃないの？」って言ってました……。

河合　アバウトな考えですね（笑）。ただ、幕末の頃になると、蒸気船も使い始めていましたから、船で九州から本州に渡ってきて。

岡村　じゃあ、九州から上京する、みたいなこともあったわけですね。

河合　度々、往復してますね。だけど、やっぱりパワーはありますよね。当時、船はあったとしても、結構歩いてもいますので。

岡村　そうですよね。登場人物も、スターみたいな人多いですね。勝海舟（※）とかね。

河合　本当にすごい人たちがいっぱいいるので、すごく楽しい。

※西郷さん
西郷隆盛。1828年、現在の鹿児島県生まれ、77年没。幕末から明治の武士、政治家。薩長同盟を結び、主導した戊辰戦争で江戸無血開城を成し遂げた明治維新の立役者。西南戦争を起こして敗れ、自決した。

※勝海舟
1823年、現在の東京都生まれ、99年没。江戸時代末期の幕臣。明治の政治家。長崎伝習所で軍艦の操縦を学び、蒸気船「咸臨丸（かんりんまる）」で太平洋を渡る。神戸に海軍操練所を開き、幕臣の他に諸藩士や浪人を教育。弟子に坂本龍馬がいる。戊辰戦争では西郷隆盛を説得し、江戸城の無血開城に成功。新政府で、海軍大輔、参議兼海軍卿、元老院議官等を歴任。のちに枢密顧問官となった。

私たちは過去からしか学べない

岡村　なるほど、それがきっかけなんですね。まず、そもそも大河ドラマや歴史小説を見たり読んだりしても、ちんぷんかんぷんで、楽しみたいのに楽しめないという僕や、同じように感じてる人、まあまあいると思うんですね。そんな時、どうしたらいいのか。具体的に、この時代のこれを学ぶというより、どういうポイントで歴史を学んでいけばいいのか、みたいなことを、河合先生に少しずつ教えてもらえたらなと思うんです。

河合　なぜかですね、40歳を過ぎると、だんだん……歴史に興味を持たれるんですね、みなさん。やっぱり、若い頃はあんまり過去とか興味がないですけど、結局、私たちは過去からしか学べないっていうことがわかってくるので。そうなってくると、昔はどうだったのかとか、そういうことを知りたくなってくるんですかね。

岡村 あと、すごく思うのは、電気のない時代、人はどういうふうに暮らしてたのかなとか。本当に電気がない時代は、漆黒の闇だったわけですよね、夜は。そんな時に、みんな、たぶん……怖かったでしょうね。獣もいたでしょうし。

河合 だからなんとか、火で灯りを絶やさないようにしたりとか。でも、火も今みたいに簡単にともせる時代ではないので、雨の日なんかは相当な労力です。

岡村 そういう人たちの気持ちを汲んでみるとか、想像してみるっていうのもロマンチックだし。お城が建ってた時、そこでどんなことが行われてたんだろう、みたいなことも含めて、想像力が豊かになるので、いろいろ学べればなとは思ってるんですけど。

河合 いきなり細かい時代が理解できるかというと、それは難しいので、今回は基本に戻って、例えば……中学校の教科書ですね。

岡村 僕も一時期持ち歩いてました。

河合 昔の教科書って白黒で、なんかこうちまちま書いてあったんですけど、今はカラーで非常に大きなサイズで文章もわかりやすくて。

岡村 現代の教科書を読み直したらいいんですかね。

河合 はい。たぶん、みなさんの世代のものとはまったく違うと思います。

岡村 聖徳太子（※）が最近の教科書に載ってないっていうのは、本当なんですか？

※聖徳太子
574年生まれ、622年没。飛鳥時代の皇族・政治家。推古天皇のもとで摂政として、十七条の憲法や冠位十二階の制定、遣隋使の派遣、法隆寺の建立、仏教の布教活動などのさまざまな功績を残したと言われている。

河合 これがですね、聖徳太子っていうのはね……まだ載ってるんですよ。ただし高校日本史の場合、聖徳太子より別の名前で覚えるようになってきています。

岡村 厩戸皇子。

河合 そうなんです。厩戸王と最初にきて、かっこ付きで聖徳太子、なんていうふうになってしまっていて。名前が変わってきているんですね。ただ、なぜかまだ小学校ではヒーローなんですね。名前も聖徳太子なんです。これが高校になると歴史学の成果が反映されるようで、本名とされる「厩戸」という名に表記が変わるので、このへんは混乱しちゃいますね。

岡村 偉業をいくつかやったと言われてるじゃないですか。その、遣隋使や冠位十二階……。それらも、今は怪しくなってるんですか？　実在するっていうことは間違いないんですか？

河合 間違いないです。当時、聖徳太子という人は、本当にすごい力を持っていたと思いますし、かなり有力な皇子だったんですが、ただ、そのあたりを本当に彼一人で中心となってやっていたのかというと、ちょっとそこはわからない。同じように実力があった推古天皇（※）とか、蘇我馬子（※）もすごい力を持たれていたので、そういった共同の政策じゃないか……とか。以前は、聖徳太子がすべて行ったというふうに言ってたんですが、そのあたりの教科書の記述が昔とちょっと変わりつつありますね。

※推古天皇
554年生まれ、628年没。第33代天皇。実存が確認される日本最古の女性天皇。

※蘇我馬子
生年不詳、626年没。飛鳥時代の政治家、貴族。敏達天皇の代に大臣に就き、以降4代の天皇に仕えた。推古天皇即位後、摂政であった聖徳太子と共同執政を行った。

自分たちの生活に近い時代から始めてみる

岡村 そういうことなんですね。あまりにも時代が長いので、このポイントから学んでいって、そこから広げていけば、っていうのはどのあたりなんですか。

河合 やっぱり原始時代とか縄文時代、あのへんって、僕たちの生活とあまりにもかけ離れていてもう想像もつかない……。

岡村 よくわからないですよね（笑）。

河合 だから、そんなところから学ぶよりも、むしろ自分たちの生活に近い、明治・大正・昭和に学ぶのが一番いいのかな、と思うんですね。

岡村 戦国時代とかも面白いんですか？

河合 面白いですね。面白いんですけど、だいぶ感覚が違うんですよ。怖い話なんですけど、やっぱり人間の命が軽いので、戦国時代では、人を面白半分に斬る事例が見られます。しかもそれは、江戸時代中期まで続きます。戦国が100年以上続いたこともあり、その感覚が抜けなかったのでしょう。そんな感覚を日本人から消したのは、5代将軍綱吉（※）です。

綱吉以前、普通に子どもを捨てたり、道端に倒れて苦しんでる人を見捨てていたんですけど、綱吉は捨て子をしてはいけません、苦しんでる人は助けましょう、そういうことを法律で作ったりして。

※5代将軍綱吉
徳川綱吉。1646年生まれ、1709年没。上野・館林藩初代藩主、江戸幕府の第5代征夷大将軍。生類憐れみの令を出して犬をはじめ動物の愛護を人々に強要したことで知られる。愛護だけでなく、それに違反した者には厳しく罰したことから、江戸の庶民は陰で「犬公方」と軽んじたと伝えられる。

岡村 モラル感も全然違ったんですね。

河合 あの「生類憐れみの令」で……。ちょっとあほな将軍というイメージが強いんですけれど。でも、彼は秩序や礼節を守るといった朱子学思想を広め、文治政治を行おうと、大名や旗本などに将軍自ら400回も朱子学の講義をしているんです。出張講義までしたりして。また、仏教の慈悲の心も広めようとしています。そういった意味では、日本人の感覚を今に近づけたのは、綱吉のおかげなのかなと思うんですけどね。

岡村　そうかー、面白いなあ。ちょっと、勉強する気になってきました（笑）。

河合　ありがとうございます（笑）。なので、むしろ自分がいる現代から逆に学んでいったら面白いんじゃないかと思いますね。

岡村　なるほど、なるほど。

河合　2022年から高校の歴史の教科が全部変わるんです。例えば、歴史総合という科目ができて、日本史と世界史の近現代史を勉強するんですけど、今ある地球温暖化とかジェンダーの問題、いつの段階でそういった問題が出たかという、遡って学びながら……今の問題を解決しよう、っていう。

岡村　へぇ。歴史の勉強をずーっとなさってて、全然人間って変わらないなって、思うポイントってあります？

河合　それは、ありますね。過去って、まったくの同じことは起こらないじゃないですか。もう二度と、今日岡村さんと会ってるこの瞬間はないわけですよね。だけど、同じようなことって、何度も過去に起こってるんです。ですから、同じようなことから学べるっていうのが、歴史のすごさ、面白さだと思うので、やっぱり昔の人もそのへんを学んで、生かしてきてるんですね。

岡村　こういうのは永遠に変わらない、ってありそうですね。

河合　ありますね。例えばバブル景気の時、バブルが弾ける、弾けると言われながらも、まだ弾けないだろうとみんなバブルに浮かれてましたけど、結局弾けて大変な状態になりましたし、第一次世界大戦の時もやっぱりものすごい好景気で。戦争が終わったらもう好景気が終わる、終わると言われながら、みんな金もうけに流れていって。結局、第一次世界大戦の時に、なるべく早く撤収した人が生き残ってるんですね。

岡村　日露戦争にしても、国の大きさで考えたら、日本がロシアにどうやって勝てたのかなと思うし……。国の大きさ、人口の数もそうですし、銃器の発達具合もそうです。第二次世界大戦に対しても、思ってることがあるんですけど、いまひとつ子どもの時に習ってわからなかったのが、日本とアメリカが……まあ、よく戦争したなって思うんですけど。よく考えたら、あの強いイギリスも小さいですよね。だから、国の大きさではかれないのかな、とも思うんですけども。

河合　そうですね。ただ、日露戦争に関しては、日本はロシアにはとても勝てないと思ってたんです。やっぱり、ギリギリの段階まで軍部や政府も厳しいんじゃないかなと思っていた。で、一番反対していたのは明治天皇（※）で、開戦を決めた時「本当に、先祖に申し訳ないことをした」と涙を流したっていうくらい。

　日本とイギリスは日英同盟を1902年に結ぶんですが、

それから2年後に（日露）戦争になっちゃうんです。国民とかマスコミが戦争！　戦争！　っていう方向に……どんどん進んでいってしまうと、それはもうたとえ政府でも止められない状態になってくるんですね。

※明治天皇
1852年生まれ、1912年没。第122代天皇。倒幕および攘夷派の象徴として近代日本の指導者と仰がれた。皇族以外の摂政を設置し、かつ在位中に征夷大将軍がいた最後の天皇。

あまり語られることのない歴史と経済の関係

岡村　国自体がそういう流れだったんですか。

河合　そうですね。ですから、戦いが始まると、どうにか日本軍は勝っていくものの、巨大なロシア軍に非常に苦戦しているのです。しかも日本は英米から多額の借金（公債）をして戦いますが、それでも資金不足で兵器は尽き、兵士も足りなくなり、奉天会戦後、陸戦ではもうこれ以上戦えないという状況に。けれどロシアはまだ全然余力があったんです。ただ、最終的にはロシアのバルチック艦隊を日本の連合艦隊が全滅させたこと（日本海海戦）で、ロシアも講和交渉に同意したのです。

岡村　戦意喪失して。

河合　はい。だから、バルチック艦隊を日本の連合艦隊が全滅させなかったら、ちょっと危うかったかもしれないですね。

岡村　なるほど。なんで、日本は植民地を広げていこうと思ってたんですかね。第一次、第二次（世界大戦）もそうですけども。

河合　本当に大きな話になっちゃいますけど、日露戦争でロシアに勝ったこと、初めて白人の巨大な国家に対して黄色人種の小国が勝ったこと、これはもう世界史的に非常に驚きで、日本も、あ、勝てちゃった、という状況もあって強国というイメージができていって。当時は帝国主義なので、世界の強国はどんどん植民地を増やしていった。その流れの中で日本も朝鮮を植民地にし、中国に進出していく。そういうことがあったのと、あとはあまり言われていないんですが、経済の面も関係していて、世界の大恐慌ってわかりますかね？　ウォール街の株価が……。

岡村　はい。1929年ですね。

河合　さすがですね。詳しいじゃないですか。

岡村　いやいや（笑）。覚えてるんです。

河合　まさに世界的不景気じゃないですか。そうすると、以前は自由貿易だったんですけど、それをやめて自分の国と植民地の中だけで経済を回しちゃおうと。それで、他国からの輸出を制限したり、関税を高くしたりする。でもそれができるのは、イギリスやフランスなど広大な植民地を持つ国だけ。あとアメリカも国土が広いですから大丈夫。でも、日本みたいにあまり植民地がなく、輸出で活躍していた国は厳しくなって……。そんなこともあり、関東軍（日本軍の一部）が勝手に軍事行動をして中国の満州（中国東北部）を軍事占領して満州国を作っちゃうんですね。そして、朝鮮や台湾などとともに日本の広域経済圏（円ブロック）を作っていこうということで……。

岡村　なるほど。物資はどうだったんですか？　石炭や石油に関しては、日本は潤沢だったんですか？　それとも全然だめだった？

河合　全然だめですね。そういった資源が非常に乏しかったので、結構アメリカに資源を頼ったり、あとは中国で鉄資源を手に入れたり、植民地を穀物基地にして輸入したりしていましたね。

岡村　僕には意外だったんですが、先生の本を読んだら、戦争が終わってアメリカの大きなサポートをもとに日本はだんだん発展していって、朝鮮戦争で軍事のサポートをして非常に景気がよくなった、と。そこから日本は経済的に世界的大国になるんだけれども、オイルショックが起きて、それとは真逆のほうに向かう。ありましたよね？　「紙がなーい！」とか言って。

河合　ありましたね。

岡村　だから、物資の流れの歴史も結構あるんだなあと。

河合　やっぱり、戦争とか外交って、経済と密接に絡み合っているんですが、大河ドラマとかで経済的なことはやらないですし、あまり面白くないっていうことでね。でも、経済って歴史の中ではすごく大切ですよね。

岡村　絶対そうですよね。今も……車もね、なるべく石油じゃない車にしようっていう流れですし、食事とかもね、虫を食べようみたいなね……。

岡村&河合　（笑）。

岡村　そういう流れになったりとか、服もね、新しいものをなるべく買わないで、リユースしていったりしようみたいな……。それは、たぶん20年後を企業は見越していて、もう危険だからっていうことだと思うんですけども、やっぱりCO_2の排出も減らそうという感じで、僕たちの生活には影響が出てますね。

河合　これから大きく変わらなければいけないし、変わらないと本当に地球が危機になってしまうので。あまり意識しないかもしれないですけど、今、私たちがいるところはものすごい歴史の大転換期なんだと思うんですね。たぶん、100年、200年後になると、この時期はもう歴史の転換期だったというふうにおそらくなると思います。

岡村　なるでしょうね。実際いろんなことが変わってますしね。それではここで1曲、僕、岡村靖幸の選曲でお送りします。

♪テイ・トウワ『BIRTHDAY』

コロナ禍において歴史から学ぶヒント

岡村　もう一つ、僕が河合先生に聞いてみたかったテーマなのですが、今もこういうコロナの状況で、いつまで経っても収束の目処がまだ立ってない。みんながマスクをとって、家族も揃って、平和な生活を送るというフェイズまできてない。で、こういう状況下っていうのは、長い日本の歴史、世界の歴史でずっと行われてきたわけですね。

河合　病気、伝染病、感染症のパンデミックはもう限りなく……何度も、何度も。

岡村　そうですよね。昔は性病も治りませんでしたしね。ペニシリンが発明される前は、結構性病で亡くなられる方が多かったり、とか。調べると、お子さんがやっぱり弱くて、2、3歳で亡くなられる……みたいなことが多かったらしいですね。

河合　確かに、多かったですね。

岡村　それで、先生に今のこの状況下で歴史から学ぶヒントみたいなことをおうかがいしたいんです。僕のほうで調べたことがあるんですけども、やっぱり代表的なのは3度も大流行してるペストだと思って、ペストのことを調べたら、14世紀頃の流行は、一説によると画期的な治療法が見つからず、長く続いて、長く苦しんだらしい、と。次から次へと流行っちゃって、「黒死病」と呼ばれて。

河合　ええ、そうですね。

岡村　最終的にはヨーロッパの3分の1以上の方が亡くなったと言われていて。でも、ペストだけじゃないですね、コレラもあります。いろんなものがあります、エボラ（出血熱）もありますし、日本では天然痘とか。

河合　昔は治らない病気が多かったんですよね。結核もそうですし、例えばコレラなんかは幕末に（日本に）入ってきてパンデミックが起こった。本当に収束するのは大正時代。そこまで長くかかってます。

岡村　昔は、お子さんとか疫病とかちょっとした病気で人が亡くなっていたので、神頼みみたいなものの歴史もあったんですってね。

河合　すごい迷信が本当にたくさんあって。例えば、コレラが流行った時には、八手（やつで）っていう手みたいな形をしている葉っぱを、軒の下に逆さに吊るしておくとコレラの悪い病魔が入ってこないとか。

岡村&河合　（笑）。

河合　例えば、コレラで亡くなった人の遺体を荼毘（だび）に付す。その煙を吸うとコレラになるとか、迷信だけじゃなく、フェイクニュースもすごいんですよ。伝染病が流行ると、それで儲けようとする人間が出てくるんですよ。

岡村　なるほど。ペストのことを調べた時に知ったんですけど、14世紀頃は、各家庭でお風呂がある人は少なくて、それで大流行してたのが大衆浴場。で、混浴だったらしいですね。日本もずっとそうだったらしいんですけども。その大衆浴場に本当に大きな温泉があって、そこに食事できるような酒場もあり、いろんな施設などがあって、そこでペストが流行ったんじゃないかと当時は思われたらしく、ヨーロッパはそういう施設をいったん全部やめたそうですね。本当はそれが原因じゃないんですけど。そういうものに対して、日本はどういうふうに乗り切ってきたんでしょうね。

河合　残念ながら当時は医学が発展していないので、ペストでヨーロッパの人々が多く亡くなったように、日本でも天然痘、麻疹（はしか）、コレラなどは大きな犠牲が出た。でもこれは耐えるしかなくて、流行が過ぎるまでもうじっとしてるっていう、それしか対策がなかったんですね。ですから、天然痘なんかでは、奈良時代に日本の人口の3分の1ぐらいが亡くなったんじゃないかと言われていて。

岡村　あー、そんなに亡くなってるんですか。

河合　そういう学説があります。長い歴史の中で、感染症で亡くなってる方は、もう本当に数限りないんですね。でも、だんだん医学が発展してくる。例えば江戸時代の終わり、幕末になると、天然痘が猛威を振るっていたので、これをなんとかしよう、っていうんで、ヨーロッパで種痘が始まると、日本でも種痘を行おうとする君主や医師が登場する。ただ、種痘は牛の似たような病気からワクチンを作るので……ツノが生えるんじゃないか、という噂も立って、種痘を接種するのを人々が非常に嫌がったんですね。そういう中でも、名君と言われる、例えば佐賀藩の鍋島直正（※）さん。そういった方たちが、自分の子どもにその天然痘のワクチンを打って、それでみんなを安心させるということをやりました。いわゆる名君と呼ばれるようなリーダーがいる地域は、結構命が救われてるんです。

岡村　そうなんですか。

※鍋島直正
1815年生まれ、71年没。江戸時代末期の大名。佐賀藩の10代目藩主。藩財政改革をはじめ諸改革に取り組む。洋式鉄製大砲を日本で初めて製造するなど、軍備の強化にも先見の明を発揮し、幕末の名君の一人と言われる。

パンデミックを切り抜けた偉人たち

河合　ですから、やっぱり政治的なリーダーが、どういう決断をするか。思い切ったことをやって、国民を納得させてということがすごく大切だなという。リーダーに導かれてみんな動いていくので、リーダーが間違った方向に行っちゃうと、間違った方向に導かれるということもあるわけです。

岡村　それは今にも通じる話ですね。だから……我々の見定め方次第ってことですか？

河合　そうですね。国民の意見も非常に強いので、それをリーダーがどうやってしっかり受け止めながら、自分なりにいい方向に持ってくか。どうしても、国民の意見が強い時って、どんなに力強い政権であっても、国民側に流れるんですね。国民から支持されないと潰れてしまうので。あとは……例えば、今度千円札になる、北里柴三郎（※）さんも……。感染症を予防するのが、非常に重要だとドイツに渡って研究をして、日本に帰ってきて、そういった伝染病を予防する研究所を作りたいと言うんですけど、政府がですね、最初は認めてくれないんです。で、どうしようってなった時に、今の一万円札の福澤諭吉（※）さんが私財や自分が借りていた土地を提供して、伝染病の予防のための研究所を作ってあげた。今でいう、大企業の社長さんみたいな人が、どんどん医学の発展に協力してくれたんですね。そうした協力があって、その北里さんがペスト菌を世界で初めて見つけるんです。

岡村　そうなんですってね！　偉人中の偉人ですね……（笑）。

※北里柴三郎
１８５３年熊本県生まれ、１９３１年没。「近代日本医学の父」として知られる微生物学者、教育者。１８８９年に破傷風菌の純粋培養に成功、翌年に血清療法を開発、さらに94年にペスト菌を発見した。「感染症学の巨星」と呼ばれる。

※福澤諭吉
１８３５年、現在の大阪府生まれ、１９０１年没。幕末から明治の啓蒙思想家、教育者。幕府の遣欧米使節に3度参加。慶應義塾大学を創設し、後世にも読み継がれる著書『学問のすゝめ』といった著作物の執筆など、日本の発展に大きく貢献した。

河合　そうですね（笑）。香港に行って、解剖した遺体からペスト菌を見つけて、どうやって予防するのかという方法も全部考えて。ですから、中国で広まったペストが、じつは日本にも大阪や神戸に入ってきてるんですね。でも、一切パンデミックを起こしてないんです。それは、やっぱりそういった北里さんの患者の広がりを徹底的に抑え込むという予防法、クラスター対策で感染を抑えているんです。

岡村　すごいなー。

河合　そういうことができた日本人はたくさんいて、後藤新平（※）さんという、のちに大臣になる人ですけど、この方もやっぱりもともとはお医者さんで内務省衛生局の方なんです。彼が何をしたかというと、日清戦争に勝利して中国から多くの日本兵が帰ってきた時に、赤痢などのいろんな病気が向こうで蔓延しているので、そのまま日本に入れてしまうと、国内で伝染病が広まっちゃう、と。

だから検疫所を作ってほしいと軍から頼まれた。すると後藤は、数ヵ月間の間に3つぐらいの島に大規模な検疫所を作って、20万人以上の兵士を一気に検疫してから日本に戻したので、広がらなかった。これができてる国なのに、今はなぜ？っていうことはありますね。

※後藤新平
１８５７年、現在の岩手県生まれ、１９２９年没。日本の医師、政治家。内務官僚や南満州鉄道総裁、東京市長などを務め、23年の関東大震災直後には被災した東京の復興のための「帝都復興院」を創設し、リーダーシップを発揮。東京放送局（のちのＮＨＫ）初代総裁。

岡村　すごいですね。そういう偉業とも言えるような歴史が日本にもあるんですね。

河合　そうなんです。そういう人たちがいて、感染症をなんとか抑えてきたっていう歴史があります。

この先にある新しいフェイズへの一歩

岡村　先生は今の現状をどう思ってらっしゃいます？　こ

の前、大学教授のYouTubeを見ていたんですけども、大学の先生たちも、ネットで講義や講座ができるんだけれども、やっぱり違うと。生徒の反応を見ながらとか……少し笑いもありつつ、そうやって授業をやるのと、ストリーミング配信で授業やるのとでは、もうまったく違うんだ、みたいなことをおっしゃってて。先生たちもそうだよなあ、と。音楽の世界もそういうフェイズにきてますけども、なんとか、やっぱり人と人が会えるような状況に戻ってってほしいなとは、思うんですけど。

河合　もうおっしゃる通り。僕も、去年いきなりＺｏｏｍというもので授業をしなさいとなった時に、Ｚｏｏｍがそもそも何なのかわからなくて（笑）。で、オンデマンドで配信したりってことをやったんですけど……、やっぱりリアルで授業するのとは本当に感覚がもう全然違いますね。

岡村　そうですよね。生徒の顔を見ながらやるのと、やらないのっていうのは違いますよね。

河合　そう思います。だから、おそらく僕は過渡期にいる人間で、ただ今後の人はもうそれが当たり前になってくる。

岡村　普通になってくんでしょうね。

河合　あとものすごいリアルに目の前に本当に生身の人間がいるような感覚を作れる装置、そういうものがたぶん出てくるんでしょう、きっとね。

岡村　そういうふうに発展していくんでしょうね。そういう意味でも過渡期なのかもしれません。

河合　やっぱり、伝染病とか感染症のパンデミックの時に、どんどんさまざまなものが発展していく。マスクをつける習慣も、１００年前のスペイン風邪の時に、マスクが一般的になっていったことが始まりなんですよね。

岡村　へえー。そうなんですか。

河合　密を避けようということも、既にその時に言ってますから（笑）。マスクの値上げも問題になってます。それに、江戸時代に風邪が大流行した時にも、今で言う定額給付金を貧しい人たちに与えているんですよ。じつは、そういうことは……過去にやってるんですね。

岡村　ええ。コレラのいわゆる大流行を止めたのは、水洗便所だと。だから、水洗便所が世界中に普及したのは、コレラも一つの要因だと。

河合　そうですね。今回のコロナも多くの方がお亡くなりになりましたけど、ただその一方で、感染症の流行を機に科学が発達したりとか、人類のいろんな英知を結集して、一つ違う段階や新しいフェイズに入らせたりもする。例えばオンデマンド配信が発展したりという、一つのきっかけにはなるんですよね。

岡村　なるほど、なるほど。本当に歴史を学ぶと勉強になりますね。僕も学んでいきたいと思います。まずは教科書を読むことですかね。

河合　そうですね。教科書を読むっていうのが一番いいですね。一般向けにね、やさしく日本史の流れを書いたものから歴史を学ぶのも面白いと思うんです。

岡村　映画やドラマでこういうのを見てみたら？　みたいなの、ありますか？　こういうとこから入ると結構楽しめるよというエンターテイメントとか。

河合　あります。僕、2016年まで高校の教師をやっていたんですね。それで、15年ぐらい前のことなんですけど、一番驚いたのが四国の戦国大名に、長宗我部元親（※）という人がいて、ちょっと難しい漢字を書くので黒板に大きく「長宗我部」って書いたら、生徒が「キャー」って叫んだんですよ。

※長宗我部元親
1539年生まれ、99年没。武将、戦国大名。長宗我部氏第21代当主。土佐一国を平定し、ついには四国全土をほぼ一代で征服した。中国地方の毛利氏、南九州の島津氏と並んで、西日本3大勢力の一つに数えられるまでにのし上がった。

岡村&河合　（笑）。
河合　「どうした？」って聞いたら、「かっこいい！」って言ったんですね。かっこいいって……何？　って思ったら、その……『戦国BASARA』（※）っていうゲームがあって、そのゲーム中の長宗我部元親のキャラクターが、すごくかっこいいんですって。
岡村&河合　（笑）。
河合　そういうゲームから、リアルな歴史に入ってくという方も今すごく多くて。
岡村　そうですか。へえー、ゲームもいいんだ。
河合　なんでしょう……さらに刀が……イケメン君になって活躍するような『刀剣乱舞』（※）というゲームがあって、実際にそこから入っていって、日本刀のブームになっていたりというのがありますね。
岡村　ちょっとやってみます。
河合　はい（笑）。

※『戦国BASARA』
カプコンから発売されている戦国アクションゲームシリーズ。累計400万本を超えるヒット作で、アニメや舞台など、メディアミックスも多岐にわたる。

※『刀剣乱舞』
日本刀の名刀を男性に擬人化した「刀剣男士」を収集・強化し、日本の歴史上の合戦場に出没する敵を討伐していく育成シミュレーションゲーム。ミュージカル、アニメ、実写映画など、多くのメディアで展開されている。

非常事態にこそ歴史が役に立つ

岡村　今日は、本当に勉強になりましたね。
河合　ありがとうございます。
岡村　聴いてる人もね、こういう環境下、みんな不安だったり、疑心暗鬼だったりすると思うんですけども、歴史から学ぶといいよ、と。疫病も災害もそうですし、そういったものを乗り越えてきたんだよ、と。そういうところから、心構えであったりとか、家族がいる人は家族との絆みたいなのを、あらためて歴史から学ぶといいかもしれませんね。

河合 先ほども言いましたが、過去からしか私たちは学べないので、いろんな非常事態が起こった時にこそ、歴史が役に立つと思うんですよね。

岡村 繰り返しの歴史ですもんね。本当に僕もそうだし、みんなもそうだし、歴史を勉強するには、とてもいい時期なんじゃないですかね。いろんなことを学べると思います。

河合 現在は本当に非常事態なので、昔はどうだったかっていうことを勉強することで、自分なりにうまくそれを利用するというか、活用できると思うんですね。

岡村 そうなんですよね。勉強の時期だな、って僕は思っていて。あんまり人とたくさん会ったりとか、はしゃいだりとかできませんし、お店もやってないですし。そうなると……勉強でもしてみて、先人たちはどう歴史をこう乗り越えてきたのかをいっちょ見てみるか、っていう気持ちに今なってる人、とっても多いと思うんです。いろいろとお話をうかがって、参考になることがたくさんありました。時間を作って学んでいきたい！　と、思っております。

河合 ありがとうございます（笑）。岡村さんと話していて、スタッフの方からは、「歴史は全然わからない」とおっしゃってると聞いていたのですが、意外とお詳しくて……!!

岡村 いえいえ、本当にわからないんです。もう……一夜漬けです。

河合 そうなんですか？　でも、ちょっと事前に短期間で学んでいただいて、これだけでもうできるっていうことは、歴史の才能があると思うので。

岡村 興味が。

河合 それが大切なんです。興味があればどんどん歴史の内容が入ってくると思うんです。ですから、ぜひこれから歴史を勉強してもらえたらと。

岡村 先生の本もたくさん読んでいこうと思ってます。

河合 ありがとうございます。本当に、毎月のように本を出させていただいてるんですけど、関所というものがあるじゃないですか。で、『関所で読みとく日本史』という古代から……近代までの関所だけを取り上げた新書を出したんですよ。

岡村 えぇー、面白そうだなあ……。

河合 関所って、いろいろ面白くて、例えば関所を通過する場合、女性には結構厳しいんですよね。大名の奥さんや子どもを通過させないように、江戸から出ていく女性を厳しく取り締まるんですけれど、農村などの地方から江戸へ出てくる女性も取り締まってるんですね。女性が移動しちゃうと、人口が減ってしまうということで、農村で人口が減らないように抑えていたりとか、あと、芸人さんは芸を見せると通過できるとか。

岡村 面白いですね（笑）。オーディションがあるみたいな。

河合 そうなんですよ。坂本龍馬が海の関所を作ろうとしてますね。下関の海を通過する時に通行料を取って、儲ける会社を作ろうと考えた。やっぱり、すごく異色な人ですよね。

岡村 へえー、面白い。ぜひ、読みたいと思います。今日は本当に勉強になりましたね。お忙しい中、お越しいただき、本当にありがとうございました。

河合　ありがとうございました。

岡村　今日は、こんな感じでしたけど、みなさんどうでしたか？　勉強になりましたね。みなさんも、好奇心を持ってみたら、本を読んでみたりとか、教科書を読むといいって先生も言ってましたけど、僕もさっそく、本屋さんに行って、教科書を買ってみようと思います。ちょっと興味が出てきました。みなさんも興味持ってくれると嬉しいなあ、と思っております。

やはり集中して勉強するべきは、明治前後ということでしたね。最近は、９・11のイスラム過激派のテロを起こした人たちはなぜ極端な思想を信じ込んでいたのか、キリスト教との関係なんかもわからなかったので、勉強し直しました。みなさんもそうだと思いますが、とくに戦争や紛争、宗教関係の事件が起きたりすると、関連する知識を得たくなったりするんじゃないでしょうか。僕も最近は宗教を勉強し直しています。

自分は経験したことないですが、経典があれば自分一人で悩まなくていいですし、快楽でもあるのでしょうし、信じている人が幸せであればいいとは多いますけどね。被害が出てしまったり、大きな事件になってしまったりすると、あらためて調べ直そうという気持ちにはなりますね。今後も引き続き、勉強していきたいと思っています。

岡村靖幸のカモンエブリバディ

13

2021年12月22日・23日放送

満島ひかりさんに ポエトリーリーディングを学び、 ともに曲を作ります

「心の中はずっとふざけてますね。街中で泣いちゃってる私、何これ？ みたいな感じをベースに置くと、意外と恥じらいはどこかに飛んでいくっていうか。なんか面白がっちゃうってことで、恥じらいは乗り越えました」

POETRY READING

満島ひかり（みつしま・ひかり）

1985年生まれ、沖縄県育ち。俳優を中心に、音楽・執筆・クリエイターなど幅広く活躍。7人組ユニット「Folder」のメンバーでデビュー。初めての映画出演は97年、映画『モスラ2 海底の大決戦』。近年は、話題の主演ドラマ『First Love 初恋』がNetflixで配信。ラジオ『ヴォイスミツシマ』、声を担当するアニメ『アイラブみー』がレギュラー放送中。「ひかりとだいち loveSOIL&"PIMP"SESSIONS」名義で、楽曲『eden』を発表。

演技のことを気にしていたからか、プロデューサーの方から、役者で歌もうたっていて、即興の曲作りも楽しめそうな人だからと満島ひかりさんを提案していただいて、それぞれの得意分野に挑戦してみよう、と。恥ずいけど自分は詩の朗読を、満島さんには音楽をやってもらうという企画でしたね。

満島さんは初対面だったので、どう展開するかまったく読めなかったんですが、いい役者さんですし、聡明で、勘のよさもあるし、スピリチュアルな感じもするし、いろんな側面を持った素敵な方でした。

ちゃんとしてる岡村さんは嫌だったからよかった

岡村　みなさん、お元気でしょうか。今年も残すところあとわずかになりましたね。間もなく、クリスマスも近づいてまいりましたが、いかがお過ごしでしたか。今回は、ゲストに俳優の満島ひかりさんをお迎えします。私にとって、満島さんは初対面、初セッションとなります。クリスマスは、大体仕事をしていて、クリスマスだぜ！　って感じもなかなかないのですが……ちょっとメールを紹介してみましょうか。

「クリスマスの時期に聴きたくなる曲、よく聴いていた曲などありましたら教えてください」――長野県

岡村　たくさんありますがね。今からかける曲は、かつて恋愛をして、二人がすごく愛し合ってたんだけど、今はもう別々のところにいる。でも、クリスマスの時期になると、あなたのことを思い出すし、あなたがどこにいても、クリスマスで幸せな時間を過ごしてるように祈ってる。あなたと会えた時は、毎日がクリスマスだったという内容の歌ですけど。だから、悲恋の曲なんですけども、とても美しいクリスマスの曲です。聴いてみましょうか。

♪カーペンターズ『メリー・クリスマス・ダーリン』

岡村　それでは、さっそくゲストをお迎えしましょう。俳優の満島ひかりさんです。よろしくお願いします。

満島　よろしくお願いします。

岡村　満島さんとお会いするのは、初めてですよね。

満島　はい、はじめまして！

岡村　じつは、弟の満島真之介（※）さんとは、何度かお会いしたり、一緒に飲んだりとかしていた関係で。最近は会ってませんけどね。

※満島真之介
１９８９年、沖縄県生まれ。俳優。２０１０年、舞台『おそるべき親たち』で俳優デビュー。13年には『風俗行ったら人生変わったｗｗｗ』で映画初主演を務める。アニメ『僕だけがいない街』(16)では声優に初挑戦した。

満島 何するんですか？　弟と。
岡村 飲んで語り合うみたいな。
岡村&満島 （笑）。
満島 どういう組み合わせなんだろう。
岡村 なんで知り合ったんですかね。
満島 二人で熱く語る感じですか。
岡村 熱く語ってるんですかね。
満島 それか、ふざけてるか。
岡村 ふざけてるでしょうね。
満島 ふざけてるほうでよかったです（笑）。
岡村 ちなみに、満島さんはクリスマス、毎年どんなふうに過ごされています？
満島 クリスマス……どうしてるんですかね。全然覚えてないですけど、子どもの時の記憶ばっかりですね。
岡村 自主的にパーティを開いたりとか、パーティに出たりとか？
満島 パーティに出るっていうことは、人生の中でほとんどないぐらいで、もう子どものいる友だちもたくさんいるので、その子どもたちがうちに集まったり、結構、普段からパーティのようなことはしていて。ただ、なんかちょっとやっぱり無理やりでもロマンティックに過ごしたいものだなとは思いますよね。最近、そう思いますけど。
岡村 プレゼントとかよくするんですか。
満島 プレゼントはクリスマスに特別にっていうよりも、日常からしているので。ちょっと日常でやりすぎてるのかもしれないですね。クリスマスって、されますか？
岡村 うーん、いや、どうなんでしょう……。大体仕事が入ってたりするので（笑）。
満島 そうですよね。子どもの時のほうが、サンタクロースが来るとか、キリスト教系の保育園にいたので、イエス様誕生の劇をやったりしたことを覚えてますけど。沖縄だと、外国の方が住宅にすっごいネオンのイルミネーションを飾るので、そのおうちに行って、イルミネーションの前で写真撮るっていうのをやってましたね。
岡村 話は変わりますけど、沖縄出身の芸能をやってらっしゃる方々、みんな帰りますよね、沖縄に。なんで帰るんですかね？　そのくらい沖縄って魅力的なんですか？
満島 音楽やってる方はとくにですよね。私は13歳の後半ぐらいに東京に越してきたんですけれど、外国ですね、違う国だと思います。育った感覚も学校のあり方もそうですし、大人との関係性も東京はまったく別物でした。もう、すごいビジネス。会社みたい、何これ！　と思って、中学校の時に。沖縄はもっと漠然としていて、結構高校生ぐらいまであんまり意識とかしないで、もっと感性のままに生きてる感じ。
岡村 うん、楽しそうですね。よく、沖縄の人が時間に関してかなりアバウトだって聞きますけれども。
満島 私は相当アバウトだと思います（笑）。時間の感覚はほぼないに等しいです。
岡村 ええー！　でも、女優やってると大変じゃないですか？　朝早いし。
満島 みなさんが、どうにかごまかしてくれてるんでしょうね。

岡村　ねえ。朝早いの大丈夫ですか？

満島　早いの大丈夫なんですよ。起きてるんですけど、家のこととかちゃんとやらないと家から出てこないので（笑）。それで、みんなが「早くして！」って言うみたいな。

岡村　なるほど、なるほど。

満島　朝、結構ゆったりしちゃいますよね。時間ちゃんとされてますか？

岡村　全然ちゃんとしてないです。

満島　よかったです。ちゃんとしてる岡村さん、嫌だったからよかった（笑）。

恥じらいを越えれば音楽よりも自由度が高いかもしれない

岡村　年の瀬にお送りしているこの番組では、私の苦手分野というか、演じることに挑戦とかよくしてるんですね。これは話すと長いんですけど、音楽やりながら役者をやったり、役者をメインしながら歌もうたったりとか、二股で活躍なさってる人がたくさんいて、なんで二つともできるのかな？　とか思って。うーんって、ケラリーノ・サンドロヴィッチさんに、コントの脚本を書いてもらって、ちょっと演技みたいなこともやったんですけどね、まあ、ものすごく難しかったですね。

満島　私、岡村さんの歌を聴いてたり、踊りを見たりとかしてると、めちゃくちゃお芝居できる人に見えます。

岡村　いやー、もうね……恥ずかしいんです。

満島　恥じらいさえ乗り越えれば、音楽よりもむしろ自由度が高い可能性はありますよね。

岡村　うーん、だって「泣け」とか言うんですよ。

満島　いや、いいです（笑）。男の人はあんまり泣けなくて大丈夫だと思う。

岡村　ケラリーノさんの脚本も「だんだん、少しずつ怒ってってください」、「だんだんだんだん、自分のイライラの値が上がっていくみたいな演技してください」って言われたんですけど、顔まっ赤っかになりましたね。向いてないんだな、と思いました。

満島　向いてると思います（笑）。だって、なんか歌詞を歌うタイミングとか、やっぱり変じゃないですか。

岡村　あー、変ですかね。

満島　私、『イケナイコトカイ』っていう曲がすごい好きで、何回も聴いてるんですけど、普通だったら、「あなたの住んでるマンション」なんですよ。「あなたの住んでる（早口で）メンション」って。

岡村　スピードが（笑）。

満島　めっちゃ食ってくるじゃないですか（笑）。あれが役者心な感じがして、お前、同じ拍でくると思うなよみたいな（笑）。

♪岡村靖幸『イケナイコトカイ』

岡村　まあ、でもね（笑）、自分は徹底的に向いてないと思ってるんですけど、役者のお友だちはすごい多くて、役者の人と息が合うなと思うことは多いんです。それこそ、弟さんもそうですけど。

満島　いやいや、誰よりも向いてるんじゃないかと勝手に思うんですけど。

岡村　向いてないですけど。

満島　だから、一人芝居みたいなのとか？（笑）。いや、嫌ですね、一人芝居はさすがに。

恥じらいはどこかに飛んでいく

岡村　満島さんは、1997年、映画『モスラ2 海底の大決戦』（※）に出演して以来、数々のドラマ、映画で活躍してますね。映画『愛のむきだし』（※）も素晴らしかったですし、ドラマ『それでも、生きてゆく』も素晴らしかったですし、テレビドラマバージョンの『モテキ』（※）も素晴らしかったですね。僕はね、とくに大好きだなと思ったのは、坂元裕二（※）さん脚本の『カルテット』（※）。これも素晴らしかった。

※『モスラ2 海底の大決戦』
1996年に公開された映画『モスラ』の続編で、平成モスラシリーズの第2作。監督は三好邦夫。満島ひかりは、本作品の舞台である沖縄出身であることから抜擢された。

※『愛のむきだし』
2009年に公開された作品。監督は園子温。第9回東京フィルメックスアニエスベー・アワード、第59回ベルリン映画祭カリガリ賞・国際批評家連盟賞を受賞。

※『モテキ』
2010年に放送された久保ミツロウのマンガを原作にしたテレビドラマ。脚本・演出は大根仁。作中曲で岡村靖幸の楽曲『はっきりもっと勇敢になって』『どぉなっちゃってんだよ』が使用された。

※坂元裕二
1967年、大阪府生まれ。87年、「第1回フジテレビヤングシナリオ大賞」を受賞してデビュー。91年に放送されたドラマ『東京ラブストーリー』が大ヒット。一時休養期間をはさみながら、復帰後には数多くのドラマの脚本を手掛ける。満島ひかり出演の担当作に『それでも、生きてゆく』（2011）、『いつかこの恋を思い出してきっと泣いてしまう』（16）、『カルテット』（17）、『初恋の悪魔』（22）がある。

※『カルテット』
2017年1月17日から3月21日にかけてTBS系で放送されたドラマ。脚本・坂元裕二、主演・松たか子の他、満島ひかり、高橋一生、松田龍平らが出演。キャッチコピーは「ほろ苦くて甘い、ビターチョコレー

トのような大人のラブサスペンス」。

満島　嬉しい。「素晴らしかった」×4もいただけて（笑）。

岡村　いや、マジですよ。マジ素晴らしかったですね。『カルテット』は本当に素晴らしい作品で、早く次が見たいって思わせてくれて。脚本が素晴らしかったし。会いたいって言って、すぐ坂元さんと対談して。

満島　脚本がすごかったですよね。全然、着地しない。降りないんかーい！　みたいなのがずっと続いてて。

岡村　あと登場している4人が全員輝いてた。

満島　ありがとうございます。すごい嬉しいです。

岡村　満島さんに聞いてみたいこと、演技する上で大事にしてることとか、心情とか。僕は、さっき「恥ずかしい」って言いましたけど、そういう恥ずかしいみたいな気持ち。急に街中に出て、「泣け」って言われたりとか、走って追いかけて、「行かないで」「行かないで」って言ったりとか。

満島　「行かないで」（笑）。そうですよね。

岡村　そういう、こう恥ずかしいシーンもたくさんありますよね。そういうのと、どう対決してますか？

満島　だから、心の中はずっとふざけてますね。街中で泣いちゃってる私、何これ？　みたいな感じをベースに置くと、意外と恥じらいはどこかに飛んでいくっていうか。なんか面白がっちゃうってことで、恥じらいは乗り越えました。

岡村　オン・オフは結構あります？　それとも、その役やってると、ずっとそれになっちゃいます？

満島　うーん、どうやってやってんだろう？

岡村　役を引きずることってあります？

満島　口調がちょっと直ってないなとか、身体的なことはありますけど、精神的なことは……。常に「レンタル家族」とか言って家族役の人とふざけてるんですけど、この間まで家族だった人が急に「家族じゃない」って言われて、あれなんなんだっけ、みたいな（笑）。そういう、ちょっとふわっと何か大事なものを急に失ったみたいな。20代はとくに、あんだけ大事にしてたのに、あれ違ったのかなとか、そこでちょっと苦しい時もありましたね。ぽっかり穴があいた感じがするっていう。でも、最近はなくなってきたかな。坂元さんの書く本なんかをやってると、結構人の痛みの場所にぐいぐい入ってくるので、自分が想像できないぐらい、自分の何かベースみたいな感情を使っていて、それで終わったあとに、ちょっとポカーンと抜けがらみたいになってる時はありますけど。なんでしょうね？　のめり込んでる、とは違うんだよな。涙とかは用意して泣くものでもないので、何か違うこと考えて泣くのも嫌なので、もう神頼み？（笑）

岡村　全然、泣けないわっていう時もあります？

満島　そこまではないかな。どちらかというと、恥じらいとか、あと感情を常に毎日全部出して生きてるので、そんなに違いはないんですけど、笑ってたのに急に、はい泣く！　みたいな場面の時とかに、緊張してできるかなと思いすぎて、カメラが全部武器に見えてくる。マシンガンが自分に向いてるように見えてきた時に、あっ、と思って、「すみません。カメラ触ってもいいですか？」ってカメラマンさんにお願いして、カメラを触って、「お前、仲間だよな」って言って。全部のカメラを回ってそれをやったら、急にできたりとか。
岡村　へー（笑）。
満島　一人でやろうとしないことが重要かもしれないです。
岡村　大変ですよね。共演者がいて、脚本家がいて、演出家がいて、監督がいて。ドラマだったらスポンサーがいて、登場人物多いですよね。
満島　いや、すごくいっぱいいるんですよ、もう１００人以上いるので。
岡村　疲れそうですよね。
満島　それを全部消して、そのまま目の前の人だけに集中するっていう状態にするのが一番疲れるかも。それは、そうなのかもしれない。
岡村　楽しいぜーって思うことあるんですか？
満島　もう全然あります。みんなペンペケペンみたいな、お尻ペーン！　みたいな感じでやってる時、いっぱいあります。もう全然言うこと聞いてやんない、みたいな（笑）。
岡村　大変そうだなっていうね、プレッシャーとか。
満島　状況を弾く能力があれば、いくらでも遊べるっていうか。やってる最中、人からの見られ方を、私はあんまりもう気にしなくなったので遊べますけど、ちょっとでも気にしてると、できることが制限されはするかもしれないです。でも、ＭＶとかで踊ったりしてるじゃないですか。あういう時は恥ずかしいとかないんですか？
岡村　ないですね。無心になってます。
満島　だからそれですよ、それ。
岡村　あ、そっかー。だから無心になるスイッチは入ってますね。
満島　そうそう、まったく同じことだと思います。ライブとかも無心ですよね？
岡村　無心ですね。
満島　それです、無心です。終わって、あまりそこまで覚えてない、みたいな。
岡村　うん、そうですね。
満島　だから、私にはとっても向いてる人に見えてるんですけど。
岡村　いやいや、全然。だから、役者と音楽を二つできる人はすごいなと思って、全然向いてないってことを、日々日々思っています。
満島　私の場合、音楽を久しぶりにちょっとだけやって、ライブとかに出た時に、えっ、音楽って止まらない、と思って、ちょっとびっくりっていうか。

何も込めないほうがいい時もあるし、込めてもいいし

岡村　最近、いとうせいこう（※）さんとポエトリーリーディングのイベントをされたりしてるんですよね。そのきっかけはなんだったんですか？

※いとうせいこう
1961年、東京都生まれ。作家、ラッパー、俳優など、幅広く活動。大学在学中からラジオ番組のADなど活動を開始。出版社を経て、小説『ノーライフキング』(88)を発表。同時に、日本に広くヒップホップカルチャーを広めた。2018年には「いとうせいこう is the poet」として、ポエトリーリーディングの活動も本格化させた。

満島 せいこうさんに、「きっと、あなた向いてるんじゃないかな」って連絡をいただいて、自分でも何がなんだかわからなかったんですけど、たまたま、また違う音楽の方と知り合った時に、みなさんでバンドをやってると聞いて、そこに入れてもらうことになって。「ブルーノートに出るから、出よう」って言われたら、「はーい」って言って、出て。今年(21年)2回、ブルーノートでライブを一緒にやらせてもらいました。

岡村 楽しそうですね。

満島 うん。なんかドラムの音だけに詩をのせていくんですけど、せいこうさんが書いた詩もあれば、選んできた詩もあって、どこを読むかは2人とも決めないで、なんとなく始まりだけ決めたら、あとはもうドラムの音と声だけを聴いて、ガンガン合わせてく、みたいな。全部即興なので、面白いです。

岡村 ずっと舞台もやってらっしゃるし、もともと歌ってらっしゃったし、楽しい! って感じでしょうね、きっと。

満島 やっと楽しくなってきた。私は、音楽を一人でやることのほうが恥ずかしすぎて、えっ、無理無理! みたいな。役名ください! みたいな。違う人だと思うと、お尻ペンペン! とかできるけど、自分の名前だとちょっと本当に勘弁してくれっていう感じで、なんとなく俳優を続けてたら、音楽をできる気分になりました。

岡村 例えば、友だちとお話をしてる時とか、例えば誰かを好きになった時とか、私、演技してるなって思う時ありますか?

満島 そういう時は、キモキモキモキモい! って言って、全部飛ばしてなんか違うこととする。

岡村 へー。

満島 友だちもそうなんですけど、誰かに「この人と今日会ってて、この人がこうやって言ってたよ」って話をする時に、その人のしゃべり方になっちゃう。モノマネになっちゃうじゃないですか。あれのある種、演技の延長というか、似てるなと思って。すごく変わった楽しいお友だちが多いので、それこそみんなで岡村さんの歌い方の真似とかして(笑)、めっちゃ笑ったりとかして、本当に申し訳ないんですけど。

岡村 いやー、全然、全然。

満島 ダンスって、いつ頃からやられてるんですか?

岡村 本当に見様見真似ですけどね。18、19ぐらいの頃からですかね。

満島 習ってた、とかではないんですか?

岡村 まったく。満島さんは習ってたんじゃないですか。

満島 私は、沖縄アクターズスクールに通っていたので、多少は習ってましたけど、本当に最近の岡村さんの踊りを見て、え、うまっ！ と思って。

岡村 本当ですか？

満島 びっくりしちゃって。もう手の角度とか、なんか音の拍を当てる場所とかがめちゃくちゃセンスがよくてびっくりして。聴いてるみなさんにとっては、当たり前なんでしょうけど。うまっ！ 三浦大知（※）くらいうまいんじゃないかなって（笑）。

※三浦大知
1987年、沖縄県生まれ。歌手、ダンサー。満島ひかりと同じ「Folder」のメンバーとしてデビュー。休養期間を挟み、2004年からソロ活動開始、翌年シングル『Keep It Goin'On』でソロデビュー。

岡村 （笑）。

満島 すごいうまい！ ビックリって。何か家とかでやってるんですか？

岡村 やってないです。

満島 やってないって、どこでやるんですか？

岡村 定期レッスンみたいなのがあって、パーソナルトレーナーみたいな人がいて。

満島 それは踊りのですか。

岡村 うん。でも随分それも緩くなりました。6年前ぐらいのほうが一生懸命やってましたね。

満島 そうなんだ。ちょっと踊りに面食らっちゃって、私は。音楽って、たくさんの音が層になってるじゃないですか。面白いダンサーさんとかが振り付けしてくれると、「この層の中のここに当てるんだ！」って驚かされたりとか、みんなは一番聴こえやすいキャッチーな部分で振り付けしがちだけど、本当に奥のほうに眠ってる小さい「カンカン」って音に当てたりとか、ああいうのにゾワゾワするんですね。見てて、うわーって。そうすると、曲が急に2倍、3倍に広がるじゃないですか。岡村さんのダンスって、そういう感じがして。ゾワゾワする感じ。

岡村 ありがとうございます。

満島 だから、お芝居に向いてるんじゃないかなって思ったんですよね。

岡村 完全に向いてませんけどね（笑）。さて、そんな満島ひかりさんが、今日、私のために特別に披露していただけることがあるということで。僕の曲の歌詞を朗読していただけるんですね。

満島 （笑）。

岡村 これ、なんでこういうことになったんですかね？ 朗読自体をよくやってらっしゃるんですか。

満島 朗読は、それこそ坂元裕二さんと、制作を担当している小泉今日子さんたちと、朗読の旅（※）で各地を回っています。そもそもは、以前ラジオの企画で、歌詞を朗読してから曲を聴いた時に、曲の印象がまた全然違って聴こえたりして、それが面白かったなーっていうのがありまして。岡村さんの曲でもやってみたいなと。『ぐーぐーちょきちょき』って、何歳ぐらいの子だと思って詞を書いたんですか。

※朗読の旅
小泉今日子が代表を務める株式会社明後日が主催し「全国へゆこうか！朗読ジャーニー『詠む読む』」という2019年3月から始まったイベント。坂元裕二が書き上げたシナリオや小説を、満島ひかりとゲストが朗読する。

岡村　これね、わかんないんですけども、NHKの『みんなのうた』っていうことで、3歳から6歳ぐらいの方が聴いても楽しめるし、大人が聴いても楽しめるようにはしたつもりなんですけど。とくに3歳から6歳ぐらいの方が理屈抜きに、この曲面白いって思ってもらえるようには心がけました。

満島　えっ、せっかくだから、二人で分けて読みません？

岡村　いいですけど（笑）。僕は「得意じゃない」って、今、言いましたよね。

満島　いや、二人で読んだほうが絶対面白いと思う（笑）。

岡村　うーん、情感って込めるんですか？

満島　いや、朗読ってなんか不思議で、何も込めないほうがいい時もあるし、込めてもいいし。お芝居もですけど、私はあんまり正解ってないと思ってる派で、どっちでもいいじゃん、いろんなあり方があっていいんじゃないかな、っていうのはちょっと思っちゃうけど。それこそね、書いてる人たちは、もっとこうしてほしいとかあると思うので。前にラジオできゃりーぱみゅぱみゅ（※）ちゃんがゲストにいらした時に『つけまつける』って歌を朗読してから曲を聴いたら、めっちゃ面白くて（笑）。

岡村　ええー。

満島　めっちゃ面白くて（笑）。リッチなおふざけですよねー。

※きゃりーぱみゅぱみゅ
1993年、東京都出身。アーティスト、モデル。2009年、読者モデルとして雑誌『KERA』の誌面でデビュー。11年には、ミニアルバム『もしもし原宿』でメジャーデビュー。翌年には1stシングル『つけまつける』をリリースした。

自分が気持ちよくなることは避けたい

岡村　ちょっとリハーサルさせてください。情感を込めると「ぐーぐーちょきちょき　ぱーぱーちょきちょき　楽しかったね　ケンカになりそうな友達と仲直り」。

満島　もう最高、最高です！（笑）

岡村　本当に？　本人、寒っ、と思いながらやりました（ため息）。情感込めないと、「ぐーぐーちょきちょき　ぱーぱーちょきちょき　楽しかったね　ケンカになりそうな友達と仲直り」。

満島　情感込めましょう。寒いぐらいでいいんじゃないですかね。

岡村 わかりましたよ（ため息）。

満島 それか、子どもの声出してみるとか（笑）。

岡村 なるほど（笑）。家でセリフとか覚える時って、声出して覚えたりしてます？

満島 あんまり覚えようとしないかもしれないです。

岡村 長ゼリフの時もあるでしょ。

満島 長いセリフも、言葉を覚えようとすると、どんどん嘘っぽくなるじゃないですか。自分が書いて思いついたことでもないし。だから、何が書いてあるのかなーとか、なんでこの人こんなことしゃべるんだろうとか、これ室内なのかなーとか、あー、室内で、この窓から外を見てたから、こっちに言葉の展開が飛んだのかな、とかそういうことを考えてます。

岡村 構造をちゃんと理解して。

満島 構造とかを感情に馴染ませて、自分に無理がない感じ？ 自然にその時にそれを思いついたように言葉が出てくる状態をどちらかというと探して。

岡村 大変そう。叫んだりとかもするし。

満島 そうですよねー（笑）。叫んだりとかします。だから、やっぱりちょっと壊れてると思います。あの、言い方あれですけど、なんか少し、自分への破壊行為に近いですよね。

岡村 それが気持ちいい時もあるんですか？

満島 自分が気持ちよくなることは避けたいので。叫ぶ時とかは、本当にバカみたいですけど、全世界の叫びたい奴が全部、今入ってくればいいと思ってやってます。

岡村 役って、運もあるでしょ。例えば、この役すごいやりたかったのに、別の役が入ってしまってスケジュールが取れないとか。あとこの役がすごくほしかったのに、自分にこないとか。その役の運みたいなことに関して思うことはないんですか？

満島 ないですね、あんまり。まあ、なんか人生ってもう大きな流れなので、100年ごときでちまちま言っててもしょうがないかな（笑）って思いながら、出会ったものと楽しもうみたいな感覚は常にあるかもしれないですね。

岡村 そっかー。わかりました。やってみますか。

満島 はい。じゃあ情感込めて。

満島 『ぐーぐーちょきちょき』。
「ぐーぐーちょきちょき　ぱーぱーちょきちょき　思い出してよ　勝ちとか負けとか乗りこえて　ジャンプしたあの頃」

岡村 「ぐーぐーちょきちょき　ぱーぱーちょきちょき　楽しかったね　ケンカになりそうな友達と仲直り」

満島 「夕焼けに泣いちゃいそうさ」

岡村 「炊けたばっかりの夕食（ゆうげ）の香り」

満島 「あの家もこの家もしはじめて」

岡村 「嬉しいっつうのはこういうことだと」

満島 「小さく小さく気づくよ」

岡村 「ぐーぐーちょきちょき　ぱーぱーちょきちょき　思い出してよ　得とか損とか関係なく笑って欲しいだけ」

満島 「ぐーぐーちょきちょき　ぱーぱーちょきちょき　楽しかったね　でんぐり返ってもり上がろう　時代に負けな

いように」

岡村「野畑に咲いてるのは」

満島「まるで君のようなれんげ草さ」

岡村「ひたむきなけなげさが美しくて」

満島「恋したかも?って自分に」

岡村「小さく小さく気づくよ」

岡村　恥ずぃ！

満島　(笑)。

岡村　ということで、曲を聴いてみますか。

♪岡村靖幸『ぐーぐーちょきちょき』

朗読って、この恥じらいがいいんですよね

岡村　歌詞を読んだ感想いかがでしたか?

満島　私もセリフとかを言う時、ちょっと食い気味になるのを楽しむことがあるんですけど、ちょっと食い気味にいったら、食い気味に帰ってきたから、おおおお！　すごい、すごい！　って思いながら、やっぱり向いてるなって思いました。

岡村　いやもう難しかったです。

満島　(笑)。

岡村　それでですね、『カルアミルク』を朗読していただけるそうですが、アナログを出すことになりましてね。じゃあ、朗読していただきましょう。えー、『カルアミルク』です。

よろしくお願いします。

満島　普通に読んでみます。

あともう一回あなたから
またもう一回の電話で僕らはでなおせる
でも　こういったことばっかり続けたら
あの思い出がだめになっていく
がんばってみるよ
優勝できなかったスポーツマンみたいに
ちっちゃな根性身につけたい
ここ最近の僕だったら
だいたい午前8時か9時まで遊んでる
ファミコンやって　ディスコに行って、
知らない女の子とレンタルのビデオ見てる
こんなんでいいのか解らないけれど
どんなものでも君にかないやしない
あの頃の僕はカルアミルク飲めば赤くなってたよね
今なら仲間とバーボンソーダ飲めるけれど
本当はおいしいと思えない
電話なんかやめてさ
六本木で会おうよ
いますぐおいでよ
仲なおりしたいんだ
もう一度　カルアミルクで
女の子って　か弱いもんね
だから庇ってあげなきゃだめだよ　できるだけ

だけど全然　君にとって
そんな男になれず終まいで　ごめんなさい
がんばってみるよ
優勝できなかったスポーツマンみたいに
ちっちゃな根性身につけたい
ばかげたプライドからもうお互い　抜け出せずにいる
誕生日にくれたねカルアミルク
この前飲んだらなんだか泣けてきちゃったんだよ
電話なんかやめてさ
六本木で会おうよ
いますぐおいでよ
仲なおりしたいんだ
もう一度　カルアミルクで

岡村　素晴らしかったです！

満島　あ、よかったです（笑）。恥ずかしいね、確かに。なんか朗読って、この恥じらいがいいんですよね。ちょっと好きな子に曲作ってしまった恥ずかしい男の子みたいで、面白いんですけどね、はい。

岡村　いや、でもなんかね、今、朗読していただいて、また歌詞の深みを感じました。あ、こんなこと歌ってたんだなって。

満島　岡村さんが歌ってる時に、急に声が潜る時とかぴょんって跳ねる時とかあるじゃないですか。それも私すごく不思議で。あれってこう自分の心に沿ってたらそうなっていくってことですよね。

岡村　自然でしょうね。

満島　そうですよね。いや、すごい自然ですよね。だから曲聴いてて、あ、ここグッときたんだなとか、ＷｏＷｏＷだな、今、みたいな感じとか。

岡村　たまにちゃんと考えなくちゃと思う時もあるんですけどね。でも、考えすぎてる感じが出るのもどうかなと思って……なるべく自然にしてますね。

満島　歌詞から書く時もある？

岡村　非常に稀ですけどね、歌詞から書くこともあるでしょうね。非常に、非常に稀ですけど。

満島　曲のほうからなんですね。すごいですね。体から入るってことですね。

岡村　歌詞は本当に難しいです。やんなっちゃいます。

満島&岡村　（笑）。

体の中が「あっちもやりたい！」と叫ぶ

岡村　年明け（22年）1月に公開される映画『サンダーバード55／ＧＯＧＯ』（※）では、声優のお仕事をされているそうですね。まあ、僕は子どもの頃観ていたので、やっぱり、その頃の印象からどういうふうに変えてくるのかなと思ったんです。そうしたら、当時のファンがどれだけ当時のものを再現できるかみたいな感じでやってらっしゃるんだなあと思って。昔の人形なので、目の動きもそんなにないし、喜怒哀楽もそんなに出さないし、それどころか口もそんなに動かないですよね。

※サンダーバード55／GOGO
『サンダーバード』シリーズは1965年にイギリスで、翌年には日本でも放送が開始された特撮人形劇。本作は、本国でクラウドファンディングによって制作された3話のエピソードを日本公開用に独自に一本化した日本語劇場版。2022年に公開された。

満島　そうですね。

岡村　だから、声優の方はすごく大変だろうなとは観ながら思ってました。ペネロープという、比較的クールな女性の役をやってらっしゃって、「あー！」とか大声出す役じゃないので。だから、まあ大丈夫だとは思うんですけど、お人形が全員喜怒哀楽がないので（笑）。面白いなあと思いながら、不思議な気持ちになりながら観てました。

満島　すごい面白いですよね。あ、そこはしゃべらないんだとか（笑）。

岡村　そう（笑）。そこはじっとしてるんだみたいな。

満島　「これがサンダーバードなんとかで」って、みんなが説明してくれてる時に、「まあ」ってリアクションして、あ、そこ終わりなんだ、とかね（笑）。

岡村　（笑）。キャラに寄り添った声を出されてましたね。

満島　どうなんですかね。他の方もされてましたけど、ペネロープって役は、もともと黒柳徹子（※）さんが声優をしていた役柄っていう印象が強くて、私も以前に徹子さんの役を演じる機会もあったので。

岡村　ＮＨＫ『トットてれび』。

※黒柳徹子
1933年、東京生まれ。俳優、司会者、エッセイスト。『徹子の部屋』は、同一司会者によるトーク番組の最多放送世界記録保持者として、記録更新中。著書『窓ぎわのトットちゃん』は累計800万部を超える戦後最大のベストセラーに。長年ユニセフ親善大使を務めていることでも知られる。2016年には自伝的エッセイが原作のドラマ『トットてれび』がＮＨＫで放送された。

満島　そう。『トットてれび』でなんとなく予備知識はあったんですけれど。私、音楽的な音っていうよりかは、人のしゃべり声の音のマニアなんですけど、徹子さんの話す言葉って、なんだろう？　みんなは人に伝えるために、少し声に何かほんの少しの幕を張ってしゃべってる気がするんですけど、徹子さんは全然張ってなくて、なんかこう「パーン！」と宇宙に星がパンと弾けたみたいに、「こんにちは！」って言う感じの方で、なのにすごく上品で。

岡村　なるほど。

満島　しゃべってる声以上に情報がめちゃくちゃ豊かなんですよ。彼女がそうやってやってきたことを、どうすればいいのか。ただの声だけに閉じ込めるわけにはいかないから、ペネロープから溢れてたキラキラした情景みたいなのを、どうできるかっていうのが一番ネックで。

岡村　うん。ああいうキャラですからね。難しいだろうなとか思いながら。あと、声色？　声も変えてらっしゃった印象です。ペネロープに合わせて。

満島　あと周りの方の素敵声とかにも影響されてますよね、きっと。

岡村「なんとかだね。レディ、ペネロープ」って言ったり、セリフ自体も、最近あんまり聞かないような言い回しだったし。

満島　そうですね。確かにやってて楽しかったかも。「あたくしたち、一緒にお仕事するなら」みたいな。

岡村　面白かったです（笑）。

満島　声の方たちは、めちゃくちゃベテランで、執事のパーカーをやっている井上和彦（※）さんは、『美味しんぼ』の主役をやっていた方だったり。

※井上和彦
1954年、神奈川県生まれ。声優、ナレーター。73年から声優活動を開始、『サイボーグ009』（79年）の主人公・009（島村ジョー）役に選ばれ人気声優となるきっかけに。88年には人気グルメマンガを原作とするアニメ『美味しんぼ』の主人公・山岡士郎役を担当した。

岡村　あ、そうですか。

満島　みんなが知ってる声の声優さんたちばっかりだったので、やり方を教えていただいたりとか。また、アニメーションと違うので、ほとんど顔も人形も動かないので、本当に洋画の吹き替えみたいな気持ちで、たぶん、普通のアニメーションよりはお芝居に近かったんじゃないですかね。

岡村　なんかそんな感じがしました。洋画を観てるようでしたね。

満島　妙な間合いとか、ここ埋めないんだとか、変なシュールさとかがあって（笑）。

岡村　それが味わいになってました。

満島　そうですよね。でも、ちょっとマニアックな仕事、やっぱり面白いなと私は感じちゃいますけど。

岡村　いろんな振り幅があっていいんじゃないですか、満島さんは。マニアックなこともやるし、どまん中のこともやるし、コマーシャルもやるし、舞台もやるし。

満島　最初に俳優業を始めた10年間くらいは、それこそ、他をできるだけ制限して、俳優だけやっていて。じゃないと何がやりたい人なのかわからなくなっちゃうかなと思ってたんですけど、やっぱり体の中が「あっちだこっちだ」とか動き出して、だからどまん中をやったらマニアックやってもいい、みたいな自分の決まりがあって。

岡村　そういうものが、全部血なり肉になるのかもしれませんね。

やっぱり岡村さんは役者に向いてる

満島　お芝居の仕事はしたことないんですか？

岡村　1回やって醜態晒しましたね。

満島　でも、自分が醜態と思ってても、周りには意外と、だったり。

岡村　いやいやいや、もう完全に醜態でしたね。当時フィルムだったんですよ。フィルムって、回すのも大変だし、回しても自分が撮った演技は見られないし、あとで全部アフレコやらされたし、とりあえずもうその時に痛感しました。向いてないっていうのは。

満島　でも、逆に声だけとかだったら、面白そうじゃないですか？

岡村　恥ずいんですよね。

岡村&満島　（笑）。

岡村　お酒飲んでたら、できるかもしれないです。

満島　意外でした。曲とか聴いてると、恥ずかしいことなんて何もないみたいなのに（笑）。

岡村　本当だよね。確かに（笑）。曲聴いてると、この人、何を恥ずかしがる人なんだろうなあ、みたいな曲やってますもんね。

満島　さっきから、あれー？　って思って（笑）。でも、岡村さんの曲を、本気で歌ってって言われたら、自分も結構ドキドキするかも。

岡村　やっぱりね、畑が違うと難しいものですよ、本当に。あと、音楽は自分の伝えたいことを自分で書いて、自分の好きなタイミングで、自分が好きなように演じればいいんです。でも、役者は言われたことを、いろんな立場の人、スポンサーのことを見ながら、演出家を見ながら、監督を見ながら、共演者の体調も見ながらって思うと、大変だわ。朝早いし。

満島　朝早いのが一番嫌なのかな（笑）。

岡村　朝早いし、泣くし。ということですね、それではここで『サンダーバード55／GOGO』のサウンドトラックから1曲お聴きいただきましょう。

満島　ありがとうございます。私は、やっぱり岡村さんは役者に向いてると思っています。

岡村　完全に無理ですけど。満島さんの曲紹介でお願いします。

満島　わかりました。『サンダーバード55／GOGO』サウンドトラックの中から、『サンダーバードの歌』。

♪『サンダーバードの歌』

肩の位置が変わっていて、立ち姿が独特

岡村　じつはですね、今日はね、満島さんと初セッション。ドキドキしますけどもね。さてさて、どんなことになるんでしょうかね、お楽しみください。その前に、満島さんの選曲で、1曲、お届けしましょうか。

満島　本当に岡村さんが台本読んでしゃべってる姿が、もうなんかたまらない（笑）、ラジオなんだなと思いながら。

岡村　（笑）。

満島　選曲した曲は、4人組の歌い踊る男性グループ、INTERSECTION（※）の一人、和馬くん（※）という青年と二人で歌ったものです。彼は曲作りがすごく好きで、アメリカの学校で音楽学科にも通っていて、たまたまの縁で「ひかりさん、一緒に歌いませんか？」って誘ってもらい、

「じゃあ参加してみます」となって。なんでしょう、新たな才能に触れて、結構楽しくて。日本と半分違う国の子なので、書いている日本語の語感に柔らかい違和感があって、その歌詞もメロディも歌ってて心地よかった曲です。

岡村　ふーん。ぜひ聴きたいです。

満島　Kaz feat. Hikari Mitsushima『Drown』。

※INTERSECTION
2018年、『Heart of Gold』でデビュー。日米ハーフの男性4人のメンバーで構成されるグループ。22年3月、無期限活動休止を発表。

※和馬くん
ミッチェル和馬。2000年、アメリカ・ニューヨーク州生まれ。ミュージシャン。INTERSECTIONのメンバーの一人。17年には『メンズ・ノンノ』の専属モデルを務めた。18年からはソロでも活動を開始。19年にハーバード大学に合格し、現在も在学中。21年にKaz feat. Hikari Mitsushimaとして『Drown』をリリース。

♪Kaz feat. Hikari Mitsushima『Drown』

岡村　とっても面白いですね。

満島　かわいい曲ですよね。最後のは友だちと遊んでる時の音らしいです。

岡村　うん、いい曲。音響感も面白かったです。

満島　あ、伝えておきます。すごい喜ぶと思う。

岡村　さて、番組には僕や満島さんへの質問がきてます。何通かご紹介してみましょう。

「沖縄方言が好きなのですが、満島さんにイントネーション指南をしていただいて、岡村さんの話す沖縄方言が聴いてみたいです。できれば、沖縄のおじい・おばあ設定でお願いしたいです」——東京都

満島　ほう！　おじい・おばあ設定！

岡村　沖縄の方言ってまったく僕わからないからなあ。

満島　私が一番好きな方言は、「すーさー」と「すーみー」っていうのが好きなんですけど、すーさーが、やってないよーみたいなふりしてやってる。「すーさーだなぁ」とか言う。すーみーは、見てないよーみたいなふりして見てるっていう（笑）。

岡村　へぇ。面白い。覚えときます。

満島　おじい・おばあ設定か。おじいちゃん、おばあちゃんの言葉って、若者が話す言葉と全然違くて。「ぬーやらばーがー」とか。

岡村　何？　ぬーやるばーがー？

満島　ぬーやらばーがー。あんたはなんなの、みたいな。

岡村　何がなんだか全然わからない。

満島　沖縄の人に「ぬーやらばーがー」って言うと、「ハンバーガー」ってみんな返します。「にへーでーびる」って言うと、「ボディビル」ってみんな言います。なんでだろう、暗号みたいな？（笑）。でも、歌詞とかであるのが、「いったーあんまーまーかいがー」。

岡村 いったー？

満島 いったー、あんまー、まーかいがー。あんたのお母さんどこへ行ったの、っていう。そういう歌があって。あ、あれがいいんじゃないですか。あの、「わーさー、やーのことすきだばーよ」。俺はあんたのことが好きなんだよね、っていう。

岡村 わーさーやーのことすきだばーよ。

満島 わーさーは、私は。

岡村 アクセントは正しいですか？

満島 正しいです、結構。沖縄の女の子は、今、聴いてたら、はぁ、ドキドキ〜ってなってると思います。

岡村 本当ですか？ 沖縄のみなさん、よろしくお願いします。

満島 （笑）。あとは何言うかな。「だー」で、なになにちょっとちょうだいとか。「ぬー」って言うので、何？ 何だっけ？ みたいな。「ぬーがよー」とか。

岡村 へぇー。ぬーがよー。

岡村&満島 （笑）。

岡村 沖縄帰ると、必ず食べるものとかあります？

満島 沖縄帰って食べるのは、ムーチー？

岡村 ムーチー？ もう全然わかんない。

満島 お餅のことなんですけど、月桃（げっとう）っていう長い葉っぱにお餅を包んで、餅の中には紅芋とか黒糖とかを混ぜて、それを蒸して食べるんですよ。そうすると、葉っぱの香りもついて。

岡村 いいですね。

満島 抗菌作用とか、抗炎症作用とかもあるので、それで食べたり。すごい美味しいです。岡村さんは方言まったくないですか？

岡村 僕ね、いろんなとこに住んでたので、九州にもいましたし、関西にもいましたし、新潟にもいましたしね。全部がこう混じってて、全部がちゃんと身体に馴染んでない感じです。

満島 あの、新曲の『ぐーぐーちょきちょき』のジャケットって、あれ、岡村さんですか？

岡村 そうなんです。子どもの時ね、イギリスにいて。

満島 なんか肩の上がり方が今と一緒ですよね。

岡村 本当ですか？

満島 だから、絶対そうだなと思って、違うかな、そうかなと思いながら。肩の位置が変わってるじゃないですか。なんて言ったらいいのかな。立ち姿が独特じゃないですか。

岡村 自分じゃわからないです。

満島 たぶん、子どもの頃から同じ感じです。それで友だちと一緒に、「これ絶対、岡村さんだよね。すごい！ 外国にいたんだ」って言ってたんです。

岡村 うん、ちっちゃい時外国にいたんです。ロンドンのほうに。

満島 あ、ロンドンなんですか？ ロンドンで生まれたんですか？

岡村　違います。生まれたのは別のところで。そうですね、3年ぐらいロンドンにいましたね。
満島　へぇ、面白い。なんかいろいろありますね。
岡村　いろいろあります。じゃ、もう1通くらい読んでみましょうか。

「満島ひかりさんへの質問で、よく自炊をされてると聞きましたが、最近どんな料理を作ってますか。おすすめの料理などありましたら教えてください」――東京都

満島　普通のご飯を（笑）、作ってるから……。
岡村　自炊よくするんですか？
満島　自炊というか、ほとんど毎日ご飯は作ってます。それこそ、マネージャーさんがパソコン作業してる時に、私がご飯を作って、食べながら自分の家で打ち合わせしたりとか。
岡村　ふんふん。お米は必ず炊くんですか？
満島　お米は必ず炊きます。おにぎりを持って行ったりとかするので、土鍋で。
岡村　土鍋、最高ですね。
満島　最高ですよね。開けた時にうわーってなる。自炊、結構されますか？
岡村　します。めちゃめちゃしますね。
満島　料理してるのって、ものを作ってるのと似てるじゃないですか。
岡村　そうですね。似てるし、ストレス解消にもなるし、なんかとってもいいですね。
満島　美味しくできあがった時の達成感とか。
岡村　本当やばいです。いや、最近ね、気づいたの。みなさん、やってない人いますかね。あの、枝豆って、ちゃんと買って茹でると美味しいんですよね。
満島　そうですよ。
岡村　うん。それを最近知った。
満島　しかも、枝豆を茹ですぎた時に、とりあえず豆を全部サヤから外しておいて、ご飯にこうなんかばばばってかけて、昆布とかと混ぜて食べるとそれだけで美味しい。
岡村　あー、よさそうですねー。
満島　あと、梅とか刻んで。もうあるもので、できるだけご飯は作るようにしてますかね。私、トマトとかみょうがとかも味噌汁に入れるんですよ。
岡村　絶対いいと思う。
満島　いいですよね。入れない人、結構いるみたいで。
岡村　いや、僕はトマトはもう定番ですね。
満島　お味噌汁とか入れます？　美味しいですよね、酸味とお味噌が。
岡村　めちゃめちゃ美味しい。
満島　お味噌汁も、余ったら、次の日の朝に雑炊にして。
岡村　いいですね。体にもいいですしね。
満島　そう。どうしてもスタジオとか乾燥したところに行くから、おかゆは水分の量が一番入るらしくて、おかゆとか雑水はたまに作りますね。ぜひ。
岡村　ぜひぜひ、やってみます。じゃあ、そろそろ曲にいってみますか。満島さんの選曲ですかね。

満島　今日は、岡村さんと、男の方と私一応女子なので、男女の声2つラジオにあるということで、男の人と女の人が歌ってる曲がいいなと思って。HIS（※）の『夜空の誓い』です。

岡村　いいですね。いい選曲です。

満島　あ、よかった。

♪HIS『夜空の誓い』

※HIS
細野晴臣、忌野清志郎、坂本冬美の3名で構成された音楽ユニット。ユニット名はメンバーのイニシャルから。1991年6月28日にシングル『夜空の誓い』、7月19日にアルバム『日本の人』をリリース。

役者は大変　役者はすごい　役者はキラキラしてる

岡村　曲を作ってみようということで、たたき台として、僕が歌詞を作ってきたので、それを満島さんと一緒に削ったり、膨らませたり、足したりしながら、ある部分は、ここは歌ってみようっていうふうにして、一つの楽曲が完成するっていうドキュメンタリーを作れたらなと思います。

満島　いや、めっちゃ面白いですこの歌詞（笑）。

岡村　そうですか。ちょっと読んでみますからね。歌詞のテーマは「役者」にしました。で、ここ、ここ、わかるわーっていうとこだけ抜き出してもらって、音楽にできたらなとは思うんですけど。読んでみますね。

朝早く　朝早く　朝早く
まだまっ暗な空を駆け抜け
昨日のセリフを反芻しながら　早足で現場に向かう
犬の気持ち　親との長電話　恋人との膝枕
何が現実で　何が嘘で　何が華で　何が悪で
共演者の優しさ　待ち時間　ロケバスのうしろ側
タバコ臭い監督　日焼けしてる演出家
「今日は泣け」って監督が言った
「今日は走れ」って言う監督
スポンサーが陰から見てる
役者は大変　役者はすごい　役者はキラキラしてる
役者は素材　役者は主役　役者はレッドカーペット
女優は綺麗　嘘を演じながら
その人の人となりがにじんでしまう
女優はすごい

満島　面白い。あー、面白いですね、これ（笑）。

岡村　こういうのを叩き台として作ってきましたが、ここ、ここ面白いわ、ここは広げましょう、ここは削ってみましょう、ってところはどうでしたか？

満島　めっちゃ面白いですね。

岡村　ここの、役者、役者、役者っていうところをサビとしましょうか。

満島　えっと、まず「朝早く　夜遅く　朝早く」のほうがいいかもしれない。

岡村　ああ、なるほど。「夜遅く」ね。そうしてみよう。

満島　全然寝れてない感じがして。でも、「朝早く」が3回続くのも好きだったから、難しいですけど。

岡村　いいです。ばんばん変えていきましょう。

満島　「昨日のセリフを反芻しながら」は、「今日のセリフを反芻しながら」にしたらいいかもしれない。

岡村　確かにそうだよね。昨日のセリフ反芻してどうすんだって話だよね。「早足で現場に向かう」。これは大丈夫ですか？

満島　「早足で現場に遅刻する」とか（笑）。

岡村　ちょっとアブストラクト、雰囲気ものですが、「犬の気持ち　親との長電話　恋人との膝枕」。このあたりいりますか？

満島　「犬の気持ち」、めっちゃウケる（笑）。これどういう意味ですか？

岡村　犬を飼ってるんでしょうね、女優は。

満島　あ、そうなんですね。私、飼ってないけど（笑）。

岡村　出ていったら、私の犬がどんな気持ちになってんだろう？　っていう。

満島　あ、そっち？　そっちね。私、なんか犬の役やってんのかと思った（笑）。犬の気持ちを考えるのかって。OKです。「親との長電話」はすごいわかる。

岡村　あ、本当に？　じゃ、これは採用です。

満島　一番忙しい時ほど、親と長電話しがち。「恋人との膝枕」もいいと思います。

岡村　いい？　じゃあ、この3つはOK。じゃあ次、「何が現実で　何が嘘で　何が華で　何が悪か」で質問です。このあたりはどうですか？

満島　リアルって言ったほうがいいかもしれないですね。なんかリアリティって言葉よく現場で聞く気がする。これ、「共演者の優しさ」の下に下着って消してあります？

岡村　うん。最初は下着にしてたんだけど。

満島　下着がいいんじゃないですか。意外で。

岡村　なんで、「共演者の下着に」って書いたかっていうと、あのー、よくロケバスでこう着替えたりするので。

満島　いや、見ますよ、結構。

岡村　見るからサラッと入れたんだけど、NHK的にどんなんでございます？

満島　大丈夫ですよね？

岡村　じゃあ、「共演者の下着」でいいんですね。

満島　すごくいいと思います。それぐらい仲よくなっちゃうので。「待ち時間　ロケバスのうしろ側」っていうのは、どっちかというと、待ち時間に、すぐ自分の車に入っちゃう人いて。「待ち時間　ボックスカーのうしろ側」がいいんじゃないですか？

岡村　「タバコ臭い監督　日焼けしてる演出家」。これはどうですか？　リアリティある？

満島　いいんじゃないですか。大根さん（※）しか思い浮かばないけど。日焼けしてる演出家ではあるけど、大根さん、優しいからなあ。タバコ臭い監督って、もうほとんどいなくなりましたよね。

※大根さん
大根仁。1968年、東京都生まれ。演出家、映画監督。ADとしてキャリアをスタート。ドラマ版『モテキ』に満島ひかりを起用。初監督映画『モテキ』で第35回日本アカデミー賞話題賞・優秀作品部門を受賞。他に『バクマン。』（15）、『奥田民生になりたいボーイと出会う男すべて狂わせるガール』（17）など多数。

「こうでありたかった」を持ちすぎると、心が苦労します

岡村　じゃあ、ちょっと変えましょう。どんな監督が印象深いですか？
満島　なんだろうな。せっかちな監督はいます、結構。
岡村　じゃあそれでいきましょう。演出家はどんな印象ですか？
満島　みんな違いますよ。人なので、全員違う。演出家だからこういう人っていうのがいないからなー。
岡村　やるなー、この人っていう人います？
満島　それこそ三池崇史（※）監督は、手掛けている本数もすごく多かったりしますし、ご本人も本当にお芝居が上手なので、人によって演出がまるで違うように見えます。その人を見て、演出を変えてるようにお見受けすることがあって、私には斜めうしろからしか演出しなかったです。「満島さん、あとIQを5上げてください」ってだけ本番前に言われて、面白いなーと思いますね。

※三池崇史
1960年、大阪府生まれ。映画監督。専門学校卒業後、今村昌平監督、恩地日出夫監督らに師事。91年にビデオ作品でデビュー。以降、ジャンルを問わず精力的に映画制作を続ける。満島ひかり出演作に『一命』（2011）などがある。

岡村　へぇー。
満島　私がそういうので面白いって思うの知ってて言ってるなと思って。先を先を行かれてる監督だなと。
岡村　なるほど、じゃあ日焼けじゃなくて、なんですかね。人によって全然変えてくるカメレオンのような。
満島　なのかな。日焼けしてる助監督って面白いね（笑）。
岡村　それにする？
満島　眠たそうな演出家とか（笑）。
岡村　眠そうな演出家。えっと、「日焼けしてる助監督眠そうな演出家」。
満島　「眠たそうな演出家」じゃなくて、「眠たそうな脚本家」にすればいいかも。あとに監督出てくるから、いや、坂元さんがご飯を食べに行くと、すっごいあくびするんですよ。人といても、しょっちゅうあくびするから眠いんだなと思って。
岡村　ええー！（笑）。あの緊張であくびする人います？

緊張あくびみたいなの？

満島 いや、緊張してないと思う。

岡村&満島 （笑）。

満島 「今日は泣けって言う監督　今日は走れって言う監督」。

岡村 これはどうですか？

満島 すごくいいです。「泣け」って言うっていうか、台本に書いてあるから、監督もやらざるを得ないんだけどね。

岡村 そうですね。「スポンサーが陰から見てる」っていうのは？

満島 スポンサーってなんだろう？（笑）

岡村 なんかそんな印象なんですよね（笑）。テレビドラマってスポンサーいるでしょう、きっと。

満島 そうなんでしょうね。やってるほうは、意外と監督とかもうみんな仲間としてやってるので、そんなに誰がどうとかもなくて、スポンサーの人とかのことも私たちは考えないで済むんですけど。

岡村 これ、削ってみましょうか。

満島 でも、いいんじゃないですか。面白いから。あんまりリアルじゃなくていいですよね。ちょっと誇張してるぐらいで。

岡村 そっか。「役者は大変　役者はすごい　役者はキラキラしてる」。ここはどうですか？

満島 私、これどういう目線で言ってればいいんですかね。まあ、こういう人もいるよねってこと？

岡村 こうであらねば、っていうところもあるし、体感してる自分の実感もあるだろうし、こうであるべきだっていうこともそうでしょうし。

満島 ふーん。あるべきは持ってないからなぁ。「役者は大変　役者はすごい　役者はキラキラしてる　役者は素材　役者は主役　役者はレッドカーペット」。全部面白いな。

岡村 そのあと、「女優は綺麗　嘘を演じながらその人の人となりがにじんでしまう　女優はすごい」っていうのはどうですか？

満島 でも、まあそんな感じですよね。

岡村 あ、意外と僕、鋭かったのかな。全然その世界は関係ないのに。

満島 なんだろう。でも、笑っちゃうやつ。みんなそれぞれあると思うけど。「素材」っていうの最高に面白いですね。素材だなーって思います。すごい撮るなーと思って、編集されて、素材なんだなって（笑）。

岡村 こんなふうにやったはずなのに、編集で全然違うじゃん！みたいなことはないんですか？

満島 でもカメラマンさんが撮ってる位置とか、照明とか、編集で随分変わるので。たまに、私が見てた目の前にいた役者さんの芝居のほうがよく見えたな、とか思う時もあるけど、いいスタッフに出会えてきたので、ハッとさせられることのほうがいっぱいあります。

岡村 うん、うん。

満島 こんなの撮ってたの？　とか。こういうことになるんだ、とか。現場であんまり理解しすぎていると、仕上がりに不満を持ちがちなので。現場はあんまりわかってないぐらいのほうが、でき上がった時に愛せるし、楽しめるかな、と。年々理解の範囲もわからない範囲も広がって面白いです。最近は、とくに映画とかは、完成しても3年後ぐらいにしか観ないかも。

岡村　本当に？

満島　その時に観るとちょっと頭で観ちゃいそうなので、思い出も風化した頃になってから、その作品を普通に楽しんでいます。私たちの仕事は、どちらかというと現象仕事みたいなものなので。

岡村　現象仕事？

満島　なんか、山を映した、みたいな感じで映ったらいいんじゃないかな。それこそ素材であり、瞬間ですよね。だから、私はこうでありたかったとかをあんまり持ちすぎると、結構心が苦労しますよね。

何をファンタジーってみんなが思っているのか

岡村　なんかね、清楚なイメージのある役者の方に、例えば、殺し屋の役とかスパイとか多重人格で人を殺めるような役柄とか、「全然イメージの違う、そういうふうに全然見えないタイプの役をやったら面白いんじゃないですか？」って言ったら、「やりたくない」って言ってたんですよ。

満島　うんうん。

岡村　あー、そうなんだ。結構、やりたい役とやりたくない役があるんだなって。全然自分と違う役とかやるとゾクゾクするのかなとか思ったんだけど。『ニキータ』（※）じゃないけど、殺し屋とか面白そうだけど、やりたくないんだなって。あとね、体重の増減、すごく体重を増やしてくれみたいな役がくると、やっぱり戻すのがすごく大変みたいで、嫌だっていう人もいましたね。

※『ニキータ』
リュック・ベッソン監督による1990年に公開されたフランス映画。主演のアンヌ・パリローが暗殺者を演じた。

満島　いろんな人としゃべってますね（笑）。

岡村　「8kg増やしてくれ」って言われたらどうします？

満島　増えないから、たぶん。「8kg増えた人を選んだほうがいいかもしれないです」って言うかも。そういうのはあんまり言われたことないです。昔、「どうやっても持ってる人に見えるから、持ってない人に見えてほしい」って言われて、持ってる人ってなんだろう？　とか思って。

岡村　役によって全然体型変えるような人もいるだろうし。

満島　そうね、いろんなタイプがいるからな。

岡村　映画はよく観るんですか？　あんまり観ないですか？

満島　昔はすごく観てました。舞台も、昔は年間50本以上観たこともあったんですけど、最近観てないです。どんどん観なくなってきちゃって、どうしよう（笑）。

岡村　そうですか。

満島　好きな作品は多いですけど、やっぱり自分が好きなものを観ても、みんなと共感しすぎるのが苦手なので。知る人ぞ知る作品を探す傾向がありますね。好きな人が多い作品でもあるんだけど、なんだろう？　例えば、有名なジュゼッペ・トルナトーレ（※）という監督がいるんですけど、彼はイタリアのシチリア島の出身で、自分が生まれたところの物語を結構作ってたりしてて、そういう監督の作品がすごく好きです。エンタメも好きだけど、もっとなんかパーソナルから始まったことをファンタジーで描いてる監督がすごく好きみたいで。

※ジュゼッペ・トルナトーレ
1956年、イタリア・シチリア島生まれ。映画監督。89年に公開された『ニュー・シネマ・パラダイス』は世界中で大ヒットし、アカデミー外国語映画賞、カンヌ国際映画祭審査員特別グランプリを受賞した。

岡村　ふーん。

満島　だから、それこそ『愛の不時着』（※）とかの話になると、もう頭がどんどんチーンとしてきて、どうしよう？　どうしよう？　みたいな。作品が悪いわけじゃなく、みんなが同時に歓喜している話題にソワソワして、お手洗いに行ったりとか、なんかどっか行っちゃうかも。

岡村　なるほど（笑）。

満島　わりとなんだろう、ちょっと抽象的な世界のほうが好きで。

岡村　あれは？　『パシフィック・リム』の監督（※）の半魚人と恋するやつ、『シェイプ・オブ・ウォーター』でしたっけ？

※『愛の不時着』
2019〜20年にかけて、韓国で放送されたテレビドラマ。のちにNetflixにて世界190ヵ国で配信され、日本でも話題に。

※『パシフィック・リム』の監督
ギレルモ・デル・トロ。1964年、メキシコ・ハリスコ州生まれ。93年、長編映画監督デビュー作『クロノス』で、カンヌ国際映画祭の批評家週間グランプリに選ばれ注目を集める。以降も『パシフィック・リム』などSF作品を多く手掛け、『シェイプ・オブ・ウォーター』（2017）ではアカデミー賞で作品賞・監督賞を含む4部門を受賞した。

満島　観てないです。

岡村　それ、すごく面白かったです。

満島　え、観てみよう。会った面白い人が「面白いよ」って言ったものを観るようにしてます。

岡村　おすすめです、それは。ぜひ観てみてください。

満島　自分にヒットするのがどういうものかわからないから、たまに観てはハッとなります。

岡村　ファンタジー色のあるものは好きですか？

満島　好きです。でも、うーん、何をファンタジーって言うのか。みんな思ってるファンタジーが違いますもんね。

いたのを思い出しました。

共通の言語ってあるようでじつはなくて、最近また、みんな違う、どうしよう？　って、そこにちょっとぶつかっていたのを思い出しました。

岡村　ふーん。

満島　言葉一つしゃべるのも、今は簡単にしゃべってますけど、え、これ合ってんの？　とか、これ同じ話してんのかな？　とか。ありますか？

岡村　ありますけど。僕、飲酒するので。お酒を飲むので、まぁいいかなと思うことが多くて。飲まないとやっぱり突き詰めちゃうんですけど、飲むことによって、うーん、まあああまああ、うーん、まあまああまあみたいな。

満島　私も全然飲まなくても、ほとんどよしよし、とかは思いますけど、パーソナルな話になった時に、「そうですね。ファンタジー好きですね」って言う、そのファンタジーって、みんなのファンタジーなのかな？　って。

岡村　定義もね。広いですしね。

満島　そうですね。ちょっと空想的なのは好きなのと、あと、それこそヨーロッパの時代ものに惹かれます。

岡村　あ、そうですか。

満島　はい。なんかゾワゾワします。イギリスの昔の庭とか見ると、泣けてきたりとか、寒気がしたりする。

岡村　なんか、血に入ってるのかも。理屈抜きに好きなんでしょう？

満島　はい。ずっとなんか懐かしいっていうか、コルセットを巻いてる姿とか見てると、はわわわ……ってなります、観てて。ルキノ・ヴィスコンティ（※）の映画とか、20代前半はすごいゾワゾワしながら観てました。『12人の怒れる男』とかを撮ったニキータ・ミハルコフ（※）というロシアの監督の、女性が出てくる話とか、うおお！　ってなります。

岡村　えー。観てみます、観てみます。

満島　この方の映画は、男がかっこいい。なんかいい男が出てくる。女にとって、いい男なのかもしれないけど。

※ルキノ・ヴィスコンティ
1906年イタリア・ミラノ生まれ、76年没。映画監督。43年に『郵便配達は二度ベルを鳴らす』で映画監督としてデビュー。63年、『山猫』でカンヌ国際映画祭パルム・ドールを受賞。数多くの名作を残した。

※ニキータ・ミハルコフ
1945年、ソ連（当時）・モスクワ生まれ。77年に撮ったチェーホフ原作の『機械じかけのピアノのための未完成の戯曲』が話題に。2007年にはアメリカのドラマ・映画作品『12人の怒れる男』を現代のロシアに置き換えてリメイクした。

素晴らしすぎて笑っちゃった

岡村　リズムあったほうがいいですか。それともなんかピアノで1本みたいなほうがいいですか。

満島　あ、ごめんなさい。一番最後の「女優はすごい」じゃなくて、「女優はどこでも寝ちゃう」って変えてください。
岡村　確かにそうだよね。どこでも寝ちゃう。
満島　はい、どこでも寝れる。「スポンサーが陰から見てる」ってなんか『名探偵コナン』（※）みたいでいいですね。

※『名探偵コナン』
1994年から長期連載が続く青山剛昌のマンガ作品。少年化させられた高校生探偵・工藤新一が江戸川コナンと名乗り、事件を解決していく推理マンガ。コミックの他、テレビアニメ、劇場アニメなど、さまざまなメディアで展開されている。

岡村　あと曲調、明るい感じなのかちょっと悲しい感じなのか。
満島　でもツンツクツンっていうリズムもよかったですよね。もしかして、ここにあるの全部自分の楽器ですか？
岡村　そうです。じゃあね、いろいろ試してみてください。なんでもいいですよ。悲しい感じとか、明るい感じとか、ピアノでやってほしいとか、リクエストしてくれたら。（ピアノを弾きながら）悲しい感じか。
満島　すごいな。
岡村　この歌詞のイメージはどうですかね？
満島　なんかハリボテで作られたイタリアの海みたいな感じがいいです、イメージ。ハリボテのイタリアの海。
岡村　まず、ちょっと曲調を決めてもらって、それに合わせてポエトリーリーディングをしてもらって、ここはメロディにいこうっていうところは、メロディにしてもらって。
満島　そんなすぐ曲って……、まあ、でもね。
岡村　まあまあまあ。イメージさえあれば。
満島　なんかこう……ずっと歩いてるだけがいいです。映像で言うと、歩いて始まって歩いて終わっていくだけ。その中で景色だけが変わっていって、雨になったり、風が吹いたり、太陽が出たり。しかも、それがロケじゃなくて、ロケに行くお金がなくて、書き割りに絵を描いたスタッフが横で一生懸命ついてきながら、特殊効果の人が雨を降らして、風を吹かせて、葉っぱ投げてみたいな。
岡村　あ、いいじゃない。いいですね。
満島　そういう世界でも、本人はイタリア映画みたいに、こうなんか結構いい感じの女優みたいな格好をして。
岡村　その映像のイメージがとってもいい感じ。
満島　こう足音を立てないで、頑張って急いでるスタッフとか、そういう感じがいいな。本人は歩いてて、花束とか持ってて、あげたい人に持っていけるか、いけないか躊躇してて、まあいろんな思いがあるんですよ。ちょっと空を見上げて、晴れてきた時に、よし、行けると思ったけど、だんだん雨になってきて、やっぱ行けないかもって、涙が流れてきて、いや、でも行ける。みたいな。
岡村　歩いてる感じは、さっきのリズムみたいなので出してもいいかも。
（リズムが流れる）
満島　うん、いいですね。リズムがあって、そこにピアノで、太陽とか雨とか、風が（ピアノの音が加わる）。リズムの取り方、変わってますね。びっくりしちゃった。足の動きが音と全然違ってた、今。

岡村　あとね。そこにカリンバあるじゃないですか。なんであるかっていうと、適当に弾いてみてください。

満島　（カリンバを弾く）あ、こういうこと？

岡村　こういうセッションもできますよっていう。

岡村　「役者は大変」っていうところ、メロディを決めましょうか。なんかその……曲調的にはどうですか。明るい感じか、悲しい感じか。どっちが近いですか？　もしもメジャー系だったらね、こういうふうに歌って（メジャーで歌う）。

満島　すごい。

岡村　で、もしも悲しい感じだったら、こう（悲しい感じで歌う）。

満島　すごいね、笑っちゃダメなんですけど（笑）。

岡村　いや、笑っていいのよ、笑っていいのよ。最終的には、今日聴いてる人たちにも笑ってもらうから。いいんだけど。

満島　素晴らしすぎて笑っちゃった（笑）。

岡村　どっちが近いですか？

満島　私、これ歌えないよ。私じゃなくて、岡村さんが歌ったほうがいいと思う。

岡村　いやいやいや、歌ってもらいますよ、それは。

満島　えっと、どうしよう。これ、私歌うの？　これ、私歌えるのかな。本当に歌うのこれ。いやー、結構大変じゃない逆に（笑）。

岡村　全然、僕が歌ってもいいですけど、一緒に歌ってもいいし。

満島　どうしよう。ちょっと待って、ハードルが高い。今ちょっと待って、一瞬頭が……。

岡村　「役者」っていう言葉が引っかかるんだったら、「私」にしてもいいですよ。

満島　もっと嫌です（笑）。

岡村　（笑）。

満島　いつも役者を大変だと思ってないから、自分のことみたいになっちゃうから、ドキドキしちゃうので、人のことみたいになるといいなって思うんだけど。やりますってなった時に、あ、やべどうしようっていう時があって。

岡村　じゃあ、1回、ポエトリーリーディングのほう、「朝早く 夜遅く」っていうところからやってみましょうか。

満島　はい。

朝早く　夜遅く　朝早く
まだまっ暗な空を
今日のセリフを反芻しながら早足で　現場に遅刻する
犬の気持ち　親との長電話　恋人との膝枕
何がリアルで　何が嘘で　何が華で　何が悪か
共演者の下着　待ち時間　ボックスカーのうしろ側
日焼けしてる助監督　眠そうな脚本家
「今日は泣け」って言う監督
「今日は走れ」って言う監督
スポンサーが陰から見てる

♪役者は大変　役者はすごい　役者はキラキラしてる

役者は素材　役者は主役　役者はレッドカーペット
女優は綺麗　嘘を演じながら
その人の人となりがにじんでしまう
女優はどこでも寝れる

ぬいぐるみ的な要素が強い。柔らかい、癒やしキャラ

岡村　1回目ですごい完成度じゃない？　これでいい。もうこれ以上できない、これ以上できない。

満島　これでいいです。

岡村　最後、かわいく「どこでも寝れる」ってメてるとこがかわいらしくて、とっても。

満島　意外と面白い（笑）。いやさっき、岡村さんが急に歌い出した時に、えっ？　と思って。やっぱり、さすがですね。どうにかなりますね。

岡村　いやー、素晴らしかったです、拍手ものでした。

（拍手）

満島　もう笑ってやってください。ていうか、すごいですね、曲が。でも、これもしかしたら、仕上げたら、いい曲になるかもしれないですね、すごい（笑）。そんな感じする。

岡村　今回はね、本当に満島さんにお越しいただいて、ありがとうございました。もともと持ってきたものを、満島さんに修正してもらって、二人で練り上げてできましたね。

満島　できましたねー。個人的には、「犬の気持ち」っていうのが、すごい、そこに飛ぶんだーと思って、結構好きですね。ありがとうございました。

岡村　楽しかったです。

満島　よかったです。私もずっとすごい緊張してて、あの「岡村ちゃんラブ♥」みたいな方が周りにも多いので、どうしよう……。私なんか粗相したらどうしようかしら、みたいな。

岡村　いえ、いえ。

満島　緊張はしてたんですけれど、楽しかったです。

岡村　僕もすごい楽しかったです。

満島　やっぱり、言葉って面白いなと思って。なんだろう。ラジオはとくに耳だけの情報なので、なんか話しながら、「岡村さんってこうですよね」とか言ってると、なんか占い師みたい（笑）。不思議な仕事ですよね、なんか。

岡村　占いとか信じるタイプですか？

満島　育ったのが沖縄だったので、熱が出ると病院じゃなくてユタ神様に連れていかれるとか、そういうのが普通に生活の中にあって、だから意外とスピリチュアルなことがリアリティと同じレベルで……。

岡村　自然に？

満島　自然に育ってきちゃって、だから、信じる、信じないっていうよりは、こう片方の面みたいな感じで。

岡村　大事なことがあったり困ったりすると、神様、助けてくれーって思います？

満島　いや、思わないかな。困ったりすると、困ったことを分析し始めます、自分で。ちょっと時間とって解体して、これがあってこれがあったから、これとこれが組み合わさっ

たから困って、じゃあ、これとこれ離すと困らない、とか。

岡村　理論的なんですね。

満島　頭でっていうよりかは、数式みたいにして、宇宙の仕組みみたいに、あ、これとこれが出会ったら、こういう気持ちに、ああ、なっちゃうねーとか。

岡村　なるほどー。

満島　そういう、面白がるっていうか、自分を（笑）。

岡村　今回は満島さんのね、豊かさが出た番組になったと思います。とっても楽しかったです。

満島　私、ずっと岡村さんの白のスニーカーが眩しくて。やっぱりスニーカーなんだと思って嬉しくて。いつでも踊れるみたいな。

岡村　本当ですか（笑）。意外とスニーカーなんです。

満島　曲とか、印象だけだと、サイケデリックなイメージがやっぱり強いじゃないですか、岡村さんって。なんか、もうちょっとぬいぐるみ的な要素が強い。言い方が悪いけど、柔らかい、癒やしキャラなんですね。

岡村　癒やしキャラですか、僕？　本当に？　よかったです（笑）。

満島　ふわっとしたオーラが。やっぱり鑑定みたいになってるけど（笑）。すごくよかったです。

岡村　ありがたいですね。いやー、最高に楽しかったです。

満島　すみません、なんか（笑）。

岡村　あと、やっぱりさすがだなと思いました。すごくなかったですか？　あのスイッチ入った感じ。

満島　その前にリハーサルで岡村さんが歌い始めた時に、私は、うわっ、すごいスイッチ入ったと思って。

岡村　本当ですか。僕プロですからね、別に全然あんなの普通です。

満島　かっこいい！（笑）

岡村　（笑）。本当にありがとうございました。またぜひどこかで会えたらなと思います。

満島　よろしくお願いします。

岡村　それでは、今日の成果をトリートメントしておきますから、曲の完成を楽しみにしていてください。今回のゲストは、満島ひかりさんでした。

満島　ありがとうございました！

岡村　満島さん素敵でしたね。初めてお会いしましたが、いろんな映画やドラマを見ての印象、少女のような部分のままだったり、凛としてたり、ユーモアがあったり、いろんな面がありましたけども、そんな魅力を感じました。本当にあのアドリブ性、さすが俳優だな、と感心しきり、そして華もありね、いろんな魅力を感じました。聴いていて、音に溢れた彼女の魅力があるな、そう思います。あれ、アドリブ、アドリブですからね。すごいなと思って、尊敬の念を抱いちゃったりしました（笑）。

いいスタジオを用意してもらって、初対面という緊張感もありつつの収録でしたけど、僕は「役者」というテーマで歌詞を書いてきて、ピアノを弾きながら、どういう

メロディにするかを満島さんとキャッチボールしながら曲を作っていきましたが、結果的にすごくいい作品になったと思います。

満島さんは自分のやりたいこと、やりたくないこと、得意なことに対する意識をハッキリと持っていらして、そこがすごいなと。まったくブレがなくて、人によっては怖気づいてしまうくらい強い人なので、こっちも「S負け」しちゃいけないと。僕は全然Sタイプじゃないですが、曲を完成させて進行しなきゃいけないので、番組のために「S勝ち」しにいきました（笑）。

岡村靖幸のカモンエブリバディ

BONUS TRACK

小林克也さんに
ラジオと音楽についてお聞きします

書籍のみのボーナストラックとして、
小林克也さんをゲストにお迎えしました。
「（ラジオとは）広く言えば、コミュニケーションですよね。
音楽が流れるだけでも、
それをかけている人間のことがわかるじゃないですか。
（中略）対話の場なんですよね。
ラジオは生ものなので、人間同士ばかりじゃなく、
時代の流れの中でのコミュニケーションがあった」

BONUS

小林克也（こばやし・かつや）

1941年、広島県生まれ。大学在学中から司会などの活動を開始。以降テレビやラジオのパーソナリティー、DJ、俳優など幅広く活躍。小林克也＆ザ・ナンバーワン・バンドを結成しアーティストとしても活動する。81年から始まった『ベストヒットUSA』は中断期間もあったが現在も放送中。他に、FM NACK5『FUNKY FRIDAY』などにも出演中。

ラジオ人生を歩む、大先輩に聞く

岡村　だいぶ前にゲストに呼んでいただきましたよね。

小林　僕の番組（『McDonald's SOUND IN MY LIFE』）にゲストとして来ていただいて。

岡村　ちょうど10年前（２０１３年12月14日）くらいになりますかね。

小林　やっぱり曲を聴いて、この人はどういう人なんだろうと考えたりすることが癖になっているんですが、岡村さんは、自分を基準にして考える人だから、僕と同じものを持ってはいる人なんだけど、すごく違うよね。というところから入って、インタビューさせてもらって。いろいろ失礼な質問をしたかもしれない。

岡村　いやいや（笑）、そんなことないです。

小林　僕は古くから洋楽を聴いて、その度に影響を受けたりしていたから、歳を取ってくると歴史の中でこういう人いたなとかシミュレーションをもとに音楽を作っている人について考えるようになってくるんですね。例えば、プリンス（※）は80年代に出てくるわけですよね。結構、みんなが言うんですよ。「なんか、岡村ちゃんって日本版プリンスじゃない？」とか。でも、僕は「いやいや、違う違う」と。プリンスと岡村さんはセクシャルなところは同じような方向に行ってるんだけど、音楽のコードを見てみると違う。プリンスの場合はワンコードの人だから、繰り返しでいい気持ちになったり、違う色になったりする音楽じゃないですか。

岡村　ふんふん。

小林　岡村さんの場合は、いきなり音がこう飛んだりするから。もう根本的に違うじゃないですか。よく聴いてみると、こういうところは全然違いますよ、というようなことをリスナーになんとなく伝える、みたいな内容だった気がします。

※プリンス
１９５８年、アメリカ・ミネソタ州生まれ、２０１６年没。１９７８年に『フォー・ユー』でデビュー、82年の『１９９９』が世界的大ヒットに。以降、アルバム累計１億枚以上のセールスを記録し、全世界のアーティストや音楽ファンに影響を与え続ける存在に。

岡村　プリンスの話で言うと、やっぱり小林さんのね、『ベストヒットＵＳＡ』（※）。1位になったプリンスの曲に対して、小林さんがどういうふうに解説したのかを、すごく覚えてます。とくに記憶に残っているのが、『Batdance』っていう曲が急にバンって1位になった時のことで、なんかすごく実験的な曲だったんですよね。

※ベストヒットＵＳＡ
独自のヒットチャートを紹介する番組。１９８１年から89年にテレビ朝日他で放送され、93年ラジオでの再開、ＣＳ局などを経て、２００３年にＢＳ朝日他で放送を再開した。司会は第１回から一貫して小林克也が

務めている。

小林　うん、そうそう。映画のセリフをコラージュしてね。

岡村　こうバツバツバツって切って。それで、見事なプロモーションビデオができてて。初登場1位だったのかな。で、その時に小林さんが、「すごい実験的な曲でございます。でも1位でございます」というようなことをおっしゃられてて。そんなことを覚えてますね。

小林　ああ、そうでしたか。

岡村　プリンスの『KISS』っていう曲が1位になった時に小林さんが何を言ったかもすごく覚えてるし。

小林　あれは衝撃的だったでしょ？

岡村　衝撃的でしたね！

小林　もうノーリバーブで。

岡村　あとは、僕が小学生の時、小林さんの『Pop in Pops』っていう文化放送の番組があって、よく聴いてましたね。その頃、小林さんがかけてたのはリタ・クーリッジ（※）とか。

小林　はいはい、好きなんです（笑）。

岡村　オールマン・ブラザーズ・バンド（※）とかもかけてらっしゃいましたね。その関連だと『ミッドナイト・ライダー』を歌ったグレッグ・オールマンのソロアルバム、『レイド・バック』でしたっけ。それをかけたりとか。『Pop in Pops』の頃から、既にもう『スネークマンショー』（→p・105）っぽい、小洒落たことをしゃべる、解説する、音楽をかける。そんな記憶があります。リアルタイムで聴いていたので、詳しくは思い出せないですが。

※リタ・クーリッジ
1945年、アメリカ・テネシー州生まれ。女性シンガー。71年にソロ作『リタ・クーリッジ』でアルバム・デビュー。姉のプリシラ、姪のローラ・サッターフィールドとともにWALELAでも活動。

※オールマン・ブラザーズ・バンド
兄デュアンと弟グレッグを中心としたアメリカのロックバンド。1971年リリースの『フィルモア・イースト・ライヴ』がヒットし人気に。同年秋のデュアンの事故死以降、メンバーチェンジを重ねながら活動を継続。以降、解散と再結成を繰り返した。

小林　79年ぐらいですか。

岡村　『スネークマンショー』の前ですかね。

小林　いや、同時くらいかなあ。正確に言うと、ラジオ『スネークマンショー』が始まったのは、76年春だから。

岡村　あっちのほうが前なんですね。

小林　僕はテレビなんてない時代に生まれたから、ラジオがおもちゃだったから、ラジオに流れる音声を同時に真似する子どもだったんです。占領下の日本って、いろんな放送が聴こえるんですよ。今の時代では考えられないけれど、韓国語、中国語、英語の放送もあったし、ラジオモスクワとかもあった。中学の頃は短波（放送）を聴いてて、最終的には音楽番組に夢中になるわけですよ。
岡村　ふんふん。
小林　だから、アメリカのラジオというものにのめり込んで、こんな楽しいことはないとなってしまった。アメリカの価値観だと、みんながよく知ってる曲なら、アーティスト名と曲名を最初に伝える必要はないんです。自分がそれを紹介したら、どういうふうに曲が生きるか。ひょっとしたら他とは違うように聴こえるかもしれない。どう音楽と組み合わせるか。それがＤＪの術であり、ラジオの面白みなんですよね。
岡村　僕がやっていた番組は、そもそも音楽をかける場面が少なかったので、『スネークマンショー』とか、小林さんがやっていたような音楽としゃべることと、そこで生まれるドラマみたいなことで掘り起こす一つひとつの作品みたいな感じではなかったんです。
小林　岡村さんは、音楽を作ってパフォーマンスをする人だから、もともとそういう要素を持っているから、どう紹介するかは考えなくてもいいんですよ。でも僕らはそれがないから、どうやって人の音楽を自分なりに紹介していくかを考える必要がある。それと、岡村さんのいる世界にももちろんあるとは思いますけど、僕らの世界はその上で競争があるから。だから、「俺は自分のやりたいようにやるぞ」と言ってやってきたけどね。もともと僕は、劣等感がすごくあるんですよ。広島の人間だから、東京に住むようになってても、「お前、なまってるよ」ってずっと言われてきたから。
岡村　そうですか。
小林　あとね、英語を覚えるのにね、めちゃくちゃ英語に入る練習するんですよ。例えば、『イソップ物語』なんてあるじゃないですか、それを英語で音読するんです。最初はそんなことやってたんだけど、例えば、それをプレスリー（※）が読んだらどういうふうになるかなとかをやったりして、それで遊びで英語を覚えたんで。

※プレスリー
エルヴィス・プレスリー。１９３５年アメリカ・ミシシッピ州生まれ、77年没。54年にデビュー後、56年に『ハートブレイク・ホテル』で人気に。その後もヒットが続き、ロカビリー、ロックンロールの代名詞に。60年代には俳優としても活躍した。

岡村　えっ！　あれ独学なんですか!?
小林　そうそうそう。歌や映画、そういう物語みたいなもので覚えました。
岡村　すごい！
小林　いざ英語をしゃべる時にね、ちょっと邪魔するんですよ。広島弁が。
岡村　（笑）。
小林　本当に。今でもそれは抜けないんですけどね。自分の番組（『Music Machine GO! GO! ☆』）で、「人物伝」という朗読をやっていますが、２パートに分けて、２分である人物の秘話を話すんです。でも、最後まで、人物名は明かさないんですよ。物語を聴いて、誰だろう誰だろうと思わせて、例えば、侍ジャパンの監督の栗山英樹の物語だったら、「頑張れ、栗山英樹！」と言って、独特の雰囲気にさせた直後に曲をかけるんです。その曲を選ぶのがまた大変なんですけど、それが楽しみなんですよね。

岡村　うんうん。

小林　これは、僕のオリジナルのスタイルじゃなくて、昔、アメリカのラジオであったんですよ。ユーモアがあって、コントやってもいいし、涙が出そうなものもあったりするんです。そうすると、逆に演歌のバラードとか、すごく泥臭いのが似合ったりすることもある。リスナーは、耳で聴きながら、いろんなことを想像するから。

岡村　そうですね。相乗効果になりますよね。

小林　ウルフマン・ジャック(※)というＤＪがいて、例えば、自分は軍人と偽って、放送局から近くのマクドナルドに電話して、「今そこで注文したら、ビッグマック何個ぐらいすぐ作れんの?」「10個です」「いや、それぐらいじゃなくて、こっちは兵隊だからいっぱいいるんだよ。１０００個作れるか?」とか言うんですよ。「１０００個なんてとんでもない」「じゃあ、何個作れるの」「10個いや、１００個……」「すぐ、至急持ってきてくれ！」とかって、いたずら電話っぽいジョークをやるんです。

※ウルフマン・ジャック
１９３８年アメリカ・ニューヨーク州生まれ、95年没。ラジオパーソナリティ。70〜86年にかけて米軍放送網のために音楽とコントの番組『ウルフマン・ジャック・ショー』を制作、多くの国で放送された。

岡村　（笑）。

小林　そうすると、電話を切ったあとにリスナーは不思議な気持ちになる。そういう特別な気持ちにさせたところへ、ドンと合う曲をぶつけてくるんですよ。

岡村　ふんふん。

小林　70年代の初めにウルフマン・ジャックが来日した時に仕事をして、彼が「俺のスタイルを知ってるか？　俺は聴いてる人間の心に劇場を作ってるんだ」って言うんですよ。だから、音楽やいろんなものが流れてくる。

岡村　ウルフマン・ジャックといえば、映画『アメリカン・グラフィティ』（※）を思い出すじゃないですか。

※アメリカン・グラフィティ
１９７３年に公開されたジョージ・ルーカス監督によるアメリカの映画。４人の若者たちが過ごす一夜をロックンロールの名曲の数々に乗せて描いた群像劇。劇中、ウルフマン・ジャックが本人役で登場する。

小林　はいはい。70年代の作品ですね。

岡村　『アメリカ・グラフィティ』って、サントラがヒットしたじゃないですか。

小林　大ヒットしましたね。

岡村　あの中に、50年代のヒット曲がたくさん入っていて。ポール・アンカ（※）とかニール・セダカ（※）みたいなフィフティーズの曲は好きでしたか？

※ポール・アンカ
1941年、カナダ・オンタリオ州生まれ。シンガーソングライター。代表曲には『ダイアナ』など多数のミリオン・ヒットがある。フランク・シナトラの大ヒット曲『マイ・ウェイ』の作曲も担当。

※ニール・セダカ
1939年、アメリカ・ニューヨーク州生まれ。シンガーソングライター。58年にソロデビュー、同年リリースの『恋の日記』のヒットで人気に。

小林　好きですよ。ただ、僕の場合は50年代ってティーン・エイジャーだったじゃないですか。だから、あの中でも、例えばプレスリーにはやられるわけですよ。だけど、ニール・セダカとかは軟弱でちょっと、みたいな……。

岡村　（笑）。『カレンダー・ガール』とかね。

小林　ポール・アンカはスレスレ。

岡村&小林　（笑）。

小林　だから、エディ・コクラン（※）とかね、バディ・ホリー（※）とか、ああいうのはいいんですよ。

※エディ・コクラン
1938年アメリカ・ミネソタ州生まれ、60年没。54年にカントリー・グループ、コクラン・ブラザーズを結成。56年に解散後は映画に出演。翌年、ソロ・レコード・デビュー。代表作に『バルコニーにすわって』『サマータイム・ブルース』がある。

※バディ・ホリー
1936年アメリカ・テキサス州生まれ、59年没。カントリー・デュオを結成するも、ロックに転向。56年にレコード・デビューし、翌年にはバンド、クリケッツを結成。59年事故死。代表曲に『ペギー・スー』『ザッツ・ビー・ザ・デイ』などがある。

岡村　なるほど。

小林　すごい好みがわかるでしょ。10代の頃は、例えば（ジョン・）レノン（↓P・32）は好きだけど、ポール（・マッカートニー）はちょっと……みたいな。

岡村　ありますね。うちの母親はね、とりあえず何にしろ、アンディ・ウィリアムス（※）が好きだったんです。

小林　へぇ。

岡村　で、うちでアンディ・ウィリアムスとトム・ジョーンズ（※）がよく流れてたんですよね（笑）。

※アンディ・ウィリアムス
1927年アメリカ・アイオワ州生まれ、2012年没。兄たちとウィリアムス・ブラザーズで活動後、ソロに。日本でも放送された『アンディ・ウィリアムス・ショー』で人気に。代表曲に『ムーン・リヴァー』など。

※トム・ジョーンズ
1940年、イギリス・南ウェールズ生まれ。64年にソロデビューした翌年、『よくあることさ』が全英1位、全米トップ10入りの大ブレイク。以後ヒット作を連発し、同時代のトップ・シンガーの一人に。

小林　それは、今の自分の感性に何か……？

岡村　いやいや、意外と残ってないんですけど（笑）、ただすごい家で流れてはいました。

小林　あの、イギー・ポップ（※）っているでしょ。

岡村　はい。

小林　イギー・ポップは、家がなくて、モバイルホームで暮らしてて。

岡村　はいはい。

小林　で、親父が無類のフランク・シナトラ（※）好きで、シナトラの曲を全部歌えるって。

※イギー・ポップ
1947年、アメリカ・ミシガン州生まれ。パンク、ニューウェーブの先駆けとなったバンド、ザ・ストゥージズの中心的存在。69年に『イギー・ポップ・アンド・ストゥージズ』でデビュー。74年にバンド解散後、ソロで活動。2003年に再結成した。

※フランク・シナトラ
1915年アメリカ・ニュージャージー州生まれ、98年没。ジャズ、ポピュラーシンガー。20世紀を代表するエンターテイナーの一人。代表曲に『マイ・ウェイ』がある。40年代以降は、映画界でも活躍した。

岡村　えーっ！　イギー・ポップが（笑）。

小林　いつも、お父さんと一緒だったから。

岡村　そうかそうか。

小林　だから、最近シャンソンみたいなことをやったり。

岡村　そうなんですか。

小林　『枯葉』をやったりね。

岡村　そういうこともやってるんですか。へー、面白い。

小林　フランス語で歌って、本当はバリトンなんだよ。

岡村　（笑）。それは面白いエピソードですね。

小林　面白いですよね。

岡村　あと、あのあたりどう思ってました？　ヴェルヴェット・アンダーグラウンド（※）とか。

※ヴェルヴェット・アンダーグラウンド
〝ヴェルヴェッツ〟の略称で知られるアメリカのロックバンド。1964年、ルー・リードを中心に結成。67年に『ヴェルヴェット・アンダーグラウンド・アンド・ニコ』でデビュー。73年に解散するも90年に再結成。後進のアーティストに多大な影響を与えた。

小林　僕は好きですよ。

岡村　本当ですか。

小林　ええ。結構実験的なことをやってたし、ルー・リードも好きでしたね。まだヒップホップが登場していない時代に、しゃべったほうがいいような歌い方をしたり。

岡村　そうですね。トーキング・ポエトリーみたいな。ちなみに、10ccとかゴドレイ&クレーム（※）はどう思ってます？

※10ccとかゴドレイ&クレーム
10ccはイギリス・マンチェスター出身のバンド。1972年のデビュー・シングル『ドナ』で全英2位、翌年の『ラバー・ブレッツ』が同1位を獲得。75年の『オリジナル・サウンドトラック』からは彼らの代表曲となる『アイム・ノット・イン・ラヴ』が全英1位、全米2位を記録。のちに脱退したケヴィン・ゴドレイとロル・クレームによりゴドレイ&クレームが結成された。

小林　あー、大好きです。

岡村　好きでしたか。

小林　何が好きだったのかっていうのは、『Cry』ってあったじゃないですか。

岡村　よかったですよね。あ！　そうそう、あれもやっぱり小林さんの『ベストヒットUSA』で知りました。

小林　あれなんか、大好きですよ。

岡村　うん。すごく印象に残ってます。今にして思うと『ベストヒットUSA』は、ゲストが来て小林さんが彼らにインタビューしたり、チャートを紹介したり、それに対してコメントして、というスタイルは、デイヴィッド・レターマン（※）のショーみたいな、ああいう海外のバラエティショー的なムードもありましたよね。

※デイヴィッド・レターマン
1947年、アメリカ・インディアナ州生まれ。司会者、コメディアン。長らく人気トーク番組『レイト・ショー・ウィズ・デイヴィッド・レターマン』（93〜2015）の司会を務めた。近年はNetflixの番組に出演。

小林　あー、それはそうでしょうね。ゲストで来るアーティストが、そういう雰囲気を作りたがるんです。

岡村　ああ（笑）。

小林　そういうゲストが結構いました。例えば、困ったのは、彼らが冗談を言ってわからなくする場合もあるんですよ。シンディ・ローパー（※）なんて、完璧にそれ狙うんです。茶化して、そういう雰囲気に持ってく。

※シンディ・ローパー
1953年、アメリカ・ニューヨーク州生まれ。バンド活動を経て、83年にアルバム『シーズ・ソー・アンユージュアル』でソロデビュー。以来『タイム・アフター・タイム』などトップ10ヒットを連発。俳優としても活躍し、多くの賞を獲得。親日家でもある。

岡村　僕は、『ベストヒットUSA』を見てすごくショック受けたし、ネットがない時代だから、もう本当に集中して見てましたね。「MTV」がすごい勢いだったこともあって、マイケル・ジャクソン（※）の『スリラー』とか、プリンスの『When Doves Cry（ビートに抱かれて）』とか、デュラン・デュラン（※）とか。それこそゴドレイ&クレームの一連の作品とか、もうMVで面白いものがボンボンと出始めて。音楽も面白いし、ビデオも面白いし、それを上手に紹介してくれるし、もうたまらなく好きでしたよね。

※マイケル・ジャクソン
1958年アメリカ・インディアナ州生まれ、2009年没。1966年、4人の兄たちと結成したジャクソン5のボーカルとしてデビュー。〝キング・オブ・ポップ〟と称され、82年に発表したアルバム『スリラー』は、史上最も売れたアルバムとしてギネスブックに認定された。

※デュラン・デュラン
1978年、イギリス・バーミンガムで結成。81年にシングル『プラネット・アース』でデビュー。同年発表のアルバム『デュラン・デュラン』は118週連続全英チャートインを記録。以降、ヒットを量産し、80年代のニュー・ロマンティックの中心的存在に。

小林　自分が音楽をやる時に、結構そういうものがこやしになってるという実感はあります？

岡村　絶対ありますね。

小林　それ、感じるもんね。

岡村　そうですか。

小林　『だいすき』のMVは、ボールがあって、それを歌わないでジーっと見つめてるんだけど、こいつ何かやるぞみたいな感じがあってさ。

岡村　（笑）。

小林　絶対そういうの持ってる人だよね。

岡村　影響を受けてるんだと思います。

小林　あれなんか、自分のアイディアですか。

岡村　あれは、僕じゃないですけど。

小林　あ、違うんですか。だけど、見事にこなして自分のものにして。

岡村　いやいやいや（笑）。

ラジオ『スネークマンショー』の誕生前夜

小林　そもそも『スネークマンショー』が始まったのにはきっかけがあって。ある時、僕がファッションショーで、ウルフマン・ジャックの真似をしたら、すっごい受けちゃったんですよ。

岡村　へー。

小林　それで、桑原（茂一）くん（↓P・144）という人がいて、彼はまだラジオをやったことない人間だったんです。勘で、「ひょっとして、こういうのをやりたいんじゃない？」みたいな話を彼としていたら、そのファッションショーを見ていたエドウインという会社から「ああいうようなことをやるラジオをやってほしい」と言われて、これは面白いと思って、二人のプロジェクトとして始まったわけです。だけど、ウルフマン・ジャックの声をコピーして、英語で洋楽を紹介しても、いたずら感とか、ユーモアが伝わりづらいんですね。

岡村　なるほど、なるほど。

小林　それで、サウンド・エフェクトを使って、ちょっとみんなをびっくりさせてみたり。僕はコントみたいなものや冗談を書くのが大好きなんで、それで、頭の中からそういうのが次々と出てくるんだけど、自分一人じゃやれないじゃない。それで、TOKYO FMで、僕の隣のスタジオに伊武雅刀（→P・１４５）というまだ売れる寸前の俳優がいて、一緒にやろうって誘ったんです。やってみたら、こいつだ！　と思って（笑）。連れてきて、ちょっとコントやるでしょう。そうすると、彼にしかできないリアリティのある演技のおかげで、お笑いのコントじゃない、音楽を活かすためのコントになるんですよ。

岡村　うんうん。

小林　そのコントが終わったところへ曲をぶつけるっていうことをやってたわけだよね。76年は、ちょうどセックス・ピストルズ（※）やクラッシュ（※）とかが出てきたタイミングで。70年から80年にかけて、ＣＭなんか見ても、糸井さん（※）だとか、川崎さん（※）だとか、みんな既にあるものを壊して、有名になっていってたんだよね。パンクっていうのは壊す衝動ですよね。爆発的な面白さみたいなものがあったり、バカさがあるものには、みんなパンクが合っちゃうんですよ。

※セックス・ピストルズ
イギリス・ロンドン出身のパンク・ロック・バンド。１９７５年に結成、翌年に『アナーキー・イン・ザ・U.K.』でデビュー。社会的にも大きな衝撃を与え、カリスマ的な存在に。78年に解散するも、断続的に再結成している。

※クラッシュ
ザ・クラッシュ。イギリス・ロンドン出身のパンク・ロック・バンド。１９７７年にアルバム『白い暴動』でデビュー。一躍ロンドン・パンクの代表的存在に。85年の『カット・ザ・クラップ』発表後に解散。

※糸井さん
糸井重里。１９４８年、群馬県生まれ。コピーライター。代表作に「おいしい生活。」など多数。その他、作詞、文筆、ゲーム制作など幅広いジャンルで活躍。現在は主に「ほぼ日刊イトイ新聞」主宰として活動。

※川崎さん
川崎徹。１９４８年、東京都生まれ。80年代にＣＭディレクターとして、「ハエハエカカカ」など、ヒッ

ト作を数多く手掛ける。『天才・たけしの元気が出るテレビ!!』にレギュラー出演するなど、タレントとしても活躍。近年は執筆活動にも精力的。

岡村　そうかもしれない。

小林　例えば、じゃんじゃんじゃんじゃんじゃんじゃんじゃん～（軍艦マーチ）とかが流れてて、で、バーンとスタジオが開いて、伊武が「お前ら、何したんだ！」って言うんですよ。

岡村　（笑）。

小林　「何、考えてんだー」「パンクだ」って。「パンク？　それ、なんだ？　そんなものかけてけしからん！」ってやったら、そのあとにセックス・ピストルズのレコードがかかるんです。それがはじまりだったんです。

岡村　なるほど。

小林　そういった凝ったものができ始めていった。当時、伊武は劇団に所属してたから、「ちょっと若者を連れてくる」って言って連れてくるんだけど、ダメなんです。経験不足だったり、彼の面白さの域にはいかないんです。で、僕はいろいろな声が出るので、しょうがないから、自分もいろいろやるわ、っていうことで、例えば、井の頭線の車掌のね、「次は明大前、明大前」。

岡村　（笑）。

小林　あの車掌のキャラクターをやって、あの「いらっしゃいませー」みたいなコントが生まれるわけですね。他にも、自分が面白いなと思ったキャラクターは、高校野球の解説をする人。地方からみんな集まるわけでしょ。だから、解説の人もちょっとなまっていて、「そうですね。えー、岡村くんの肩はね、最近ね」と独特のなまりがあって、そういうキャラクターもやってみようとなった。そうやって、例えば、あの「警察だ！」「ここは警察じゃないよ」みたいなものが生まれていった。そうしているうちに、高校生たちがカセットテープにコントだけを集めて録音したものを交換し始めて、俺たちがやってることが、周りから「コントだ」と言われるようになった。でも、それはすべて音楽のためのもので、必ずあとに音楽があったんだよね。名作と呼ばれるコントは、そこに残る余韻っていうのがいいものなんだよね。だから、そのあとにハマるような曲がいっぱいある。

岡村　うんうん。

小林　まあ、まとめると、例えば僕がユーモアを作ったら、伊武がそれをリアルなところに持ち上げて、それに桑原くんの選曲の趣味が加わる。この3つの要素が集まったから、『スネークマンショー』ができたんだよね。

岡村　当時、『スネークマンショー』でも『Pop in Pops』でも思ったのが、モンティ・パイソン（→Ｐ・１０３）的なところがありましたよね。ブラック・ユーモアだったり、スラップスティックだったりに溢れてて。

小林　モンティ・パイソンを見て、いただけるもの、盗めるものは盗んでましたからね。他にも、チーチ&チョン（→Ｐ・１１４）とかね。『Big Bambú』というアルバムはアメリカのチャートでは、初登場2位でしたから。

岡村　あ、そうなんですか！

小林　「警察だ！」はチーチ&チョンからきてます。チーチ&チョンのバージョンは、「警察だ！」「ここは警察じゃないよ」ってやりとりがあって、水洗の水をザーッと流す音が流れて、「はい、何ですか？」と出る。僕らのバージョンは、フェードアウト、リピート、フェードアウトのパターンを使っていて。その面白さっていうのは、音楽性と共通してるんだよね。大体エンディングにオチがない時は、フェードアウトしてリピートでやると面白さが増す、みたいな。そういうことだったんですよ。

岡村　うん、うん。

小林　だから、海外に行くと、僕がコメディ系のレコードをドサッと買ってきて、その中で使えるものは、結構使わせていただきましたね。

岡村　そうだったんですか！　昔はコメディのレコードがたくさん出てましたよね。

小林　そうそう。今でも出てます。コントと音楽とは切っても切れないところがあるじゃないですか。僕は、例えば映画『禁じられた遊び』とか、ああいう優秀な脚本とか名作とかを観ると、一つか二つコントができる。岡村さんにね、聞こうと思ってたことは、岡村さんにはそういうことがあるのか。例えば、すごいクラシックの曲を聴いた時、そこからドンと曲が出てきたりするのか。

岡村　いや、なかなかないですね……。

小林　ここでその展開はないだろう！　このすごさは、俺も使いたい……みたいにはならないものですか？

岡村　あ、1回分析はしてみますけどね。なぜこれがすごいんだろうってことは。

小林　分析するのか。それは自分のものになるもの？

岡村　咀嚼できる時もあるし、できない時もありますね。例えば、フランク・ザッパ（※）をコピーしたとしても……。

小林　フランク・ザッパ！

岡村&小林　（笑）。

小林　フランク・ザッパ、あれは天才的でしょ。

岡村　好きでした？

小林　好きじゃないけど、面白がって聴きますね。

岡村　歌詞がわかるともっと面白いんでしょうね。

小林　僕、フランク・ザッパに電話でインタビューしたことがあるんだけど、あの人、記憶力がめちゃめちゃすごいんですよ。何か聞いたとすると、「それは1970年の何月何日にどこどこのスタジオで」って何も見てないはずなのに、すらすら答えるんですよ。

岡村　へー。

小林　「ジョージ・デュークがちょっと遅れてきたから、俺が代わりになんとかやったんだ」とか、そういうエピソードがどんどん出てくる。頭の中にしっかりと画があるみたいに、すごい記憶力なんですよ。70年代の頃、来日したアーティストに、「尊敬するアーティストは？」と聞いてたんですけど、ディープ・パープル（※）まで、「フランク・ザッパだ」って答えてて（笑）。

岡村　えーっ（笑）。

小林　フランク・ザッパといったいどこでつながるんだろう？　って思ってたんですけどね。

※フランク・ザッパ
1940年アメリカ・メリーランド州生まれ、93年没。作曲家としてキャリアをスタートさせ、66年にマザーズ・オブ・インヴェンションを率いてデビュー。2022年にドキュメンタリー映画が公開された。ジョージ・デュークは70年代に共作したピアニスト。

※ディープ・パープル
イングランド出身のハードロックバンド。1968年に結成、アルバム『ハッシュ』でデビュー。70年にメンバーチェンジを経てリリースした『ディープ・パープル・イン・ロック』がチャートイン。以降、メンバー交代、解散、再結成を繰り返しながら、活動を継続中。

岡村　プログレッシヴ・ロックで好きなバンドっていましたか？

小林　個人の好き、嫌いというよりは、参考になるのは、ピンク・フロイド（※）。よく紹介したのは、エマーソン・レイク＆パーマー（※）とかですよね。

岡村　ピンク・フロイド、キング・クリムゾン（※）、ジェネシス（※）……とかですかね。

※ピンク・フロイド
1965年にシド・バレットを中心に結成されたイギリスのロックバンド。73年にリリースした8作目の『狂気』は全米1位、15年間200位以内にチャートインするという前人未到の記録を達成。以降、プログレを代表する代名詞的存在に。

※エマーソン・レイク＆パーマー
1970年結成のイギリスのプログレバンド。メンバーそれぞれが人気バンドで活躍していたことから〝スーパーグループ〟と呼ばれた。71年の『タルカス』、72年『トリロジー』などのヒット作を出すも80年に活動休止。その後、断続的に再結成。

※キング・クリムゾン
イギリス・ロンドン出身のプログレバンド。1969年に結成。同年にリリースした『クリムゾン・キングの宮殿』はザ・ビートルズの『アビイ・ロード』を抑えてチャートの1位に。プログレを代表する存在の一つに成長するも、74年に解散。以降、断続的に再結成。

※ジェネシス
1967年に結成、69年にデビュー。70年代に入り、メンバー交代を繰り返しながら注目を集めるように。80年代、メンバーのソロ活動を充実させながら、バンドとしてもその地位を確立させた。代表作に『インヴィジブル・タッチ』など。

小林　そうですね。ああいう音楽は聴いてました？

岡村　意外と。ハードロックとプログレは、結構聴いてましたね。当時、1500円シリーズっていうのがあって。新譜は2500円なのに、ちょっと前の音楽が1500円で買える！　って、山ほど買いましたね。ちょっと前のハードロック、エドガー・ウィンター・グループ（※）とか、よく聴いてましたね。

小林　わかる、わかる。僕も好きでした。ウィンター兄弟は、面白かった。

※エドガー・ウィンター・グループ
1972年、エドガー・ウィンターを中心に結成されたアメリカのロックバンド。代表曲『フランケンシュタイン』はインストとしては異例のヒットに。ギタリストのジョニー・ウィンターはエドガーの実兄。

本当の小林さんは、どの小林さんなのか

岡村　小林さんは、活動が多岐にわたられていて、もちろん、DJをやってらっしゃって、本当にコメディアンな時もあるし、シリアスな時もあるし、で、ミュージシャンもやってらっしゃるし、ウルフマン・ジャックじゃないけど、ちょっとミステリアスなところがありましたよね、とくに昔は。まだネットがない時代からいろんなことをなさっていたし、歌詞を書いているのが本当の小林さんなのか、ラジオやテレビに出てらっしゃるのが本当の小林さんなのか。どれが本当の小林さんなんだろう？　って思ってました。本当にカメレオンのような存在だったから、いろんな方面からファンがつくのは当然だろうなと思いますよね。でも、（小林克也＆ザ・）ナンバーワン・バンド、かなり楽しそうにやってらっしゃいましたよね。

小林　いや、あれも大変なんですよ（笑）。できる時とできない時があって。

岡村　あれ、僕は大好きでした。

小林　『ベストヒットUSA』なんかで、いろんな音楽を紹介するじゃないですか。そうすると、日本にはどうしてこういうふうなものがないんだろうみたいに思って、じゃあ、やっちゃえと。だから、ラップも最初にやったんで。

岡村　そうですよね（笑）。

小林　ラップは日本にないと。強引に言えば、『あんたのおなまえ何アンてエの』はあるけど。そうじゃないやつはないのかと考えて。

岡村　うん、うん（笑）。

小林　そういう音楽の冒険って、岡村さんもやるでしょ。

岡村　やりますね。

小林　80年代半ばからラップだとかヒップホップっぽいものがすごく出てきてて、まず最初に、これはどうやってやってるんだ⁉　とびっくりして、スクラッチだ！　ということを発見するわけだけど、すっげえショックを受けて。それで、ヒップホップというカルチャーは、これから絶対に大きな力になっていくと思って。それで、80年代の後半ぐらいは、ロックの連中に会うと、「ヒップホップをどう思

う?」って聞いてましたね。

岡村　そうだったんですか。

小林　自分の中で、ヒップホップというのはなんでもありだ、みたいな考えがあって。サンプリングもジャンルの横断もできるし。演奏のアドリブなんか見てても、あれはヒップホップの感覚なんじゃないか、みたいな感じに思って。そういうふうに浸透してって、ヒップホップと呼ばれなくなっても、その感覚が残るんだな、みたいな。

岡村　感心した歌詞やライムとかありましたか?

小林　昔から詞もライムはするじゃないですか。ただ、感心したのは、例えば、カニエ・ウェスト(※)。ああいう強引に、終わりを帳尻合わせ的に締めようとするスタイルは、日本になかったよね。ちなみに、ナンバーワン・バンドでやったのは、広島弁でやった「♪わしらがの　ハワイへの　初めて来た時の」(『うわさのカム・トゥ・ハワイ』)。うしろに全部、「の」が入るから(笑)。

岡村　(笑)。

小林　お、これは面白いなと(笑)。今は、大きく変わりましたね。普通のポップスでも結構、韻を踏んでいますし。

岡村　僕、ナンバーワン・バンドで好きな曲たくさんあります。あのジェームス・ブラウン(※)を解釈してる『ケンタッキーの東』(笑)も大好きだし。あと、桑田さん(※)と共演なさった『六本木のベンちゃん』でしたっけ?

※カニエ・ウェスト
1977年、アメリカ・イリノイ州生まれ。大学を中退し、トラックメイキングに専念。プロデューサーとして活躍ののち、2004年にMCとして『ザ・カレッジ・ドロップアウト』でアルバムデビューし、全米チャート初登場2位を獲得。以降、ヒップホップの中心的存在に。

※ジェームス・ブラウン
1933年アメリカ・サウスカロライナ州生まれ、2006年没。〝ゴッドファーザー・オブ・ソウル〟などと呼ばれ、60年代後半から70年代にかけてミュージックシーンに大きな影響を及ぼした。『アウト・オブ・サイト』をはじめ、多くの名曲を残した。

※桑田さん
桑田佳祐。1956年、神奈川県生まれ。78年にサザンオールスターズとして『勝手にシンドバッド』でデビュー。以降、ソロでも精力的に活動。95年開始のラジオ番組『桑田佳祐のやさしい夜遊び』は長寿番組に。

小林　そうそう。『六本木のベンちゃん』。

岡村　あれ、大好きでしたね。

小林　あれはね、当時、桑田くんがね、「書くよ」って言ってくれて。それで、メロディを書いたんですよ。僕は、それに詞をつけて。僕は実際に、六本木族みたいな体験もしてるので、六本木の「アマンド」の裏あたりに行くと、石原裕次郎のコレとかいう人が経営してたバーがあって、立教（大学）の若い子がバーテンをしていてみたいなストーリーを書いたんです。桑田くんが来て、その歌詞をスパスパと変えてったんですよ。「ふたり中目黒」だとしたら、「ふたりきゃーめぐろ」みたいに。

岡村　うんうん（笑）。

小林　うわ！　すっげえ、と思って、目の前でやるから。こいつ天才だと思って。サビの「花は花」は彼がつけたんですよ。あとで彼の事務所から電話がかかってきて、「桑田は2週間休みますから、絶対誘ったりしないでくださいね」って念を押されましたけどね。

岡村&小林　（笑）。

岡村　2枚目、3枚目のアルバムだったかな、ニューウェーブ色が出てくるのも、僕すごい好きです。そして小林さんは、いろんな役者の仕事もやってらっしゃって、『逆噴射家族』（※）も名作でしたよね。

※『逆噴射家族』
1984年公開。石井聰亙（現・石井岳龍）が監督、原案・脚本を漫画家の小林よしのりが担当したバイオレンス・コメディ。2人が「小林克也さんを想定して脚本を書いた」と口説いたという。登場人物は5人だけ、ドラマの舞台はほぼ一軒家という異色作。

小林　途中で伊武と仕事するようになって、物語みたいにして読むのは慣れてたから。そうしたら、『逆噴射家族』の主演の話が、いきなり来たんですよ。驚きましたね。

岡村　石井聰亙監督の。

小林　パンクだからね、彼は。倍賞美津子さんが嫁さん（役）で、植木等さんがお父さん（役）でしょ。俺がまん中にいるわけですよ。もうすっごい悩んじゃって。でも、考えてみると、俺は英語を読む時、アメリカ人になったり、英国人になったりする心のプロセスで慣れてるなと。それも違う人間になるわけじゃないですか。

岡村　いや、あれすごかったですよ、キレるお父さん。

小林　だから、そういうことをやっていたんで、例えばさっき話した「人物伝」もそうだけど、本を読んで聞かせるという時は、変なものが邪魔せず集中できるんです。役者として読めるっていうのかな。

岡村　うん、うん。

小林　自分は、こういうこともできるんだということを逆に知らせるために、そういうコーナーをやっていたりもするんですけどね。

岡村　演技は、やっぱり才能がある人ができるものだと思いますね。僕にはできないな、と。

小林　僕は才能って、最初からあるとは思わなくて、そういうふういろんなものに鍛えられたっていうことですよ。

岡村　恥ずかしさはないんですか？

小林　恥ずかしいっていうか、あがっちゃう気持ちはあります。あがり症だったんで。僕は、高所恐怖症でもあるんですよね。何かの本で読んだんですけども、高所恐怖症っていうのは、高いところが怖いというのと、ここから落ちたらどうなるだろうっていう恐ろしさ、その二つがあるらしい。だから、ラジオ『オールナイトニッポン』で初めて生放送する時、あ、俺このマイクを持って全権を握ってるから、やばいこと平気で言っちゃったら、大変だなと思ったよね。

岡村　（笑）。

小林　偉い人のこともめちゃくちゃに言えるんだ！　みたいな。何が怖いって、マイクを持つと、切れる刀を持ったような感覚があるじゃないですか。そういう感情とは、結構戦ってきましたね。

岡村　確かに。僕は、あまりそういうのは考えたことがないですね（笑）。

小林　そうでしょうね（笑）。

岡村　『岡村靖幸のカモンエブリバディ』に関しては、あらかじめ脚本がありましたし、収録だったもので。

小林　舞台で、ステージに出る前の気持ちってあるじゃないですか。その時はどうなんですか。

岡村　舞台は平気なんですけどね……。うん、全然平気。

小林　うわ、それは特別だ。

岡村　まあ、実際に全然平気なのか、もう全然平気っていうように設定してるのかはちょっとわからないですけど。

小林　僕はいろんな人から頼まれて、司会をするでしょ。そうするとね、例えば、越路吹雪（※）という人は、出る前はか弱い小鳥みたいになって、震えちゃうんですよ。

岡村　うんうん。

小林　「大丈夫ですか？」って聞くと、「私はステージの前はいつもこうなるの」と言うんだけど、ステージに出たら堂々としてるの。あと、ヘレン・メリル（※）っていうシンガーはいまだに舞台であがるらしいんだけど、シェイクスピアの名優リチャード・バートン（※）が「ステージに出る前にドキドキしないやつは大根役者だ」と言っていて、それが心の支えだと言うんだよね。

※越路吹雪
1924年東京生まれ、80年没。宝塚歌劇団を退団後、シャンソン歌手、舞台俳優に。『愛の讃歌』などを中心に、独特の歌唱で歌手として一時代を築く。映画やミュージカルでも活躍した。

※ヘレン・メリル
1929年、アメリカ・ニューヨーク州生まれ。ジャズ・シンガー。14歳から活動を開始。ハスキーな歌声は〝ニューヨークのため息〟と呼ばれる。親日家としても知られ、日本に住んでいたことも。

※リチャード・バートン
1925年イギリス・ウェールズ生まれ、84年没。出演した舞台が好評で映画デビュー。のちにハリウッドに進出。エリザベス・テイラーとは2度結婚し、離婚している。代表作に二人が共演した『バージニア・ウルフなんかこわくない』など。

岡村　（ビート）たけしさんもそう言いますよね。「あがらないやつはダメだ」って。

小林　あー、そう。だから、それはわかんないんだ（笑）。

岡村　わかんない（笑）。あがらないものはあがらないんだって言って。

小林　岡村さんは、だから違うんだと思って。特別なモードに入ってるんだろうね。

岡村　なのかもしれないです、はい。

小林　お客さんの顔は見える？

岡村　見えますよ。

小林　よく見えるもの？

岡村　ある程度は見えますね。

小林　僕はいまだに緊張するから、岡村さんは自信があるんだと思うな。僕は自信が完璧にないんで。

どう乗り切るか？　ラジオの危機

岡村　小林さんにとって、ラジオってどんな存在ですか？

小林　広く言えば、コミュニケーションですよね。音楽が流れるだけでも、それをかけている人間のことがわかるじゃないですか。極端な話、政治トークばかりしているラジオ局もあるわけで。アメリカの場合は、ラジオ局は中立の立場なんですよね。登場する人間の意見＝局の意見ではないという前提があるから、かなり右寄り、左寄りの発言なんかが出てくるのもとても面白い。それも、やっぱり一つのコミュニケーションじゃないですか。ラジオは生ものなので、人間同士ばかりじゃなく、時代の流れの中でのコミュニケーションがあった。例えば、60年代の終わりには、独特のヒッピー文化やサイケデリック文化があって、それを選曲から伝えていたりね。

岡村　そうですよね。

小林　でも、今はラジオも雲行きが怪しいんですよ。日本のいくつもあるラジオ局は、おそらく半分以上は赤字ですよね。「黒字だ」と言ってる会社も、実質的にはそうじゃないと思う。みんなインターネットに食われちゃって。２０１９年を境に、ネットの広告費とテレビ、ラジオの広告費が逆転しましたから。もう十何年間は下り坂にあるんです。シンガーソングライターという職業はなくならないと思うけど、ＤＪはなくなる可能性はあるわけですよ。２０００年頃、アメリカのラジオ関係者に聞くと、「車がある限りラジオはなくならないよ」と言ってたんです。でも今は、ラジオがない車がいっぱいあるもんね。

岡村　うーん。

小林　それと、もっと恐ろしいのはね、テレビ局に勤めている人の子どもがね、テレビを見ないらしいんだよ。当然ラジオも聴かないよね。それでね、ネットでラジオが聴けるradiko（※）というアプリがあるじゃないですか。radikoはリスナーのデータがしっかり可視化されるので、それを見てみると、リスナーの年齢層は、まずは50代が多く、次が40代か60代。40代の下はドーンと減るわけ。やばいでしょ。なんとかしてください（笑）。

岡村　（笑）。

※radiko
2010年にサービスを開始したインターネットを使ったラジオ放送の同時配信サービス。のちに、スマートフォンアプリの提供、タイムフリー、エリアフリー（有料）などの機能を追加。20年9月には民放ラジオ全99局の聴取が可能になった。

岡村　うーん。でも、例えば本当に奇妙だなと思うのは、自分がこれだけ生きている中で、アナログのレコードがもう1回流行るなんてことは思いもしなかったんですよ。

小林　考えられなかったね。

岡村　絶対、夢にも思わなかった。でもね、その現象をラジオにも最近、僕は感じるんです。また、ラジオを聴く人が今すごい増えてるんじゃないかって。とくに海外だとポッドキャストというシステムを使って、いろんな人がしゃべったり選曲したり、いろんなことを発信してて。ポッドキャストっていうのは、もうネオラジオみたいなものじゃないですか。ポッドキャストがラジオというシステムなのかという議論はちょっと置いておいて、みんながradikoを愛用していて、小林さんがやっている番組も日本中で好きなタイミングで聴けるようになっているわけだから。

小林　今はそうですね。

岡村　よくね、ラジオが盛り上がってきてると聞くんですよ。ラジオ番組がヒットしていてもうリピートで聴いているとか、東京ドームでライブイベントをやるとか、たくさんリスナーがいるとか。あのテレビやYouTubeのうるささにちょっと疲れてしまったり、トゥーマッチだなと感じて、ラジオがちょうどいいと思ったり、作業している時に気持ちよく聴けたりするということで。僕個人としては、その一定数のリスナーは増えてるような印象がありますけどね。みんなが聴きたがってるように感じますし、例えばアーティストも、みんなラジオやりたがるんですよ。ラジオのレギュラー番組。

小林　やってるよね。

岡村　なんでかというと、やっぱり、つながれるからですよね。ビジネスとして成立するかどうかも、もちろん大事ですが、とっても意義があることだから、アーティストがみんなやりたがる印象があるんです。だから、ラジオっていうもの自体は、永遠にそうやって求められるんじゃないかなと。

小林　確かに、それも一つの正論なんです。でも僕らは、もっとハードな状況に置かれてて。今、岡村さんがおっしゃったのは、僕がさっき言った、50代前後の人の意見なんです。

岡村　あー、僕、実際その世代ですからね。

小林　その世代って、ラジオのロマンチストなんですよ。僕は、ポッドキャストはラジオじゃないだろうとか議論したいわけでもなくて。これまでずっとやってきて、岡村さんが言うこともすっごくよくわかるんです。でも、一方で現状を突破することは何なんだろうと、常に探してるんですよね。

死んだ人も生きている面白い世界

岡村　全然関係ない話なんですけど、『ベストヒットＵＳＡ』で紹介していた、マイケル・ジャクソンとかプリンスとか、ジョージ・マイケル（※）、ホイットニー・ヒューストン（※）とか、みんな死んじゃいましたよね……。

※ジョージ・マイケル
1963年イギリス・ロンドン生まれ、2016年没。1981年にアンドリュー・リッジリーとワム！として活動開始。世界的ヒットを連発するも86年に解散。翌年リリースしたソロアルバム『フェイス』は2000万枚超のセールスを記録した。

※ホイットニー・ヒューストン
1963年アメリカ・ニュージャージー州生まれ、2012年没。1985年にデビュー。7曲連続で全米シングル1位を獲得するなど人気に。90年代には俳優業にも進出し、主演した『ボディガード』の主題歌『オールウェイズ・ラヴ・ユー』が空前のヒットを記録。

小林　そうですよね。

岡村　どう思います？

小林　それは僕らが長くやってきたということですよね。大体、同窓会に行っても、歯が抜けるように減っていくので。

岡村　それが自然の流れですか。

小林　親しかった幸宏さん（※）とか、鮎川くん（※）も同じ月に死んじゃって、そういうのは（ショックを）受けるけども。ただ、ラジオの世界はね、「老人の世界だ」なんて言われることもあるけれど、そうじゃなくて、例えばザ・ビートルズなんかがすっごく近いところにいたじゃないですか。

※幸宏さん
高橋幸宏。1952年東京都生まれ、2023年没。大学在学中の1972年にサディスティック・ミカ・バンドに加入。78年にソロデビューし、同年に細野晴臣、坂本龍一とYMOを結成。以降、さまざまなグループ活動、プロデュースや楽曲提供などで活躍。

※鮎川くん
鮎川誠。1948年福岡県生まれ、2023年没。1970年にサンハウスを結成。解散後、78年にシーナ＆ザ・ロケッツを結成し、『涙のハイウェイ』でデビュー。以降、精力的に活動、海外でも作品を発表。

岡村　うん。

小林　だから、ジョージ（・ハリスン）が死んでる、（ジョン・）レノンが死んでる。でも、例えば僕らの音楽の世界では、死んでる人は誰もいないんです。

岡村　うん、うん。

小林　そういう気分で仕事をしているし、自分が彼らの曲をプレイバックして聴く時も、そういう気分で聴いてる。ただ、現実がパッと隙間から入ってくる瞬間があって。そういう時にガンっと来るんですよ。あれがヤバいですよね。

岡村　うん、うん。

小林　人間が亡くなるのは当たり前のことだからね。だけど、僕らが作ってる世界では、一応死んだ人も生きている。そういう面白い世界なんです。でも、亡くなった人が身近な存在だったりすると、そのリアルな死にふと立ち返った時、ちょっと涙が出そうになったりするっていう。

岡村　あー、そうですか。

小林　あのー、岡村さんは、引退とか考えてないでしょ？

岡村　今のところは考えてないですけどね（笑）。

小林　うん。

岡村　でもね、僕が気になってるのは、松本人志（※）さん。僕、松本さんのファンなんですけど、引退するってことをすごく言うんですよ。で、この感じが少し、上岡龍太郎（※）さんのことを思い出させるんですよね。だから、少し気になっているというか。だから、そういうことを考える人が出てくるのかなとは思ってるんですけど。

※松本人志
1963年、兵庫県生まれ。お笑いコンビ、ダウンタウンのボケ担当。82年に小中学校の同級生だった浜田雅功とコンビを結成。2023年、自身の引退について「早ければもう2年や、遅くても5年かなぁ」とコメント。

※上岡龍太郎
1942年、京都府生まれ。60年代に横山パンチの芸名で漫画トリオとして活動。解散後は司会、タレントとして人気に。「俺の芸は21世紀には通用しない」と言い2000年に引退した。

小林　僕は、辞めたらすぐ死んじゃうと思うんで（笑）。

岡村　いや、でもね、本当にポール・マッカートニーとか、ボブ・ディランなんてもう……ずっと現役ですよね。

小林　死ぬまで辞めないでしょう。

岡村　何億円とか持ってると思いますけど（笑）。

小林　いや、だけど、やるでしょう。

岡村　僕は、健康にいいんだと思うんですよね。

小林　そうそう。

岡村　実際に、ちょっとしたエクササイズみたいだし。

小林　好きだからやれるんですよ。平気なんですよ。体力とか、そんなこと考えてても意味ないし、本当に体調が悪かったら、あんなことできないですから。健康の印で幸せだと思うっていうね。だから、あの人たちは引退しないですよ。

岡村　ミック・ジャガー（→P・118）は？

小林　ミック・ジャガーも引退しない。しない、しない。絶対しない。僕も引退はしないけど、ある日突然いなくなるから大丈夫です。

岡村&小林　（笑）。

小林　ジェームス・ブラウンも、インタビューした時にね、

「俺は、ステージで死ぬ」って言ってたからね。

岡村　そうなんですか（笑）。本当に、いろんな人にインタビューされてますよね。

小林　だって、岡村さんにもインタビューしてる！　すいません、今日も一方的にずっとしゃべっちゃって。

岡村&小林　（笑）。

おわりに

2019年5月から2021年12月まで不定期で放送した『岡村靖幸のカモンエブリバディ』。あらためて文章で読んでみて、面白いなぁと思いました。一人語りのパートも多いですよね。僕自身、あまり雑誌でインタビューを受けたり、ライブでMCをやったりしないタイプなので、これまで自分の生の声をあまりみなさんに届ける機会がなかったな、と。

もちろん、対談の企画や連載は山のようにやってきましたけれど、僕に興味がない人もいっぱいいるし、僕が興味を持っていて話を聞きたい人たちもたくさんいるので、どちらかというと僕がインタビューをしていることが多いんですよね。今回は、自分の番組として、自分のことや日々あったこと、最近どうですか、みたいなこととかを話せて、自分一人の声も届けることができました。

リスナーのみなさんからのお便りや、お悩み相談もありがたかったですね。とくにコロナが始まった頃、初めのうちは誰もが不安でしたよね。疑心暗鬼に陥ってしまっているからこそ、逆に元気にいこうよ、ということで、「逆張り」という言葉を途中から番組中でたくさん使わせてもらいました。そして、「物事はグラデーション」という話もよくしていた気がしますが、年末に見たNHKの番組の中で、ダライ・ラマも似たようなことを言っていましたね。物事や問題があると、人はそれを自分の前にあるものとしてしか見ないけれど、物事や問題は多面体で、違う側にいる人からすれば違うように見えるものだ、と。だから、あなたが見ているものだけが正解だと思わないほうがいいですよ、と。

僕自身も、接している人によって態度や接し方が変わりますしね。そうやって、物事を多面体で見ようと常に心がけてはいますけど、つい日々の生活や忙しさに追われて、疲れていると視野が狭くなってしまう。断食道場へ行ったり、ゆっくり考える時間があったりすると、物事を広い視野で見る余裕ができます。だから、一人きりの時間を1日の中である程度持たないと、とは思います。

僕が最近ハマった番組はというと、韓国ドラマ『ウ・ヨンウ弁護士は天才肌』。自閉スペクトラム症の方が可哀そうという視点ではまったくなくて、本当に温かい気持ちになるドラマでしたね。ラブコメだし、素晴らしかったのは主役だけじゃなく、登場人物全員が魅力的なこと。それは、役者さんと脚本家の力なんだろうなと思いました。すごくよかったです。そして、たまたま見ていたドイツ生まれで曹洞宗・安泰寺の住職を努めたネルケ無方さんのNHKのドキュメンタリー『こころの時代～宗教・人生～「天地いっぱいを生きる」』も相当面白かったですね。仏教について知りたいと思っていたタイミングでもあったので、その後『週刊文春WOMAN』（vol・16）の対談連載「岡村靖幸　幸福への道」で対談させてもらいました。

この番組が放送されていた頃は、『SONGS』や『おやすみ日本　眠いいね！』に出させていただいたり、『みんなのうた』にも登場させていただいたり、本当にNHKとご縁があって、お世話になりっぱなしでした。そもそも僕はNHKの番組、とくにドキュメンタリーをめちゃくちゃ見ていますし、NHKスペシャル『未解決事件』なんて、どれだけの人が動いて、どれくらい時間をかけたんですか？　と思いますよね。圧倒的に良質な番組が多いので。そんなNHKで、僕のわがままで勉強したいとか、研究したいとか、取り組みたいというようなことを企画にしてもらって、面白いエンタメ番組にしてもらいました。本当にありがたい番組をやらせてもらいました。

そして、番組ではさまざまなことにチャレンジしましたが、ラジオを文章にする、本にするということにも挑戦してみました。お楽しみいただけましたでしょうか。

NHKNHK

PLAYLIST

#01

『少年サタデー』岡村靖幸
『And July』Heize
『はにかんでしまった夏』indigo la End
『Make up』バイス＆ジェイソン・デルーロ

#02-1

『ミトン』花澤香菜
『都会』岡村靖幸＋坂本龍一
『Happy-go-Lucky』大貫妙子

#03

『待ってろ今から本気出す』ライムスター

#04

『マクガフィン』岡村靖幸さらにライムスター
『夏の終りのハーモニー』井上陽水＆安全地帯（番組内では岡村靖幸＆斉藤和義）
『オートリバース』斉藤和義
『春、白濁』岡村靖幸＆斉藤和義
『いつもの風景』斉藤和義

#05

『マイ・ディスコクイーン』No Lie-Sense

#06

『インテリア』岡村靖幸
『My Future』ビリー・アイリッシュ
『Zoom』valknee、田島ハルコ、なみちえ、ASOBOiSM、Marukido & あっこゴリラ
『LESS IS MORE』カレン・ソウサ
『(みんなで)やさしさに包まれたなら』
家入レオ、今井美樹、岡村靖幸、岸田繁(くるり)、GLIM SPANKY、ゴスペラーズ、
さかいゆう、JUJU、田島貴男(ORIGINAL LOVE)、Char、NOKKO、元ちとせ、
秦基博、一青窈、平原綾香、山口一郎(サカナクション)、
横山剣(クレイジーケンバンド)、Little Glee Monster (50音順)

#07

『赤裸々なほどやましく』岡村靖幸
『What Are We Waiting For?』アリー・ブルック & アフロジャック
『萌黄色のスナップ』安全地帯

#08

『LANDSCAPE SKA』KERA

#09

『新時代思想』岡村靖幸
『Go Thru Your Phone (Acoustic Version)』PJ モートン
『HEART TO HEART』竹内まりや
『ぐーぐーちょきちょき』岡村靖幸

#10

『少年サタデー』岡村靖幸
『ぐーぐーちょきちょき』岡村靖幸

#11

『どぉなっちゃってんだよ(Adult Only Mix)』岡村靖幸
『Calling You』ジェヴェッタ・スティール
『Pit-a-Pet』YUKIKA
『機関車』小坂忠
『忘らんないよ』岡村靖幸

#12

『あの娘ぼくがロングシュート決めたらどんな顔するだろう』岡村靖幸
『BIRTHDAY』テイ・トウワ

#13

『メリー・クリスマス・ダーリン』カーペンターズ
『イケナイコトカイ』岡村靖幸
『ぐーぐーちょきちょき』岡村靖幸
『サンダーバードの歌』サンダーバード 55 ／ GOGO サウンドトラック
『Drown』Kaz feat. Hikari Mitsushima
『夜空の誓い』HIS

『岡村靖幸のカモンエブリバディ』番組制作スタッフ

ディレクター

増田 妃

プロデューサー

鎌野瑞穂（NHK エンタープライズ）

・・

マネージメント

近藤雅信（V4 inc.）

イラスト

多田玲子

ブックデザイン

いすたえこ

伊藤里織

DTP

佐々木志帆

校　正

谷田和夫

構成・執筆

小川知子

編　集

谷水輝久（双葉社）

岡村靖幸（おかむら・やすゆき）

1965年生まれ、兵庫県出身。音楽家。19歳で作曲家として活動をスタートさせ、86年に『Out of Blue』でデビュー。熱心なNHKウォッチャー。現在、ファンクラブサイトでは俵万智さんのご教授のもと、短歌を勉強中。

おかむらやすゆき
岡村靖幸のカモンエブリバディ

2023年6月12日　第1刷発行

著　　者	おかむらやすゆき 岡村靖幸
発 行 者	島野浩二
発 行 所	株式会社双葉社 〒162-8540 東京都新宿区東五軒町3番28号 ☎ (03) 5261-4818（営業） ☎ (03) 5261-4869（編集） http://www.futabasha.co.jp/ （双葉社の書籍・コミック・ムックがご購入いただけます）
印刷・製本	中央精版印刷株式会社

ISBN978-4-575-31805-0 C0076

JASRAC　出　2302897-301